声电传感技术与仪器
——一维波动

沈建国 主编

天津大学出版社
TIANJIN UNIVERSITY PRESS

内容提要

瞬态声振动和瞬态电信号的测量可以应用于无损检测、地表勘探和工程质量检测等领域，其依据的一维波动传播规律是所有检测类仪器设计的物理基础。声电换能器的原理和等效电路是测量仪器匹配电路设计的关键。本书用一维有限长杆的共振特征描述了频率域波动声学的主要特点，通过多层模型描述了一维波动传播规律以及在时间域和频率域的表现，讨论了共振检测方法；并进一步将这些模型拓展到了变截面振动的描述，结合压电晶片的等效电路给出了振动系统的等效电路描述方法和导纳圆测量方法；用传输线模型讨论了一维波动在电学中的表现；最后讨论了 SH 波及其二维谱。读者可以利用这些规律开展一些声电测量方法研究，获得有用信号的特征，还可以模拟、设计线圈和压电换能器。

本书是电子科学与技术专业高年级的教科书，可供检测、仪表和测量专业高年级学生和研究生参考，也可供地表勘探、建筑质量监测行业和超声医学的工程技术人员参考。

图书在版编目(CIP)数据

声电传感技术与仪器：一维波动 / 沈建国主编. —
天津：天津大学出版社，2017.1
ISBN 978-7-5618-5746-5

Ⅰ.①声… Ⅱ.①沈… Ⅲ.①传感器 Ⅳ.①TP212

中国版本图书馆 CIP 数据核字(2017)第 000470 号

出版发行 天津大学出版社
地　　址 天津市卫津路 92 号天津大学内(邮编:300072)
电　　话 发行部:022-27403647
网　　址 publish. tju. edu. cn
印　　刷 天津泰宇印务有限公司
经　　销 全国各地新华书店
开　　本 185mm×260mm
印　　张 13
字　　数 324 千
版　　次 2017 年 1 月第 1 版
印　　次 2017 年 1 月第 1 次
定　　价 28.00 元

前　言

随着国家对自主知识产权的重视，对原创技术的需求不断提高。从测量原理上进行原始创新，对于新型检测仪器设计越来越重要。同时，创新人才培养需要相应的课程，使学生学会使用基础知识进行原理研究与工程设计，并最终实现仪器的开发。

大学高年级学生的动手能力实际上包括两部分。一是实际的操作，例如使用软件绘制电路板，完成一个简单仪器的所有设计、加工和组装等。这部分的动手能力是一个卓越工程师的基本功，但不是全部。二是将大一、大二期间所学到的高等数学、电工基础和普通物理的基本规律综合应用于一个具体的实验现象或实际问题，即利用这些数学、物理工具进行相应的数值计算，分析计算结果并总结规律，进一步探索这些规律在实际中的应用，为仪器设计和工程建设服务。这方面的能力对卓越工程师来讲也许更重要，本书在这方面进行了一定的尝试。

利用高等数学所建立的函数连续概念研究一维杆中的单元体，在单元体上将微分的概念和质点力学中的牛顿定律、胡克定律综合在一起，获得了单元体的波动方程。该方程的解是两个传播方向相反、传播速度相同的波。这个过程比较抽象，主要培养学生综合应用这些基本概念获得微分方程，并理解微分方程的来历及其反映的物理本质。

解波动方程的分离变量法以及所获得的二阶常微分方程告诉了学生高等数学知识的应用方法。其中，待定系数和独立变量——频率的来源与含义展现了傅里叶级数和傅里叶变换概念的另一面，使得人们对频率本身含义的认识——分离变量法中独立变量——更进了一步。而解的形式则进一步综合了傅里叶级数的一般项，展现了近代科学使用级数的基本思维体系和求解方法。

对于有限长杆来讲，边界的引入和边界条件的满足确定了独立变量——频率的离散值，给出了傅里叶级数中的一般项。该一般项的物理意义则描述了共振的特征和解的特定含义。在实际应用中，有时并不需要获得傅里叶级数的系数，而需要一般项，例如固体零件振动时的固有频率。

激发源的引入获得了傅里叶级数的系数，最终确定了振动的幅度。激发源项可以选择，描述了激发方式对解的重要作用。

有限长杆实验将上述过程综合在一起，告诉人们：由于边界的存在，该杆不能够有其他频率的振动,只能够在这些离散的频率位置产生振动。不同激发方式代表不同的激发源,每个频率的振动幅度可以有差别,但是频率成分永远不变。傅里叶级数实际上也是这样,一般项确定了函数本身的固有特征,是不能改变的,对于不同的激发源,每项的系数可以不同。杆界面上的反射波和透射波也只能由这些固有频率的反射波和透射波组成,其他频率对反射波和透射波的贡献很小。这是因为杆固有频率的振动不消耗振动能量。当杆的长度趋于无穷大时,这些离散的频率间距趋于无穷小,频谱从离散过渡到连续,函数的表达式从级数过渡到积分。

冲击使有限长杆产生其自身固有频率的振动,也只能够产生这些频率的振动。声波(或电磁波)在界面上反射和透射时,同样也只能够具有这些固有频率成分,没有其他频率。或者说,只有这些频率的振动构成反射波和透射波,具体表现为:在这些固有频率处,反射和透射系数取极值,其他频率则比较小。当激发的频率与这些固有频率相同时,振动幅度很大,便产生通常所说的共振现象。共振现象在声传播、传感器设计以及日常生活中具有重要意义,伴随着检测仪器设计的每个环节和人们生活的方方面面。本书从应用极广的钢管厚度检测和换能器设计两方面对此展开讨论。

共振在时间域上表现为振动幅度大,振动周期长,灵敏度高,容易测量(只需要记录任意时刻的一段振动即可,不需要起始位置)。在频率域上表现为:频率单一,幅度和振动能量集中,具有频率过滤效应。通过钢管厚度的无损非接触测量,确立了共振现象在厚度测量中的应用方法。该方法可以用于地表勘探和建筑质量检测以及无损检测等多种非接触测量领域。以此为基础可以设计各类以共振特征为基础的检测仪器设备,实现非接触式测量。

超声换能器也按照其自身的固有频率振动,通过对超声换能器振动模式的分析,展现了共振特征在振动能量传递方面的应用。超声振动能够产生极大的加速度,作用于液体分子或者液固混合物时,其能量能够传递给这些液体和固体,改变分子结构或使分子有序排列。这类作用使其成为“工业味精”,应用在工业的各个领域。

压电晶片能将振动转换为电信号,也能将电能量转换为振动。其等效电路给出了波动方程的解和电场之间的等效关系,并提供了用电路方法分析振动模式以及将声电知识和研究方法综合在一起的实例。

与一维杆的传播特征相似,传输线上电磁波的传播也具有固有频率,其反射和透射系数在其固有频率处变化最剧烈,影响最明显。其分析方法与振动完全相同,一般的教科书上用分布参数模型得到波动方程(也称电报方程),用电压和电流以及阻抗进行分析。本书将这些方法罗列出来,并用电缆阻抗测量结果给出了其固有频率的实验验证。读者可以对声电波动过程的两种描述方法进行类比,深入理解波动过程的描述方法。

现有的教材通常都用几何声学讲解波的传播及其反射、透射特征。几何声学是波长远远小于固体几何尺寸条件下的近似结论,主要研究波的传播路径以及在波形上的到达时间。随着应用的深入,在很多实际问题中几何声学的条件(薄层的层厚与波长可比)并不满足,很多现象和测量波形需要用波动声学的方法和结果进行分析。而关于波动声学的理论通常都比较深奥,还没有一部供大学三年级使用的教材,比较系统地介绍波动声学的有关方法和结论。本书从一维介质的振动入手对其进行介绍,作为日益重要的波动声学的入门课程,使学生逐步掌握波动声学的研究方法和主要结论,并能够用书中有关程序进行计算,研究一些实际生产中出现的声波波形和频率特征。

任何实际的问题一般都是三维的。维数增加以后,独立变量(一维时为频率)也相应增加。在二维介质中增加了一个新的独立变量——波数,其物理含义与频率相似,描述单位长度上波长的个数。该独立变量的引入使得有限长介质的固有频率从一维杆时的离散值变成了频率—波数域中的一条条连续曲线,这些曲线构成了二维介质声传播二维谱分布的基础。二维介质中声波的所有响应均由这些曲线处的响应构成,即只有固有频率对响应有比较大的贡献,对波形的传播起决定性的作用。

本书是作者多年研究工作的总结和对这些问题所进行的一些思考。在表述和讨论时难免有错,欢迎批评指正。

目　　录

第一部分　一维波动与测量仪器

第二部分　SH 波与二维谱

第一部分
一维波动与测量仪器

本部分研究一维波动问题,以频率域为研究对象,以固有频率在声传播、能量传递等方面的作用为主要研究内容,结合有关理论探讨测量仪器的设计,最终给出复电阻率的测量方法和仪器设计。

第一章　一维有限长杆振动的固有频率

各种声学传感器均是一个由质量块、耦合材料和压电晶片构成的振动系统,发射和接收振动时,传感器通常工作在其系统的固有频率处,每个固有频率对应一个振动模式。有限长杆和有限厚度的板振动时,如果两端的介质与其差别明显,也以其自身的固有频率振动或者固有频率的振动构成其振动的主要成分,则声电传感器(将振动转换为电信号)只能够将这些振动的信号转换为电信号,或者说将其自身的固有频率(谐振频率)为主的信号转换为电信号。这些固有频率的振动对应于相应的振动模式。

为了理解声学传感器振动系统的固有频率和振动模式,通常用一维杆模型进行研究。

第一节　一维杆振动

一维杆模型:不考虑杆的粗细,只考虑其长度(对应于实际应用中的细杆,半径远小于长度,或者板的厚度)。设长度方向为 x,则杆振动时的位移、应变、应力等均是 x 的函数,位移、应力和应变的正方向规定为 x 方向。在 x 的任意位置,这些函数均连续。

当杆中任意一点有扰动,其质点离开平衡位置后,便产生胡克力作用于相邻的质点,相邻的质点也离开平衡位置,反作用于原来的质点。每个质点在胡克力的作用下,开始加速运动,其速度开始改变。在杆的任意位置 x,取一个长度为微分 $\mathrm{d}x$ 的单元体,其两端的位移分别为 $u(x)$、$u(x+\mathrm{d}x)$,位移大于0时的位移方向为 x 的正方向。由于位移是 x 的连续函数,可以用泰勒级数展开,忽略高次项后得到单元体的变形:

$$u(x+\mathrm{d}x)-u(x)=\frac{\partial u}{\partial x}\mathrm{d}x \tag{1-1}$$

定义单元体的形变 ε 为单位长度上的变形:

$$\varepsilon=\frac{\partial u}{\partial x} \tag{1-2}$$

则该形变产生的胡克力为：

$$F = E\varepsilon = E\frac{\partial u}{\partial x} \tag{1-3}$$

其中，E 是杨氏模量，应变方向与力的方向相反。上述是单元体外部介质对单元体的作用力。

胡克力 F 在 x 轴上也是连续的，这样，在单元体两端力的变化量为：

$$F(x+\mathrm{d}x) - F(x) = \frac{\partial F}{\partial x}\mathrm{d}x \tag{1-4}$$

将式(1-3)代入式(1-4)得到单元体所受的力：

$$\frac{\partial F}{\partial x}\mathrm{d}x = E\frac{\partial^2 u}{\partial x^2}\mathrm{d}x \tag{1-5}$$

该力作用到单元体上以后，导致单元体产生加速运动。假设一维杆的线密度为 ρ，则单元体在胡克力作用下产生的加速度为 $\rho\frac{\partial^2 u}{\partial t^2}\mathrm{d}x$。其中 t 是时间，忽略单元体所受到的重力和各种与体积有关的力，单元体内胡克力与牛顿力相等：

$$\rho\frac{\partial^2 u}{\partial t^2}\mathrm{d}x = E\frac{\partial^2 u}{\partial x^2}\mathrm{d}x$$

微分 $\mathrm{d}x \neq 0$，同除以 $\mathrm{d}x$ 得到等式：

$$\frac{\partial^2 u}{\partial t^2} = \frac{E}{\rho}\frac{\partial^2 u}{\partial x^2} \tag{1-6}$$

这是一个一维波动方程，是在单元体上胡克力等于牛顿力的情况下得到的，描述一维杆中声波的传播。即杆中的任意一点离开平衡位置以后，相邻的点与其有胡克力（弹性力）的作用（该作用通过位移、应变和力的连续来刻画），该作用使得扰动能够在杆中传播。在推导过程中，反复使用了位移、应变和力连续的条件：位移连续导出了形变，形变导出了胡克力。这些胡克力是单元体相邻部分对单元体的作用力，该作用力是介质连续、位移等变量连续的必然产物。

杆中声波的传播是这样一个过程：当杆中任意一点受到扰动离开平衡位置产生位移时，由于介质连续，相邻点也会在该点的带动下离开平衡位置，但是相邻点离开平衡位置的位移比该点小。因为有不同的位移，单元体便产生变形，导致胡克力出现。根据牛顿第三定律，胡克力从单元体作用于其相邻点时，相邻点同样也作用于单元体，该胡克力导致单元体加速，由牛顿第二定律刻画其运动速度的变化（针对单元体，将质点力学的结论应用到了单元体上）。这样，由杆中任意点（单元体）的胡克力与牛顿力相等导出了一维杆满足的波动方程。

令 $v = \sqrt{E/\rho}$，则 v 是杆内声波的传播速度，只与介质的性质 E 和 ρ 有关。单元体内胡克力与牛顿力相等的等式描述了声波的传播，将牛顿定律的应用从质点延伸到了一维杆，从质点的运动变成了杆中波的传播。

第二节　一维波动方程的解

在一维波动方程中,位移是时间 t 和位置 x 的函数。固定位置 x,位移随时间 t 变化,描述位置 x 的质点离开平衡位置以后的振动状态和方式。固定时间 t,位移是位置 x 的函数,描述声波传播过程中扰动在 x 的分布位置。行波法给出了波动方程的解:

$$u=\psi(x\pm vt) \tag{1-7}$$

将式(1－7)代入式(1－6)可证明:ψ 满足波动方程,其中 ψ 是任意函数。描述初始扰动的振动方式,是时间的函数。

还可以用分离变量法求解波动方程(1－6)。设 U 是满足波动方程(1－6)的解。

令 $U(x,t)=X(x)T(t)$,(这个假设很特别,对于级数的一般项成立,对于普通的二元函数并不成立,由此可以看出级数描述一般函数的优势)代入到式(1－6)得到:

$$v^2\frac{\mathrm{d}^2XT}{\mathrm{d}x^2}=\frac{\mathrm{d}^2TX}{\mathrm{d}t^2}$$

由于 T 仅仅是时间 t 的函数,X 是 x 的函数,所以有:

$$v^2T\frac{\mathrm{d}^2X}{\mathrm{d}x^2}=X\frac{\mathrm{d}^2T}{\mathrm{d}t^2}$$

两端同除以 $U(XT)$ 得到:

$$v^2\frac{\mathrm{d}^2X}{X\mathrm{d}x^2}=\frac{\mathrm{d}^2T}{T\mathrm{d}t^2}$$

等式左边是 x 的函数,右边是 t 的函数,这两个函数相等,故只能够等于常数,不能随 t 和 x 变化,令其为 $-\omega^2$ 得到:

$$v^2\frac{\mathrm{d}^2X}{X\mathrm{d}x^2}=\frac{\mathrm{d}^2T}{T\mathrm{d}t^2}=-\omega^2$$

这样,便得到两个二阶微分方程:

$$v^2\frac{\mathrm{d}^2X}{X\mathrm{d}x^2}=-\omega^2 \tag{1-8}$$

$$\frac{\mathrm{d}^2T}{T\mathrm{d}t^2}=-\omega^2 \tag{1-9}$$

整理得到:

$$\frac{\mathrm{d}^2X}{\mathrm{d}x^2}+\frac{\omega^2}{v^2}X=0 \tag{1-10}$$

$$\frac{\mathrm{d}^2T}{\mathrm{d}t^2}+\omega^2T=0 \tag{1-11}$$

这是两个常系数微分方程,其通解分别为:

$$X(x)=A\mathrm{e}^{\mathrm{i}kx}+B\mathrm{e}^{-\mathrm{i}kx}$$

$$T(t)=C\mathrm{e}^{\mathrm{i}\omega t}+D\mathrm{e}^{-\mathrm{i}\omega t}$$

其中:

$$k^2=\frac{\omega^2}{v^2} \tag{1-12}$$

将两个通解相乘以后，通常在时间的响应函数中只取一项 $e^{i\omega t}$ 或者取 $e^{-i\omega t}$。取 $e^{i\omega t}$ 时得到的最终通解为：

$$U(x,t)=X(x)T(t)=ACe^{i(kx+\omega t)}+BCe^{i(-kx+\omega t)} \tag{1-13}$$

由于 A、B、C 是待定系数，可以将上述公式中的系数合并 $G=AC,H=BC$，则最终有：

$$U(x,t)=Ge^{i(kx+\omega t)}+He^{i(-kx+\omega t)} \tag{1-14}$$

由式(1-7)知道，上式的第一项代表沿 x 轴反方向传播的声波，G 是其相应的系数，描述该声波的幅度和初始相位；第二项代表沿 x 轴正方向传播的声波，H 是其相应的系数，描述该声波的幅度和初始相位。初始相位往往决定了扰动在 x 轴上的到达时间。

第三节 系数 ω 的确定

上述通解式(1-14)中有三个系数：一个是常数 ω（不随 x 和 t 改变），另外两个是待定系数 G 和 H（随常数 ω 改变），ω 通常是实数（也可以为复数），G 和 H 则为复数。式(1-14)只是满足波动方程的通解，还不是要求的最终解。求最终解，必须获得所有的 ω 值以及每个 ω 所对应的待定系数 G、H，从而得到式(1-14)所示的一般解，并把它们相加起来（级数形式的解）。

对于一段有限长的一维杆来讲，常数 ω 并不是连续的，而是一些离散的值。

设杆的长度为 l，两端自由（应力为0）。将式(1-14)代入式(1-3)得：

$$F=E\frac{\partial u}{\partial x}=E(Hik)e^{i(kx+\omega t)}+EG(-ik)e^{i(-kx+\omega t)} \tag{1-15}$$

将两端自由的边界条件 $F|_{x=0}=0,F|_{x=l}=0$ 代入式(1-15)得到：

$$Eik(H-G)e^{i\omega t}=0$$

$$Eik(He^{ikl}-Ge^{-ilx})e^{i\omega t}=0$$

在上述两个式子中，Eik 是不为0的常数，$e^{i\omega t}$ 不全为0，若要保证上面等式恒成立，必须使上述两式中括号的部分为0，即

$$H-G=0$$

$$He^{ikl}-Ge^{-ikl}=0$$

写成矩阵形式有：

$$\begin{pmatrix}1 & -1\\ e^{ikl} & -e^{-ikl}\end{pmatrix}\begin{pmatrix}H\\ G\end{pmatrix}=\begin{pmatrix}0\\ 0\end{pmatrix} \tag{1-16}$$

要保证系数不全为0（杆上有振动的前提条件），需要系数行列式为0。

$$\begin{vmatrix}1 & -1\\ e^{ikl} & -e^{-ikl}\end{vmatrix}=-e^{-ikl}+e^{ikl}=-\cos(-kl)-i\sin(-kl)+\cos(kl)+i\sin(kl)=2i\sin(kl)=0$$

这样便得到 $\sin(kl)=0$，解得

$$k=\frac{n\pi}{l}(n=1,2,\cdots)$$

由式(1-12)知道：

$$\omega = kv = \frac{v\pi}{l}n(n=1,2,\cdots)$$

将 $\omega = 2\pi f$ 代入上式可得：

$$f_n = \frac{v}{2l}n(n=1,2,\cdots) \tag{1-17}$$

其中，f_n 是该有限长杆振动时的固有频率。

系数 ω 是在分离变量法中确定的，相对于时间 t 和坐标 x 来讲为常数，不随这两个参数改变。它不能在分离变量法中得到，只能从边界条件中得到（两端自由）。因此，分离变量法只给出了满足波动方程的解的表达式，即函数形式。函数中的系数 ω 描述了其振动时的固有频率，只有当边界（边界条件）定下了以后才能够确定。边界条件包括：杆的长度 l 和杆两端的状态。杆两端自由，应力为 0；两端夹紧，位移为 0。

用杆两端应力为 0 的边界条件得到了一系列固有频率 f_n，每个固有频率对应于杆的一个振动模式（应力和位移在杆中有固定分布，只有固有频率的振动能够满足）。以这个模式振动时，杆内各点位移和应力的分布满足边界应力为 0 的条件。其他振动方式因为不满足该条件，不能够在杆中形成或存在。

为了便于分析杆的振动模式，可用三角函数推导。由于已经选择了具体的杆，有具体的边界和长度，其振动位移是确定的，为了区别于前面的一般位移 u 和满足波动方程的位移 U，这里我们设位移为 ξ，则：

$$\xi = [A\cos(kx) + B\sin(kx)]e^{i\omega t}$$

其中，k 是角波数，$k = 2\pi k_1$，k_1 是波数，其单位 m^{-1}，物理意义是单位长度上有几个波长；ω 是角频率，$\omega = 2\pi f$，f 的单位是 Hz，刻画单位时间内有几个振动周期。由两端自由的边界条件可以推导出等式：（注意，应力由杨氏模量和位移对 x 的导数相乘得到，在应力为 0 的边界条件中，杨氏模量 E 不等于 0，指数函数 $e^{i\omega t}$ 不恒等于 0 均被约去）

$$\left.\frac{\partial\xi}{\partial x}\right|_{x=0} = \left.\frac{\partial\xi}{\partial x}\right|_{x=l} = 0$$

以下推导过程中，因为每一项均有因子 $e^{i\omega t}$，其不恒等于 0，最终被除掉，为了简略，所以推导过程中省略了该因子，故

$$\frac{\partial\xi}{\partial x} = -kA\sin(kx) + kB\cos(kx)$$

1. 直接求解

直接将 $x=0$ 处的应力表达式代入上式得到

$$\left.\frac{\partial\xi}{\partial x}\right|_{x=0} = -kA\sin(k\cdot 0) + kB\cos(k\cdot 0) = kB = 0$$

由该式得到系数 $B=0$。

直接将 $x=l$ 处的应力为 0 的边界条件代入得到

$$\left.\frac{\partial\xi}{\partial x}\right|_{x=l} = -kA\sin(kl) + kB\cos(kl) = 0$$

由该式得到：$kA\sin(kl)=0$，即 $\sin(kl)=0$，解得 $kl=n\pi$，由此得到 $k=\frac{n\pi}{l}$。由 $\frac{n\pi}{l} = 2\pi\frac{1}{\lambda}$ 得 l

$=\frac{\lambda}{2}n$,即当杆的长度是半个波长的整数倍时,满足两端应力为 0 的边界条件。

2. 矩阵方法

同样,还可以用矩阵的行列式得到相同的结果。将杆两端应力为 0 的边界条件同时代入,得到两个等式:

$$\left.\frac{\partial\xi}{\partial x}\right|_{x=0}=-kA\sin(k\cdot 0)+kB\cos(k\cdot 0)=0$$

$$\left.\frac{\partial\xi}{\partial x}\right|_{x=l}=-kA\sin(kl)+kB\cos(kl)=0$$

将这两个代数方程写成矩阵形式:

$$\begin{pmatrix}-k\sin(k\cdot 0) & k\cos(k\cdot 0)\\ -k\sin(kl) & k\cos(kl)\end{pmatrix}\begin{pmatrix}A\\ B\end{pmatrix}=\begin{pmatrix}0\\ 0\end{pmatrix}$$

对于杆的振动来讲,A 和 B 不能同时为 0,要使上述等式成立,只有行列式为 0,即

$$\begin{vmatrix}0 & k\\ -k\sin(kl) & k\cos(kl)\end{vmatrix}=0$$

故 $k^2\sin(kl)=0$。因为 k 不恒等于 0,所以有 $\sin(kl)=0$,即 $kl=n\pi$,故

$$k=\frac{n\pi}{l}(n=1,2,\cdots)$$

其中,k 是一系列离散的值。

由波数 k 与频率 f 的关系知道,与这些离散的 k 值相对应,频率也是一系列离散的值。由关系 $k=\frac{\omega}{v}$ 以及 $\omega=2\pi f$ 得到 $k=\frac{2\pi f}{v}$,由此解出频率 $f=\frac{vk}{2\pi}$,将离散的 k 代入有 $f=\frac{v}{2l}n$,再将 $T=\frac{1}{f}$ 代入 k 的表达式有 $k=2\pi\frac{1}{Tv}=2\pi\frac{1}{\lambda}$,这样便得到

$$l=\frac{\lambda}{2}n(n=1,2,\cdots)$$

$l=\frac{\lambda}{2}n$ 是杆长度与波长之间的关系,固有频率对应于半个波长的整倍数。

3. 振动模式

由位移表达式知道,对于两端自由的边界,位移表达式必须采用余弦函数描述其振动位移 ξ[$\xi=A\cos(kx)e^{i\omega t}$],将所得到的 k 代入位移表达式得到 $\xi=A\cos\left(\frac{n\pi}{l}x\right)e^{i\omega t}$,应力 $F=E\frac{\partial\xi}{\partial x}=-EkA\sin(kx)=-\frac{n\pi}{l}EA\sin\left(\frac{n\pi}{l}x\right)$ 是正弦函数。图 1-1 中实线是杆长度为 0.2 m,$n=1$ 时振动位移的分布。在杆的两个端点,振动位移有极大值,但是符号相反,即振动方向相反;在杆的中心位置,振动位移为 0,该点不振动(可以用于安装杆的固定架)。图 1-1 除了振动位移外,还绘制了杆中的应力分布:在杆的两端,应力为 0,在杆的中点,振动的应力最大。考虑了时间因子 $e^{i\omega t}$ 之后,其实际的情况是:杆内各点以该幅度作简谐振动。其中,边界应力为 0 的条件导致杆两端的振动幅度最大,离开平衡位置的位移最大,杆中点的振动

幅度最小(为0),质点离开平衡位置的位移最小。

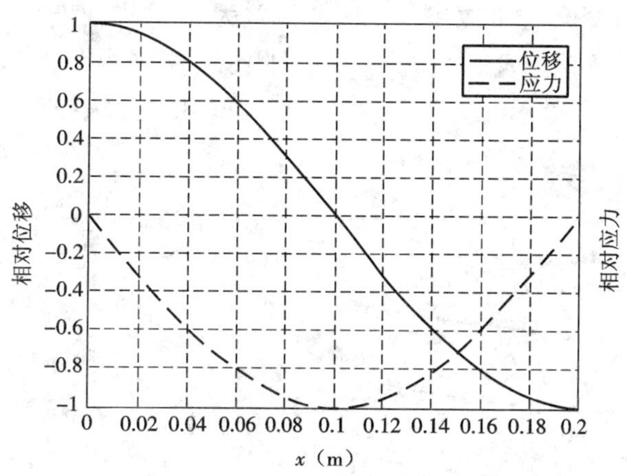

图1-1　相对位移和应力随 x 的变化曲线($l=0.2$ m, $n=1$)

第四节　物理意义讨论

1. 共振的本质

上述理论推导所得到的结论是:不论用什么方式激发、冲击产生振动,有限长杆只能够以其固有频率振动,且固有频率只与杆的长度和声速有关,是确定的值,与声源和激发方式无关。

选择其中的一个固有频率进行分析。固有频率的振动形成以后,各点的振动幅度被完全确定,每一点的振动位移随时间的变化规律均是简谐波 $e^{i\omega t}$(三角函数——正弦或者余弦函数),并且每一点都以相同的三角函数规律变化。在随时间变化的过程中,杆内相邻两点的位移之间有差别,便出现相互作用。位移的幅度随离开界面的距离改变,距离越大,位移越小,应力越大。在中点位移为0,应力最大,这是因为此位置的位移变化最快,两侧位移的相位相差180°。其结果是:应力从边界处的0(自由界面,没有反作用力,其应力为0)开始逐渐增加。由于应力和位移均是连续函数,所以杆两端的应力均从0开始逐渐增加,最后导致中间的应力最大。杆共振是杆(介质)连续,位移、应力连续和边界条件共同作用以后最终形成的结果。共振使得杆中的位移和应力形成固定的分布,虽然随位置改变,但是它们在 x 轴上是连续的,即连续渐进变化。

这种位移分布和应力分布并不消耗振动能量,在用于振动能量传递时,该频率能够传递出最大的能量,或者说,以这个频率、这种模式振动时,振动能量能够全部通过该有限长的杆,从一端传递到另外一端。

共振是边界条件被满足时有限长杆自身的振动,是沿 x 正、反两个方向传播的声波相互叠加的结果,其频率是杆的固有频率波形特点是振动幅度随时间衰减慢,余振长(振动周期多),振动容易激发。

谐振的结果:杆中间点的振动位移为0,应力最大,分析认为是位移的斜率最大所致,并指出中点两端的位移符号相反。在中间点取单元体,单元体两边的位移相位相反,振动时,随时间的变化规律均是按照相同的正弦函数增加,即随着时间的增加,当位移增加时,两边的位移均按照相同的幅度值增加,方向相反,位移差为0,这样便使该点的应力也按照相同的规律随时间增加。由于该单元体两端应力方向相反,所受的合力是两个力相加,因此应力最大。图1-2是中心点处单元体两侧的位移随时间的变化规律。在每个时刻,振动位移的方向相反,幅度相同。

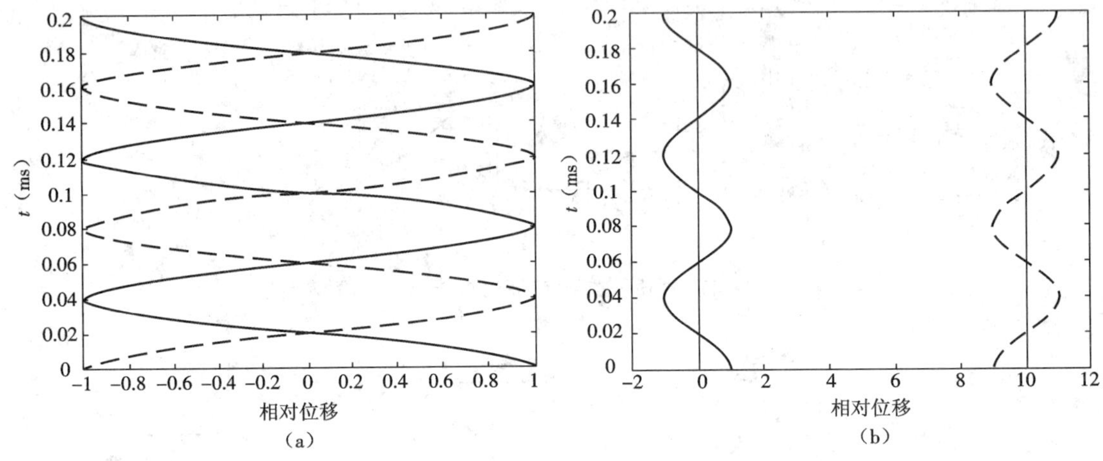

图1-2 杆的中心位置单元体两端的振动位移

(a)位移重叠 (b)位移分布

除了中心位置,其他位置的单元体两端的位移是同相位的。两端振动时的幅度不同,因此,位移相减以后,应力不是最大,并且随着位置靠近杆的两端,振动位移的幅度增大,单元体两端的位移差减小,应力减小,最后,到达边界时,位移最大,位移差为0,应力为0。图1-3是非中心点处单元体两端的振动位移随时间的变化规律。

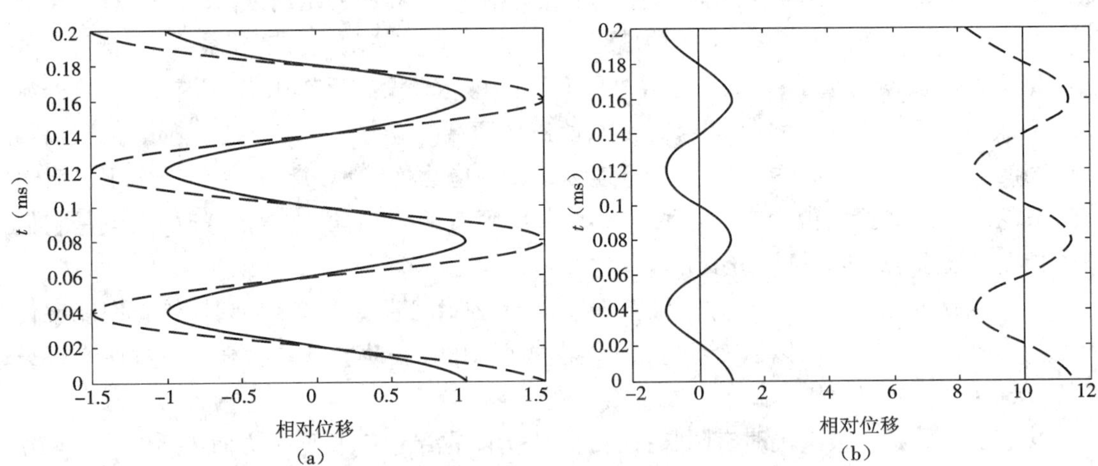

图1-3 杆的非中心位置单元体两端的振动位移

(a)位移重叠 (b)位移分布

2. 共振的应用

杆振动时其中心的位移幅度为0,说明该点不振动,可以作为振动体的安装位置固定振动杆。杆中心应力最大,最容易断裂;杆两端振动位移最大,可以作为辐射面,向液体辐射振动能量。杆两端位移大小相等,方向相反,可以作为振动方向转换器;杆两端振动位移相同,相当于杆对该频率的振动没有反射,全部能量能够通过该杆,杆可以作为振动滤波器。另外,任意冲击作用时,其频率成分丰富,但是最后剩下的只有固有频率的振动,其他频率的振动会很快消失,不能在杆中形成稳定的振动,就像寺庙里的大钟,敲击后最终形成其固有频率的振动。

3. 高阶振动模式

改变阶数 n 计算得到图1-4所示的位移和应力分布。图1-4(a)是二阶($n=2$)的位移和应力分布,图1-4(b)是一阶和二阶的应力和位移分布。随着阶数的增加,在杆中出现位移为0的点增加,最大应力点也增加。阶数为2时,杆内有两个位移为0的点(或最大应力点);阶数为3、4时,分别有3、4个,均匀地分布在杆内,如图1-4所示。

第五节　系数 G、H 的计算

假设有力源作用于杆的任意一端,这时两端的边界条件不能再均设为0,需要让其中的任意一项不为0。例如假设一个力源位于 $x=0$ 处,则有

$$F|_{x=0}=1;\qquad F|_{x=l}=0$$

代入(1-15)式得到:

$$Eik(H-G)\mathrm{e}^{\mathrm{i}\omega t}=1$$

$$Eik(H\mathrm{e}^{\mathrm{i}kl}-G\mathrm{e}^{-\mathrm{i}lx})\mathrm{e}^{\mathrm{i}\omega t}=0$$

在上述两个式子中,Eik 是不为0的常数,$\mathrm{e}^{\mathrm{i}\omega t}$不全为0,若要保证上面等式恒成立,必须使第二个式子中括号内的部分为0,则

$$H-G=1/(Eik)$$

$$H\mathrm{e}^{\mathrm{i}kl}-G\mathrm{e}^{-\mathrm{i}kl}=0$$

写成矩阵形式有

$$\begin{pmatrix}1 & -1\\ \mathrm{e}^{\mathrm{i}kl} & -\mathrm{e}^{-\mathrm{i}kl}\end{pmatrix}\begin{pmatrix}H\\ G\end{pmatrix}=\begin{pmatrix}1/(Eik)\\ 0\end{pmatrix}\tag{1-18}$$

这样,便可以求出待定系数 G 和 H:

$$\begin{pmatrix}H\\ G\end{pmatrix}=\begin{pmatrix}1 & -1\\ \mathrm{e}^{\mathrm{i}kl} & -\mathrm{e}^{-\mathrm{i}kl}\end{pmatrix}^{-1}\begin{pmatrix}1/(Eik)\\ 0\end{pmatrix}\tag{1-19}$$

将系数代入式(1-14)和式(1-15),最终得到位于原点的力源在杆中产生的振动。

注意:力源$F|_{x=0}=1$ 的确切含义是,对于每个频率,其激发幅度是相同的,均为1,即频谱为1,这是冲击函数的频谱,对其做傅里叶变换以后得到冲击函数,即这个力源相当于理想的冲击源。

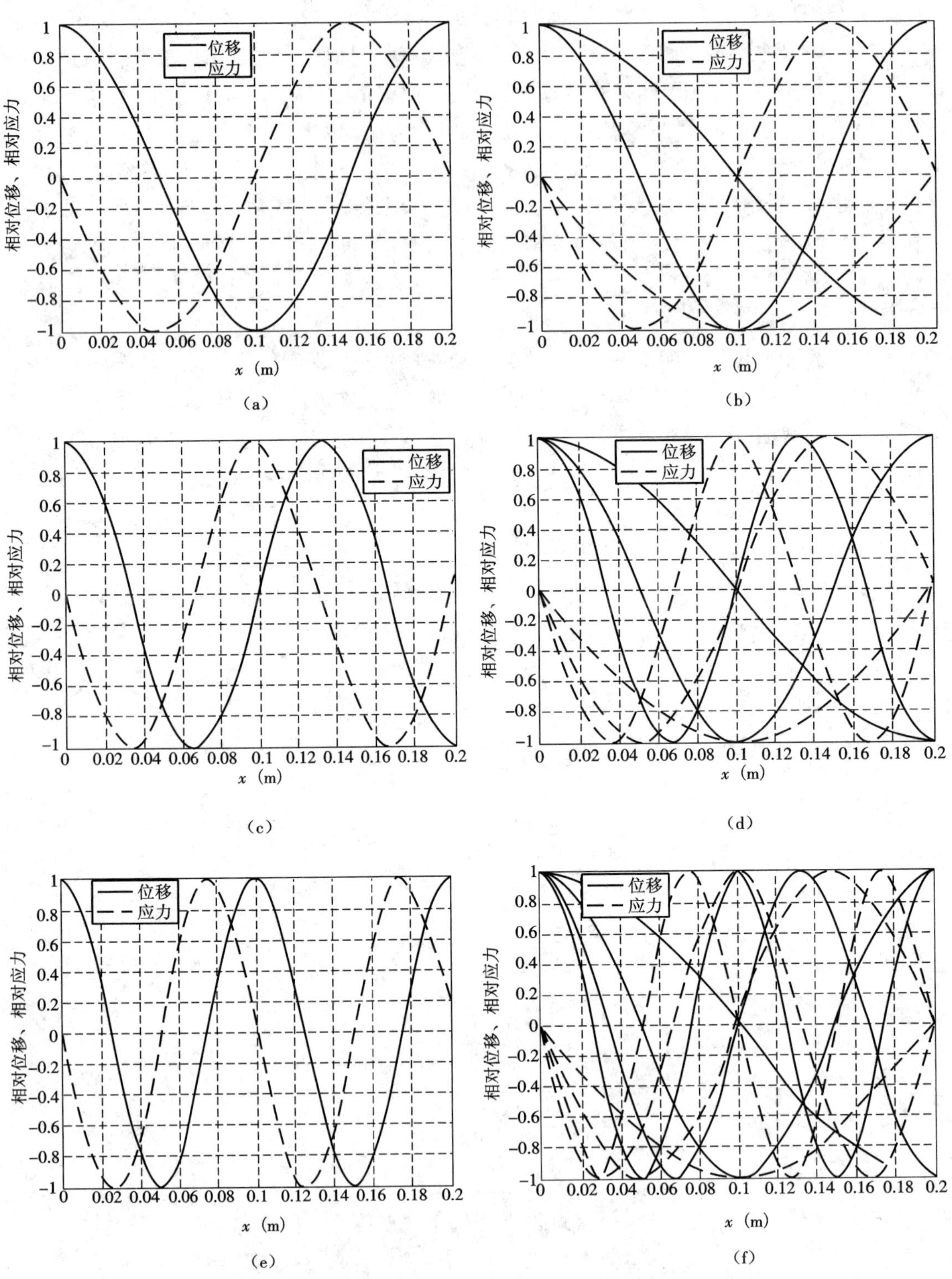

图 1-4 高阶振动模式下位移随 x 的变化曲线($l=0.2$ m)

(a)$n=2$ (b)$n=1,2$ (c)$n=3$ (d)$n=1,2,3$ (e)$n=4$ (f)$n=1,2,3,4$

第六节　二节杆的振动

对于如图 1-5 所示的二节杆，其振动方式的推导与一节杆相同，增加的边界在 l_1 位置，利用边界条件（两种介质的振动位移和应力相同）同样可以求出其固有频率。

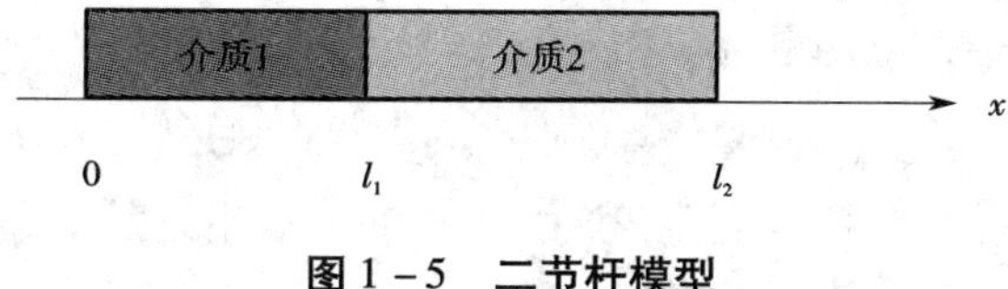

图 1-5　二节杆模型

介质 1：

$$U_1 = H_1 e^{i(k_1 x + \omega t)} + G_1 e^{i(-k_1 x + \omega t)} \tag{1-20}$$

$$F_1 = E_1 \frac{\partial u}{\partial x} = E_1 (H_1 i k_1) e^{i(k_1 x + \omega t)} + E_1 G_1 (-ik_1) e^{i(-k_1 x + \omega t)} \tag{1-21}$$

由于 $E_1 k_1 = \rho_1 v_1^2 \dfrac{\omega}{v_1} = \omega \rho_1 v_1 = \omega Z_1$，其中 $Z_1 = \rho_1 v_1$，为波阻抗，则

$$F_1 = iZ_1 \omega H_1 e^{i(k_1 x + \omega t)} - iZ_1 \omega G_1 e^{i(-k_1 x + \omega t)}$$

介质 2：

$$U_2 = H_2 e^{i(k_2 x + \omega t)} + G_2 e^{i(-k_2 x + \omega t)}$$

$$F_2 = iZ_2 \omega H_2 e^{i(k_2 x + \omega t)} - iZ_2 \omega G_2 e^{i(-k_2 x + \omega t)}$$

其中，$Z_2 = \rho_2 v_2$。边界条件为

$$F_1 |_{x=0} = 0$$

$$U_1 |_{x=l_1} = U_2 |_{x=l_1}, F_1 |_{x=l_1} = F_2 |_{x=l_1}$$

$$F_2 |_{x=l_2} = 0$$

将两节杆中的位移和应力表达式代入边界条件，进行化简以后最终得到等式

$$\sin[k_2(l_1 - l_2)]\cos(k_1 l_1) - \frac{Z_1}{Z_2}\cos[k_2(l_1 - l_2)]\sin(k_1 l_1) = 0 \tag{1-22}$$

使这个等式为 0 的频率便是该两节杆的固有频率。当两节杆的材料一样时，式(1-22)简化为

$$-\sin(kl)_2 = 0$$

第七节　应用

1. 固体或岩芯声速测量

声波测井的频率主要分布在 1～6 kHz 和 15～25 kHz 范围内，实验室采用对穿法测量岩芯声波时差（纵波速度 v 的倒数）的频率一般分布在 500 kHz～2 MHz，两者频率相差很大。砂岩储集层是孔隙介质，其流体与骨架相互作用后导致其纵波速度随频率改变。这样，上述两种测量方法所得到的声波时差会有比较大的差别。随着研究的深入，人们开始利用砂岩纵波速度随频率的变化曲线识别孔隙流体类型。为此，需要在实验室内测量岩芯

在15 ~25 kHz范围内的声波时差。根据纵波在有限长一维自由杆中传播时的固有频率,可以设计一种测量岩芯声波时差的新方法,该方法采用冲击方法产生振动,通过测量振动系统稳定以后的频率获得岩芯的声波时差。这种方法所测量的声波时差的频率与声波测井的频率接近。并且通过调整岩芯长度,可以获得不同频率的声波时差,即频散曲线,为深入研究孔隙介质中流体类型对声波传播特征的影响提供了新的手段。

声波测井的频率与现有的岩芯测量的频率相差很大,两种方法所测量的声波时差有比较大的差别。目前采用的对穿式测量方法频率很高(500 kHz ~2 MHz),所测量的声波时差只能近似满足用声波时差计算砂岩孔隙度的应用要求,不能满足日益增长的利用砂岩的声波时差随频率的变化曲线识别孔隙流体类型的应用要求,因而需要测量岩芯声波时差的新方法。另外,由于实验用岩芯的长度很短,用对穿法测量时波形的起始点选择对时差测量结果影响很大。参考文献[1]讨论了对穿方法中起始位置的选择和刻度方法。

参考文献[2]在讨论压电材料的集中参数表示时指出:通过测量压电晶片的共振频率和反共振频率可以获得压电晶片的声速。即压电晶片在自由状态下被正弦波电信号激发,当电信号的固有频率与压电晶片自身的固有频率相等时,压电晶片处于共振状态。这时,其振动的波阻抗最小,在电参数上表现为其电导的实部取极大值。用阻抗分析仪测量该频率,便可以获得其纵波传播速度。这种测量方法依赖于阻抗分析仪,主要利用了压电晶片自身振动时所产生的固有频率,其关键是压电晶片自身振动时的固有频率与声速的关系。这种测量方法利用了声波在岩芯中多次反射、反复传播的过程,测量到的波形中包含了这些多次反射所携带的声速信息。

参考文献[3]讨论了一维圆柱杆的振动模式,给出了一维振动时所满足的长度与半径比的条件。参考文献[4]给出了有限长一维杆变直径时的振动特征,指出了在直径突变处其应力分布集中的结论。参考文献[5 ~7]进一步给出了一维杆振动和声传播以及二维介质声波传播的特征,指出了声速在振动过程和固有频率计算中的作用。

1)对穿法岩芯测量存在的问题

以往的岩芯声速测量方法是对穿法,即在岩芯的两端分别放置一个发射探头和一个接收探头,从测量的波形中人工选择波形的起始点得到传播时间,减去发射探头和接收探头直接对接时的时间后,得到声波在岩芯中的传播时间,用岩芯长度除以所测量的传播时间得到岩芯的声波速度或者时差。

上述测量过程有下列几个缺陷。①发射、接收探头对接时所测量的波形幅度很大,探头之间夹岩芯时,波形幅度减小,这两种不同幅度波形所获得的波形起始位置有差别,该差别给时差测量带来了误差。②当波形幅度很小时,需要对波形进行放大,放大器本身会对波形带来微秒级的整体延迟,该延迟在探头对接时不存在。③换能器有响应时间,即当电脉冲激励换能器时,换能器需要一定的时间才能激发出振动,同样,当换能器接收到振动以后,也需要一定的时间才能将振动转换为电信号。这些响应时间包含在换能器对接时的时差中或者通过换能器对接的方法进行测量。④换能器对接时测量的时差还包含声波在换能器辐射面匹配层中的传播时间。⑤发射波形时,首波并不是波形中最大幅度的振动,而接收时,接收波形的最大幅度也不在首波的位置。这样,测量时差时没有用到波形的最大能量位置，没有发挥出声波波形固有的特征。

以上是对穿法测量岩芯声速的固有缺陷，是由方法本身所带来的。在选择测量波形起始点时，人为因素的影响更是无法记录和克服的，导致同一个岩芯，不同的人测量会得到不同的声速值。

上述测量方法仅仅利用了声波在岩芯中一次传播的传播时间，所测量的信号中仅仅利用了首波的到达时刻，大量的后续波信息没有被利用。为了提高声波时差的测量精度，通常采用增加测量次数和使用后续波所包含的声速信息的方法。

2）新测量方法的理论依据

传统的对穿法是瞬态测量方法，主要利用了声波在岩芯中的一次传播时间，即通过测量声振动在该岩芯中的传播时间来获得岩芯中的纵波速度。该测量方法要求岩芯长度最少要大于波长的5倍。这样，当岩芯比较短时，换能器激发振动的频率就比较高，相应地接收波形的频率也比较高。为了提高测量精度，通常选择换能器的谐振频率发射以增加发射能量；同样，也选择接收换能器的谐振频率接收以获得比较大的波形幅度。当激发频率比较高时，换能器中的声—电或者电—声转换器件的厚度就比较薄，其发射振动的能量就比较小。

新的岩芯声波时差测量方法则采用大功率冲击的激发方式。在岩芯的一端激发出各种频率的振动，这些振动在岩芯中传播后，在两端被多次反射，最后由岩芯两端的自由边界条件决定能够在有限长岩芯内部传播的声波频率——岩芯的固有频率。这些频率的振动幅度大，周期多，波形接近于正弦波，容易测量。

新方法主要测量振动稳定以后波形中幅度比较大的后续波，实现起来比较容易。原始测量波形幅度大，周期多，故称为振动测量方法或者稳态测量方法。该方法通过所测量的固有频率得到声波速度，有效克服了对穿法测量存在的缺陷。

图1－6所示为所测量的圆柱岩芯，设其长度为l，长度与直径比大于6，满足一维杆振动条件。设位移$U=A\sin(kx)+B\cos(kx)$，根据胡克定律，应力

$$F=E\frac{\mathrm{d}U}{\mathrm{d}x}=EkA\cos(kx)-EBk\sin(kx) \tag{1-23}$$

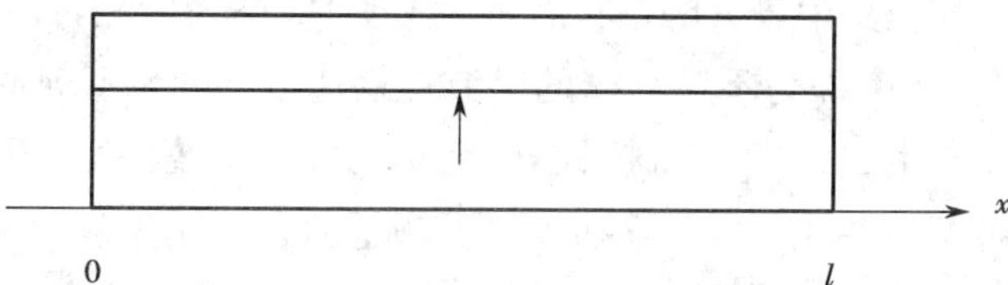

图1－6　一维杆实验装置示意图（中间是支撑点）

将岩芯从中间支起，两边自由，则两端的应力为0，将$x=0$和$x=l$处应力为0的边界条件代入式（1－23）得到：$A=0$和$\sin(kl)=0$。将波数k与岩芯的纵波速度v以及振动的频率f之间的关系代入得到$\sin\left(\frac{2\pi f}{v(f)}l\right)=0$，故

$$\frac{2\pi f}{v(f)}l = n\pi(n = 0,1,2,\cdots) \tag{1-24}$$

则岩芯的速度 $v(f) = \frac{2fl}{n}$。取 $n = 1$，则有

$$v(f) = 2fl \tag{1-25}$$

即 v 是固有频率 f 与长度 l 乘积的二倍。上式中，给定所测量的岩芯，则其长度 l 和传播速度 v 便固定，在这个有限长岩芯中所能够传播的振动频率是离散的，由式(1-24)给出。$n = 1$ 时的频率称为基频，$n > 1$ 时的频率称为倍频。

从式(1-25)可以看到：只要测量到了有限长岩芯的固有频率即可获得岩芯的纵波速度。

上述新的测量方法利用了声波在岩芯中的多次传播特征，即利用声波在两端自由界面上多次反射以后形成的共振状态实现对岩芯纵波速度的测量。测量时，岩芯处于共振状态，以其自身的固有频率振动，振动幅度比较大。因此，对测量换能器的要求比较低，用普通的加速度计即能有效记录波形；振动特性的激发也比较容易，采用敲击或者用专用锤敲击即可。

由于所测量的接近稳态的后续波中包含了岩芯纵波速度的信息，并在频率分析中充分利用了这些信息，因此，测量方法较传统的穿透方法简单，或者说新方法主要用后续波实现了对岩芯纵波速度的测量。

3）实际测量结果及分析

为了证明新方法的有效性，截取直径分别为 30 mm 和 32 mm 的铝棒和不锈钢棒，为了简单，棒的长度选择了 0.5 m。这样，由式(1-25)知道，所测量的频率即为材料的纵波速度 v。实心铝棒和不锈钢棒不具有频散特征，其速度是常数。

在不锈钢棒的一端贴上压电晶片，直接敲击压电晶片获得的波形如图 1-7(a)所示。其中，幅度最大的脉冲波形是敲击时的冲击波，脉冲宽度与敲击方式有关。脉冲过后幅度比较小的波形振动周期很多，接近于稳态，是棒共振时的振动波形，该波形是所需要的原始测量波形。对这些波形进行快速傅里叶变换(Fast Fourier Transformation，FFT)处理，可获得如图 1-7(b)所示的频谱，其中最大峰值位置 4 871.1 Hz 即为所测量波形的共振频率。由式(1-25)知道，该谐振频率即为不锈钢棒的纵波传播速度 v(4 871.1 m/s)。另外，用锤子直接敲击铝棒，还可以产生二倍频的高频成分，在 9 754.3 Hz 位置。用二倍频也可以计算棒的声速，这时需要对其谐振频率除以 2。该速度测量值在不锈钢理论值的范围内。

需要注意，在 6.1 kHz 位置，频谱曲线还有一个峰值。该峰值所对应的频率与式(1-25)刻画的振动模式不同，是由于敲击时棒的中间支起所致，不能用于声速计算。

图 1-8 是用硬铝棒测量的后续波形及其频谱。在 5 kHz 位置，频谱曲线上有一个幅度很大的峰值。该频率是铝棒的固有频率，用该频率得到铝棒的声速为 5 000 m/s，与硬铝的理论值 5 150 m/s 接近。

从上述两个实际样品测量结果可以看出：实际的材料加工完成以后，其声速是固定的。但由于加工工艺等因素的影响，与理论值之间会有一点差别。

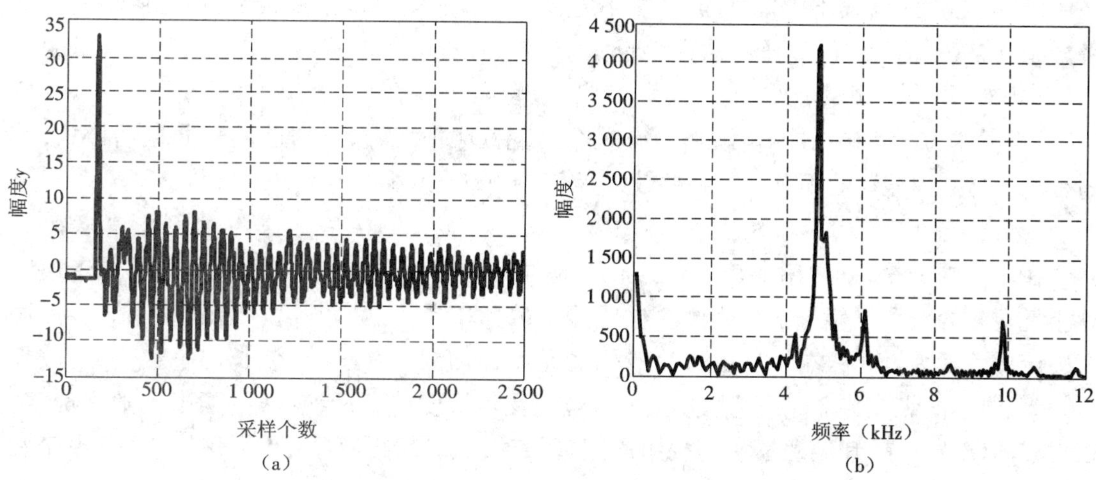

图 1-7　直接敲击不锈钢棒上的压电晶片获得的波形及其对应的频谱

(a)波形　(b)幅频特性曲线

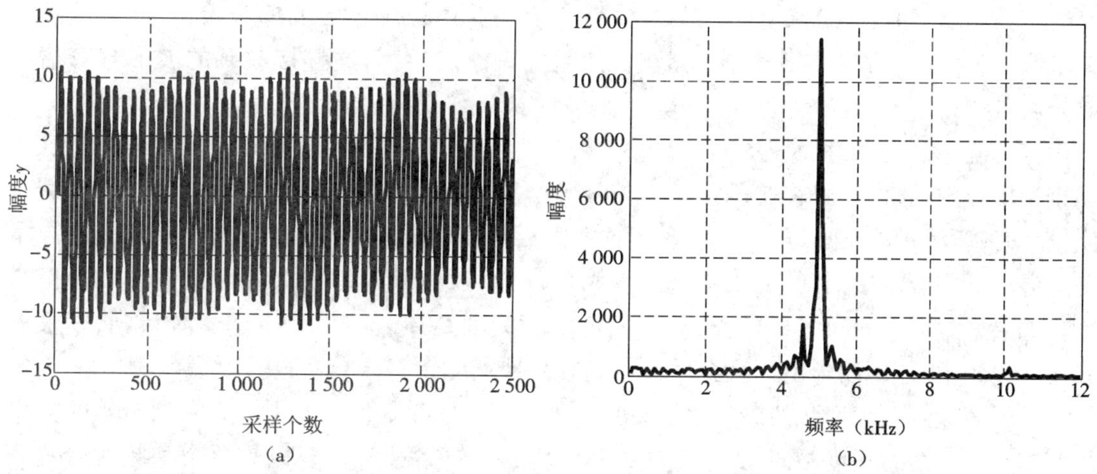

图 1-8　直接敲击铝棒上的压电晶片时所测量的后续波形及其对应的频谱

(a)波形　(b)幅频特性曲线

4)注意事项

(1)两端的加速度计体积要尽量小,质量要尽量小,与岩芯断面的接触面要尽量小,尽量不破坏自由边界条件。

(2)敲击时,要尽量快,避免多次接触。

(3)波形采集时,要尽量避开敲击时的波形,尽可能多地接收后续稳定的波形。

(4)波形采集长度要尽可能长,波形越长,其做快速傅里叶变换后,频谱的采样间距越短,频率的分辨率越高。波形处理时,为了提高峰值处频率位置的精度,通常在波形的后面补 0,补 0 越多,频率步长越小,频谱峰值位置越精确,即所测量的声波时差精度越高。

(5)岩芯长度与直径的比要大于 6,为此可以用小直径的取样器取样。

(6)可以在岩芯端面上粘接多个加速度计进行多次测量。

(7)岩芯两个端面不能接触固体,更不能接地。岩芯侧面也不要接地,最好用小的支点将岩芯支起来,也可以用绳子将岩芯吊起来。支点位置最好选择在岩芯的中点,这里的振动位移为0,不影响测量。

(8)敲击方式不同,在测量波形中有时会出现低频模式,这是岩芯的弯曲振动模式,其固有频率与纵向振动的固有频率相差较远,不会影响声速测量。

5)分析与讨论

在岩芯的两个端面,用加速度计接收的是端面的振动加速度,也可以用位移或者速度计测量端面的振动位移与振动速度。这些振动的频率是由岩芯长度和岩芯的纵波传播速度决定的。因为岩芯两端的自由边界条件满足时,岩芯长度是半个波长的整数倍,而波长与频率、岩芯的纵波传播速度有关,所以当岩芯及其长度确定后,其振动频率也随之确定。在岩芯的任意一点,其振动位移均按照该频率振动,随时间按照正弦(位移是余弦)规律变化。

从式(1-24)知道:除了基频外,还有整数倍的倍频也满足边界条件。这意味着这些频率在实际测量波形中也能够存在,即所测量的波形是由基频及其整倍数的频率成分叠加而成的。具体能够激发出什么频率,与激发条件有关。用橡皮包裹的榔头敲击,产生的频率比较低,主要是基频;用铁榔头快速敲击,产生的频率比较高,这样接收到的波形含有倍频成分。

与传统的岩芯声速测量方法不同,本章提供的测量方法用大功率冲击,将岩芯自身的固有频率激发出来,使岩芯处于共振状态。当岩芯声速比较高、弹性比较好、内部物理衰减比较小时,所测量的波形振动周期多,用这样的后续振动波形测量频率,其精度比较高。本测量方法不测量波形幅度,更不用选择波形的起始点,测量过程中人为因素的影响降至最小。如果采集波形的时间足够长,波形幅度随时间的总体衰减规律也能够测量到,则根据波动方程的解,还可以求出刻画介质的物理衰减特征的物理衰减系数。

对于声速随频率变化的砂岩岩芯,可以通过制作不同长度的岩芯样品来测量不同频率的声速。因为岩芯长度不同,其谐振频率不一样,岩芯谐振时,主要以其单个基频或者倍频的频率振动,不受岩芯频散(传播速度随频率改变)的影响。

图1-9是石油工业常见的几种岩石的谐振频率与岩芯长度之间的关系。对于砂岩储集层来讲,取岩芯样品的长度为80 mm即可测量到频率为20~30 kHz的声速。这个条件用现有的钻井取芯横向(水平方向)取样即可满足。如果测量更低频率的声速,可以采用纵向(深度方向,沿钻井取芯方向)取样的方法从钻井取芯中取样。

本方法可以延用于液体中,即岩芯完全浸没在液体中时,根据一维杆中声波的传播特征(在其固有频率处其透射系数有极大值,并且远远大于其他频率)进行测量。在液体中测量时可以用液体进行耦合,选择其他类型的换能器,选择稳态的激励方式。同样,也通过测量其共振频率获得其声速。但是,与空气中测量不同,在液体中测量时可以获得其孔隙内饱和不同液体时的声速,例如测量砂岩岩芯在饱和水或者饱和油时的声速以及频散曲线。

6)结论

针对现有岩芯测量存在的问题,利用有限长岩芯自身固有频率的振动特征设计了岩芯

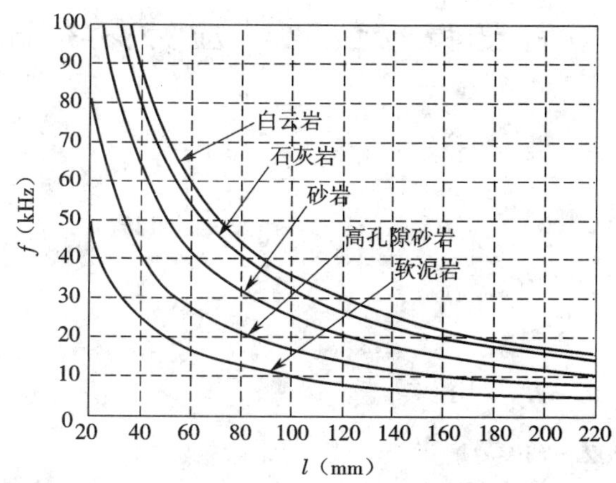

图 1-9 石油工业常用岩石的岩芯长度与固有频率之间的关系

纵波速度测量方法。本方法充分利用了岩芯自身振动所携带的声速信息,简化了测量过程。通过测量有限长岩芯的固有频率获得其纵波速度,有效克服了传统测量方法的缺点,纵波速度的测量精度比较高。通过改变岩芯长度可以测量不同频率的纵波速度,实现了岩芯频散曲线的测量方法。本方法还可以在液体中实施,为测量岩芯在饱和液体中的声速提供了新的手段。测量声速时选择的频率与现有的声波测井频率一致,所测量的声速可以与声波测井的声速对比分析,有利于研究声波测井频率段岩芯的声波传播特征,为进一步利用声波测井信息研究孔隙流体类型提供了具体的措施和手段。

2. 非接触界面探测

在实际应用中有大量测量界面的需求,例如建筑构件中的空洞、材料内部的大气泡、地下的各种空洞、地基中的溶洞等等。这些测量有一个共同的特点,即非接触式,两种介质中,一个是固体一个是空气或水,分界面两侧介质的波阻抗(声速与密度的乘积)差别大,容易形成共振。用敲击或垂直入射方法产生振动垂直入射到介质中(介质是三维的),在介质的正前方,只要遇到空气或者水的界面,就会产生上述共振现象,出现振动周期比较多的振动。可以根据所测量到的振动波形及其频谱判断是否存在这样的共振现象,频谱中如果有比较尖锐的峰值,则可以判断存在相应的空洞。在已知声速(用上述 1 的方法对一个有限长的介质进行测量)的情况下,可以用获得的固有频率计算固体介质的长度,判断空洞所处的深度。

思考题

1. 为什么杆中间的应力最大? 是两端固体挤压的最终结果吗? 应力分布的最终结果说明了怎样的物理本质? 振动幅度的符号差异显示了什么样的物理特征?

2. 什么边界条件可以得到位移是正弦函数,应力是余弦函数的表达式?

3. 共振本身怎样使用了后续波中声传播的速度信息?

附录 一节杆的振动位移和应力分布计算程序

```
%位移是余弦函数
%计算参数
L=0.2;%振子长度
A=1;%幅度
n=2;%阶数
E=1;%杨氏模量
for ii=1:1001
    x(1,ii)=0.0002*(ii-1);
    ke(1,ii)=A*cos(n*pi/L*x(1,ii));
  Fe(1,ii)=-E*A*n*pi/L*sin(n*pi/L*x(1,ii));
end
figure(1
dd=plot(x,ke,'k')
set(dd,'linewidth',3.5)
hold on
dd=plot(x,Fe/(n*pi/L),'k:')
set(dd,'linewidth',3.5)
grid on
set(gca,'linewidth',3)
xlabel('z (m)','fontsize',14)
ylabel('位移 (v)','fontsize',14)
```

参考文献

[1]沈建国.用穿透法测量声速时初始点的选择问题.石油地球物理勘探,2003,38(1):44-47.

[2]栾桂冬,张金铎,王仁乾.压电换能器和换能器阵.北京:北京大学出版社,2005.

[3]OLEG V ABRAMOV. High-intensity ultrasonics. Moscow :Gordon and Breach Science Publishers,1998.

[4]林仲茂.超声变幅杆的原理和设计.北京:科学出版社,1987.

[5]沈建国. 应用声学基础:实轴积分法及二维谱技术. 天津:天津大学出版社,2004.

[6]张沛霖,张仲渊.压电测量.北京:国防工业出版社,1983.

[7]P M 莫尔斯. 振动与声. 南京大学《振动与声》翻译组,译.北京:科学出版社,1974.

第二章 有限长杆固有频率的应用之一:反射与透射波

对于一维有限长杆或者一维固体层垂直入射的声波传播来讲,其一系列的固有频率处有一些特殊的性质。本章主要研究这些性质在声波传播方面的表现。在所有的固有频率处,透射波的透射系数接近1,声波几乎全部穿过固体介质(不考虑物理衰减)。离开固有频率,透射系数急骤减小,声波被反射,几乎不能够穿过固体介质。固体层越薄,固有频率越高,两个相邻的固有频率之间的距离越大,透射波和反射波受单个固有频率的影响越大,波形形状变化(与发射波形的差别)越明显;固体层越厚,固有频率越低,两个相邻的固有频率之间的距离越小,在相同的频率区间内,固有频率个数越多,叠加以后形成的透射波和反射波受单个固有频率的影响越小,波形形状变化越小(与激发波形越接近)。换能器发射波形的频率区间是固定的,反射波和透射波是这个区间内所有固有频率响应的叠加。在该区间内,固有频率越少(对应层越薄),响应的频谱受固有频率响应形状的影响越大,响应波形形状与发射波形形状的差别越明显;固有频率越多(对应层越厚),响应的频谱受单个固有频率响应形状的影响越小,响应波形的形状与发射波形形状越接近。当层厚比较大时,固有频率之间的间距很小,固有频率很多,透射波和反射波波形(固体的固有频率处的各个反射和透射系数所对应波的叠加)与发射波形越接近。当厚度为无穷大时,固有频率变成连续的频率,无穷多个固有频率响应叠加,频谱变成连续曲线,响应波形与激发波形完全一样。

第一节 物理模型

入射波 H_1 从水(介质1)中垂直入射到一维的固体介质(介质2)上,固体介质的另外一侧也是水(介质3),计算反射波和透射波的广义反射系数 G_1 和透射系数 H_3,如图2-1所示。

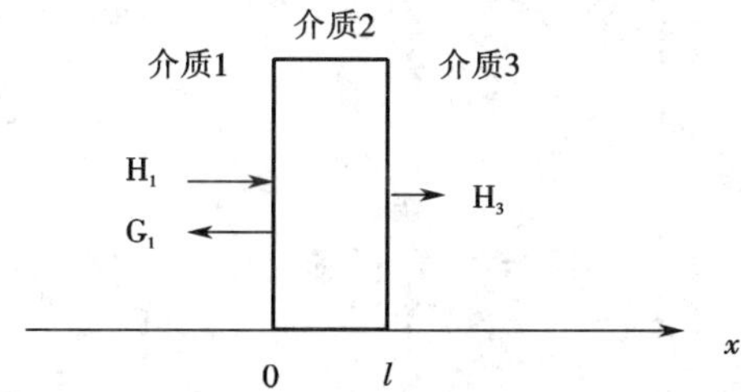

图2-1 一维固体介质计算模型(两边是水,中间是固体)

为了区别于几何声学的研究方法,这里用波动声学的方法研究上述模型的反射波和透射波。取时间响应(变化)函数为简谐波 $e^{-i\omega t}$ 进行研究。入射波 H_1 从介质1进入固体介质2,介质1的振动位移 ξ_1 由两部分组成:

$$\xi_1 = H_1 e^{ik_1x} + G_1 e^{-ik_1x} \tag{2-1}$$

其中,入射波的幅度 H_1 为 1,第二项是广义反射波,设其幅度为 G_1,这是一个复数,包含了从介质 2 反射的波和所有从介质 2 透射出来的波(声波在固体右边界面上也会反射,该反射波到达左边界面后会透射到水中),k_1 是介质 1 的波数。

设声波在介质 1 中的传播速度为 c_1,则 $k_1 = \omega/c_1$。

介质 2 的振动位移为

$$\xi_2 = H_2 e^{ik_2x} + G_2 e^{-ik_2x} \tag{2-2}$$

该层可以有任意多层。对于每一层,其位移表达式与式(2-1)、(2-2)一样,都是两项,第一项代表所有沿 x 正方向传播的声波,第二项代表所有沿 x 反方向传播的声波,对应的波数 k_2 与其声速 c_2 有关:

$$k_2 = \omega/c_2$$

介质 3 的振动位移为

$$\xi_3 = H_3 e^{ik_3x} \tag{2-3}$$

第三层的右边没有边界,没有从右边反射回固体层的声波,因此,其系数 $G_3 = 0$。只有向右传播的声波 H_3,相应地波数 k_3 与其声速 c_3 有

$$k_3 = \omega/c_3$$

利用三层的位移表达式得到这三层介质的应力 F_1、F_2、F_3 分别为

$$F_1 = iZ_1\omega e^{ik_1x} H_1 - iZ_1\omega e^{-ik_1x} G_1 \tag{2-4}$$

$$F_2 = iZ_2\omega e^{ik_2x} H_2 - iZ_2\omega e^{-ik_2x} G_2 \tag{2-5}$$

$$F_3 = iZ_3\omega e^{ik_3x} H_3 \tag{2-6}$$

这里,Z_1、Z_2 和 Z_3 分别为介质 1、2 和 3 的波阻抗:$Z_1 = \rho_1 c_1$、$Z_2 = \rho_2 c_2$、$Z_3 = \rho_3 c_3$。

第二节　计算方法

由固体两端的边界条件:

$$\xi_1|_{x=0} = \xi_2|_{x=0} \tag{2-7}$$

$$F_1|_{x=0} = F_2|_{x=0} \tag{2-8}$$

$$\xi_2|_{x=l} = \xi_3|_{x=l} \tag{2-9}$$

$$F_2|_{x=l} = F_3|_{x=l} \tag{2-10}$$

得到

$$H_1 + G_1 = H_2 + G_2 \qquad (\xi_1|_{x=0} = \xi_2|_{x=0}) \tag{2-11}$$

$$Z_1H_1 - Z_1G_1 = Z_2H_2 - Z_2G_2 \qquad (F_1|_{x=0} = F_2|_{x=0}) \tag{2-12}$$

$$H_2 e^{ik_2l} + G_2 e^{-ik_2l} = H_3 e^{ik_3l} \qquad (\xi_2|_{x=l} = \xi_3|_{x=l}) \tag{2-13}$$

$$Z_2H_2 e^{ik_2l} - Z_2G_2 e^{-ik_2l} = Z_3H_3 e^{ik_3l} \qquad (F_2|_{x=l} = F_3|_{x=l}) \tag{2-14}$$

将式(2-11)至(2-14)中已知项(入射波 H_1)写到右边,写成代数方程形式有

$$G_1 - H_2 - G_2 = -H_1 \tag{2-15}$$

$$-Z_1G_1 - Z_2H_2 + Z_2G_2 = -Z_1H_1 \tag{2-16}$$

$$H_2e^{ik_2l}+G_2e^{-ik_2l}-H_3e^{ik_3l}=0 \tag{2-17}$$

$$Z_2H_2e^{ik_2l}-Z_2G_2e^{-ik_2l}-Z_3H_3e^{ik_3l}=0 \tag{2-18}$$

将式(2-15)至(2-18)写成矩阵

$$\begin{pmatrix} 1 & -1 & -1 & 0 \\ -Z_1 & -Z_2 & Z_2 & 0 \\ 0 & e^{ik_2l} & e^{-ik_2l} & -e^{ik_3l} \\ 0 & Z_2e^{ik_2l} & -Z_2e^{-ik_2l} & -Z_3e^{ik_3l} \end{pmatrix}\begin{pmatrix} G_1 \\ H_2 \\ G_2 \\ H_3 \end{pmatrix}=\begin{pmatrix} -H_1 \\ -Z_1H_1 \\ 0 \\ 0 \end{pmatrix} \tag{2-19}$$

求左边第一系数矩阵的逆矩阵,并左乘到上式得到四个待定系数,其中 G_1 是左边介质 1 的广义反射系数,它是复数,包含了右边介质的界面信息(l)和介质参数;H_3 是右边介质 3 的广义透射系数,同样包含了三层介质的介质参数和界面信息(l)。

第三节　固有频率处的反射、透射系数

图 2-2 是当 H_1 为 1 时得到的左边液体(介质 1)中的广义反射系数 G_1(虚线)和右边液体中(介质 3)的广义透射系数 H_3(实线)。从图 2-2 中可以看出:在非固有频率处,广义反射系数接近于 1,透射系数小于 0.1;在固有频率处,透射系数为 1,反射系数为 0,该频率的振动能量全部透过固体层进入右边的液体,而其他频率的振动则被全部反射回左边的液体。改变固体层厚度,谐振频率随之改变,厚度增加,固有频率减小,固有频率之间的间隔也减小,在 0~2 000 kHz 区间内,出现多个固有频率导致的反射、透射系数峰,见图 2-3。

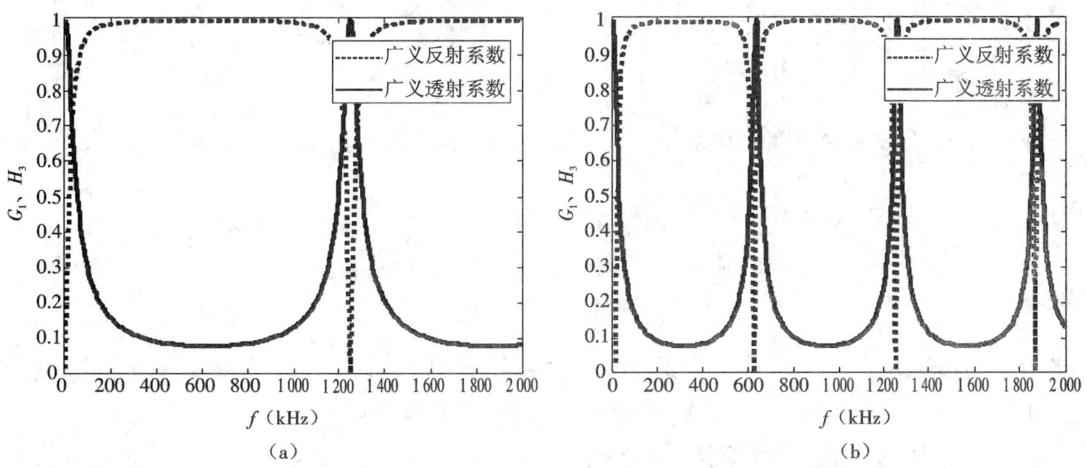

图 2-2　广义反射、透射系数(一)

(a) $l=0.002$ m　(b) $l=0.004$ m

将广义反射系数和广义透射系数分别绘制出得到图 2-4,从图中可以看到:广义反射系数在非固有频率处接近于 1,在固有频率处幅度很小;广义透射系数则在非固有频率处很小,在固有频率处幅度接近于 1。

由此可见,声波穿过固体层透射到右边介质的现象与固体的固有频率具有密切关系,只有在固有频率处幅度最大的透射系数位置才发生透射,其他频率则不发生,幅度随着频

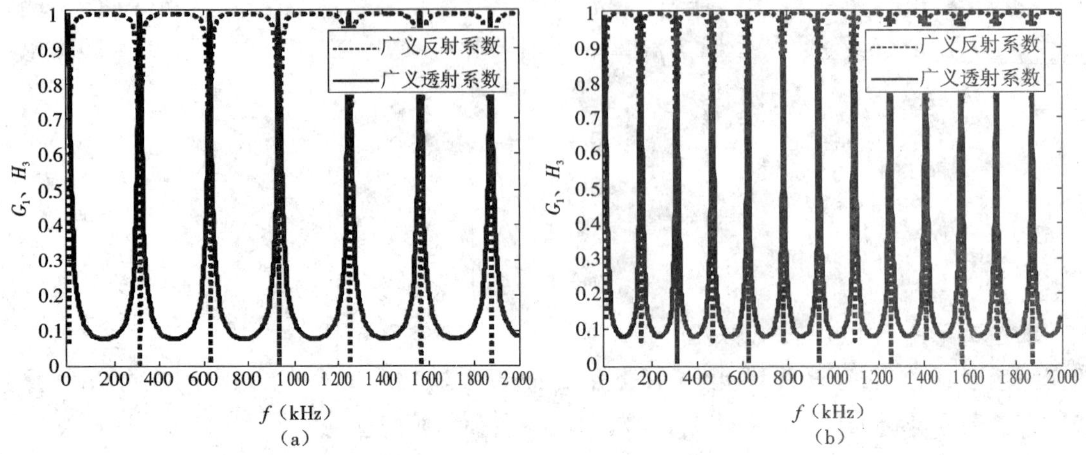

图 2－3　广义反射、透射系数(二)

(a) $l=0.008$ m　(b) $l=0.016$ m

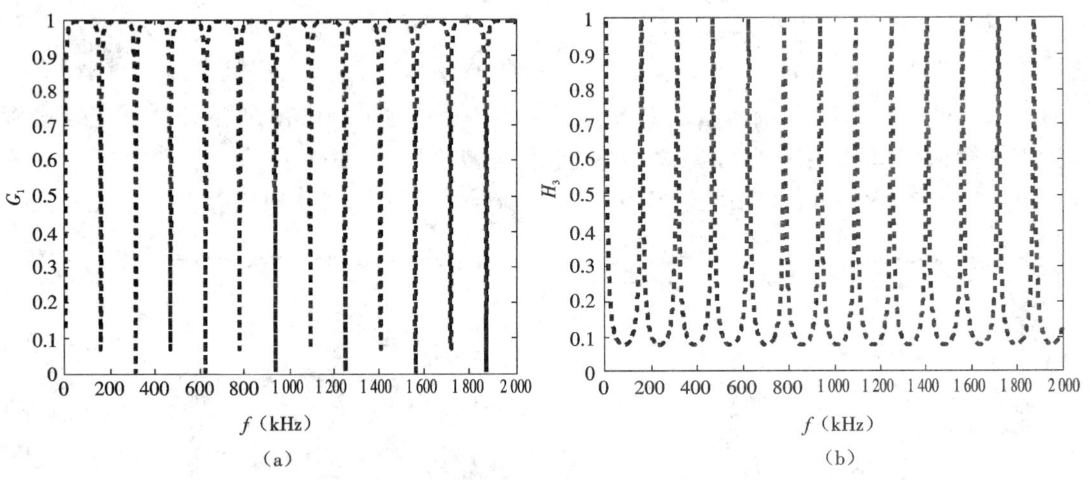

图 2－4　广义反射、透射系数($l=0.016$ m)

(a)广义反射系数　(b)广义透射系数

率的变化急剧减小。当幅度最大的透射发生时，反射波中该频率的广义透射系数的幅度为0，反射波中没有该频率成分，在实际测量的波形中，该频率的幅度取极小值。

固有频率处，固体介质对该频率的声波全部透射，相当于固体不存在。该现象是波动方程特有的，电磁波也具有这样的特征。这些物理规律在实际生活中得到了广泛应用，目前还在不断地启示人们构建新的测量方法，例如从钢管内部测量钢管外是否有水泥、钢管是否被腐蚀等等。

第四节　实际探头激发的波形及其频谱

1. 探头波形及其频谱

实际的超声换能器制作完成以后，其主频和带宽是确定的，激发的波形也是确定的。

图 2-5 是实际测量的换能器激发波形和频谱。从时间域的波形上看:该探头激发的振动周期比较少(2 个),对应的频带比较宽。而振动周期比较多时,对应的频带比较窄(单个频率的波形无限长)。对于用实际探头测量的波形来讲,所有的探头只能够测量到其频带范围内的频谱,或者说,探头所测量的波形是其频带范围内的频谱响应(广义反射和透射系数)。

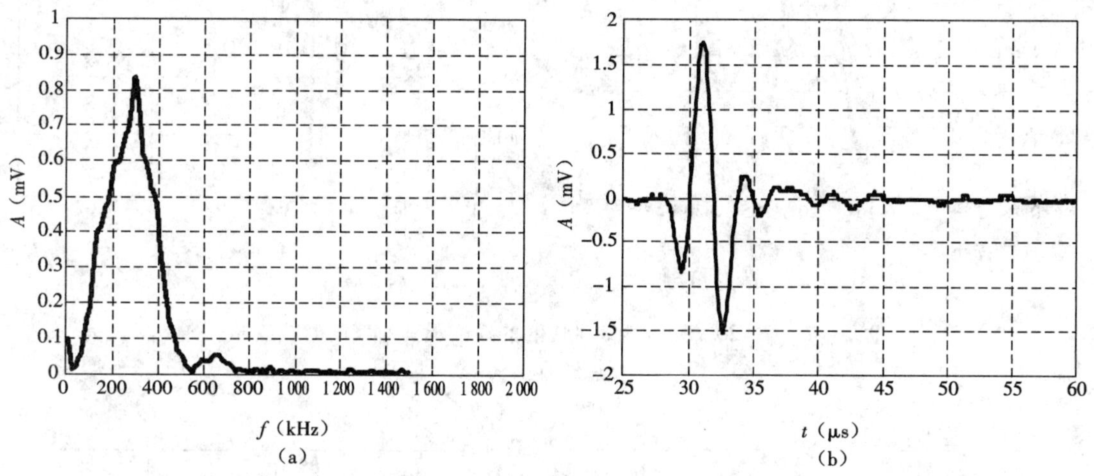

图 2-5　实际测量的换能器波形及其频谱

(a)频谱　(b)波形

从图 2-5 可以看出,探头的频谱形状与高斯函数的形状相似。可用高斯函数 $e^{-(f-f_0)^2/b}$ 来描述探头的频谱。图 2-6 至图 2-10 是 $f_0=20$ kHz,b 分别为 1 500、3 000、4 500、6 000 和 9 000 时的频谱及其对应的波形。从图中可以看出:在中心频率确定的情况下,探头的频带越宽,激发波形的振动周期越少。

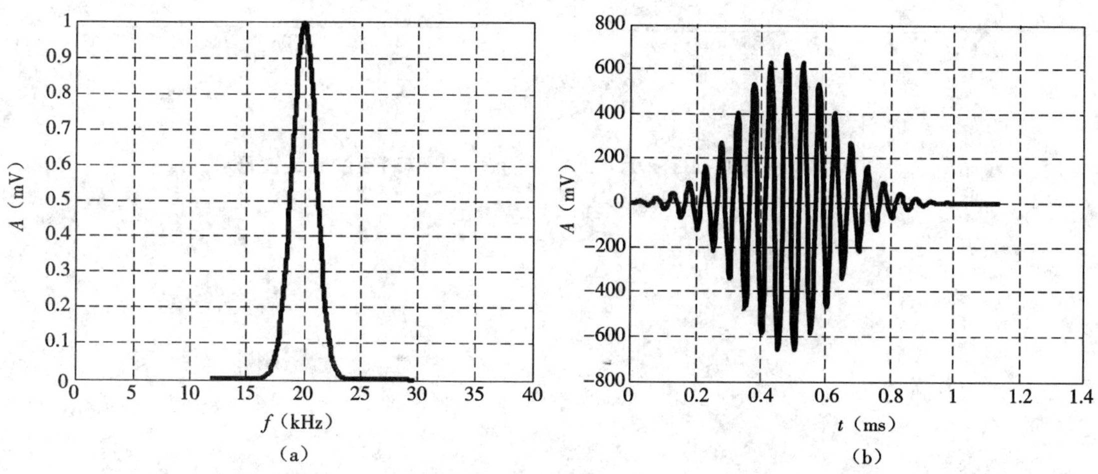

图 2-6　$f_0=20$ kHz,b 为 1 500 时的频谱及其对应的时域波形

(a)频谱　(b)波形

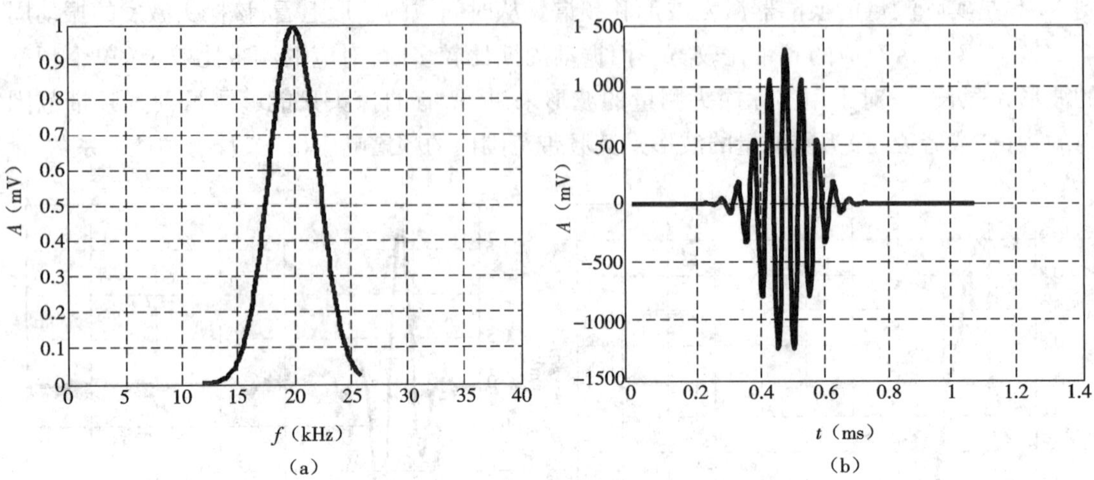

图 2-7 f_0=20 kHz,b 为 3 000 时的频谱及其对应的时域波形

(a)频谱 (b)波形

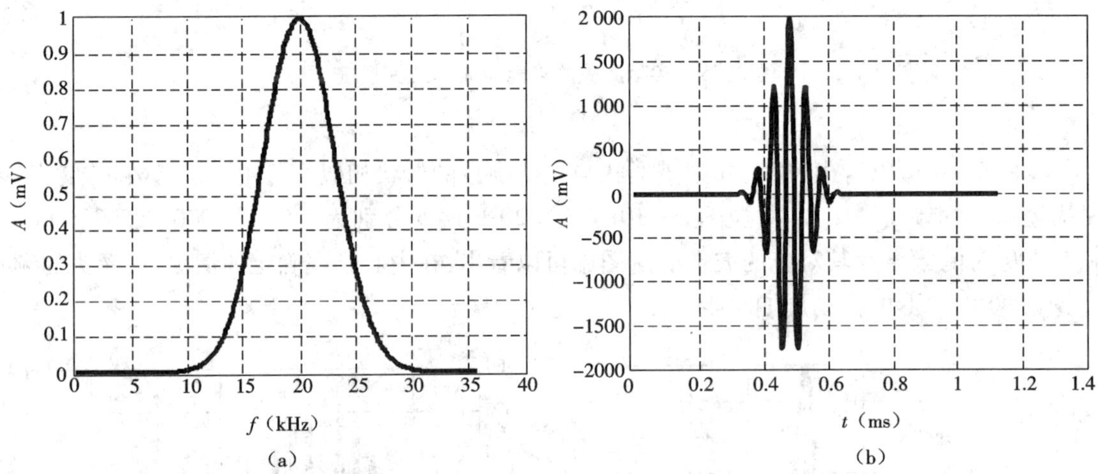

图 2-8 f_0=20 kHz,b 为 4 500 时的频谱及其对应的时域波形

(a)频谱 (b)波形

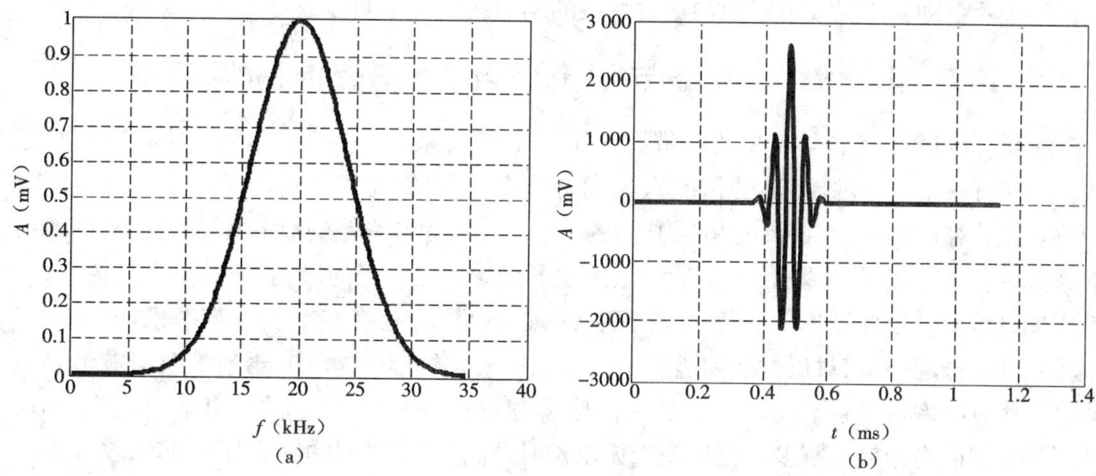

图 2－9　f_0 = 20 kHz，b 为 6 000 时的频谱及其对应的时域波形

(a)频谱　(b)波形

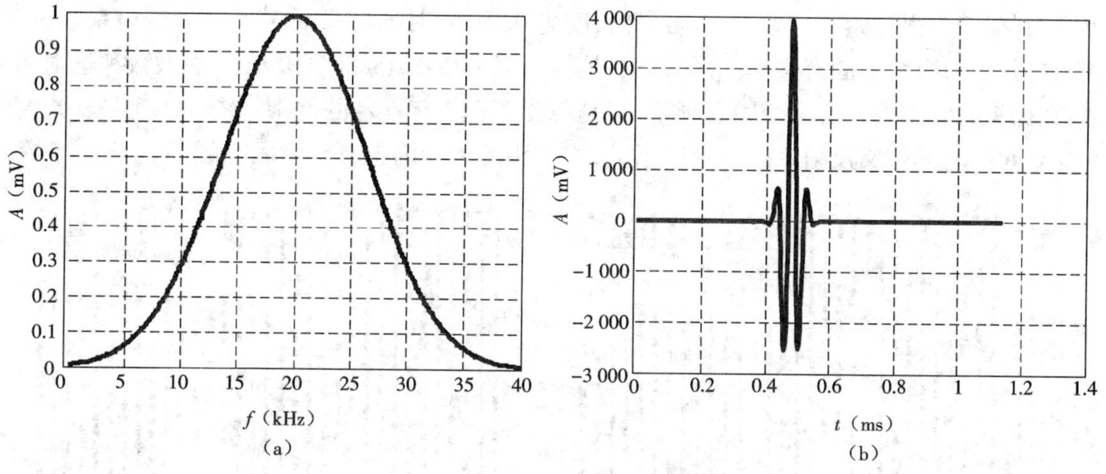

图 2－10　f_0 = 20kHz，b 为 9 000 时的频谱及其对应的时域波形

(a)频谱　(b)波形

2. 理论计算与实验研究

理论计算能够给出模型(例如有限厚固体或者有限长杆)在全部频率下的广义反射系数、透射系数，即该模型(或称为振动系统)对所有频率的响应频谱。而实验获得的波形频谱宽度有限，仅仅是探头频带范围内振动系统频谱的响应，即实际测量时，探头只能够测量到探头频带内的响应频谱。因此，理论研究全面反映模型或振动系统的特征，实验仅仅能够获得其部分频带内的响应特征，即测量到的是模型或振动系统的局部特征。在测量系统设计和仪器具体研制时，理论计算具有不可代替的作用，模型实验则能够验证理论计算结果的正确性。

在探头频带范围内的有限厚固体或有限长杆的固有频率对响应波形形状有比较大的影响，因为该探头所测量到的波形频谱是探头频谱与广义反射系数或透射系数的乘积，所以波形形状会随着广义反射系数和透射系数的剧烈变化发生明显的变化。

第五节　探头频谱与固有频率——最佳隔振厚度

一维杆的固有频率与探头的频带有一个相对的关系。当探头固定时，其频谱是确定的。如果杆很短（模拟层很薄的情况），其固有频率很高，则在探头的频带范围内没有固有频率。随着杆的加长，在探头的频带中会逐步出现杆的固有频率，这时，由于固有频率的透射系数为1，振动能量有漏失，探头所测量的波形会受到比较大的影响，波形形态将改变，振动周期将增多。当杆进一步加长时，在探头的频带范围内会有多个固有频率，这多个固有频率均漏失振动能量，对反射波和透射波形造成比较大的影响，其中，透射波响应波形是这些多个固有频率透射系数响应的叠加。杆越长，探头频带内所包含的固有频率越多，响应波形叠加的固有频率也越多。当杆趋于无限长时，固有频率之间的间隔接近于0，变成连续谱。这时，固有频率的影响消失，响应变成探头的频谱，波形形状与发射波形形状一致。

图2-11是杆长度为0.04 m时的广义反射系数和透射系数，在探头的频带范围内有多个固有频率。图2-12是杆长度为0.016 m时的广义反射系数和透射系数，在探头的频带范围内，有三个固有频率。图2-13是杆长度为0.01 m时的广义反射系数和透射系数，在探头的频带内有一个固有频率。图2-14是杆长度为0.008 m时的广义反射系数和透射系数，在探头的频带内也有一个固有频率，只是与图2-13有一定的差别。图2-15是杆长度为0.006 m时的广义反射系数和透射系数，在探头的频带内也有一个固有频率。

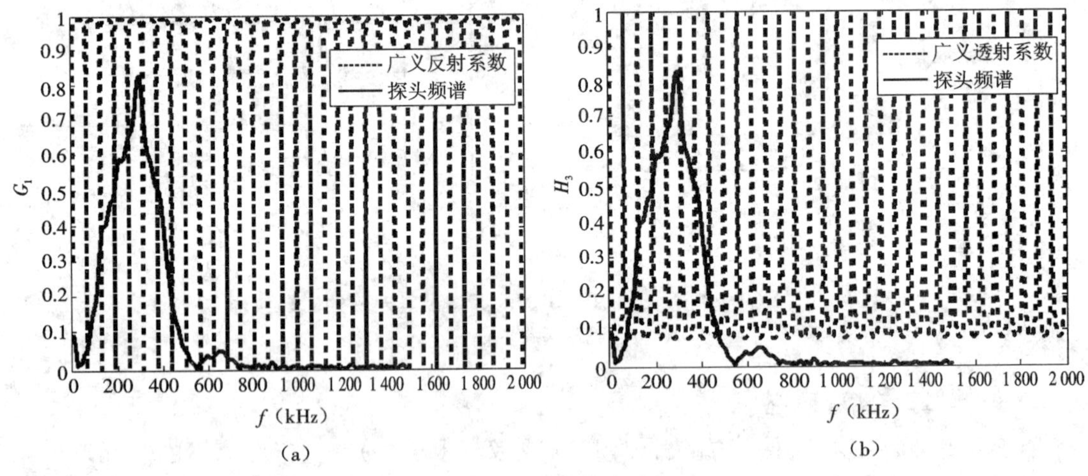

图2-11　探头频谱与广义反射、透射系数（$l=0.04$ m）

（a）广义反射系数　（b）广义透射系数

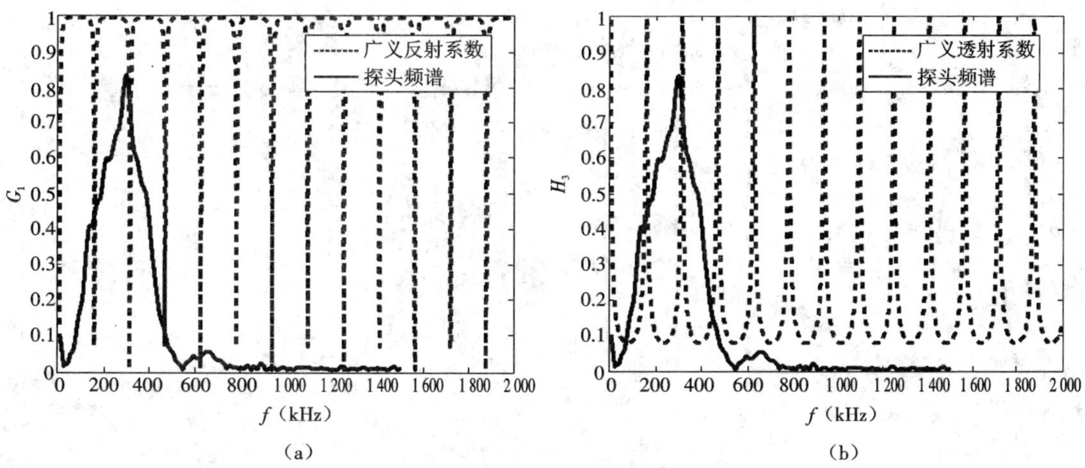

图 2 - 12　探头频谱与广义反射、透射系数(l=0.016 m)

(a)广义反射系数　(b)广义透射系数

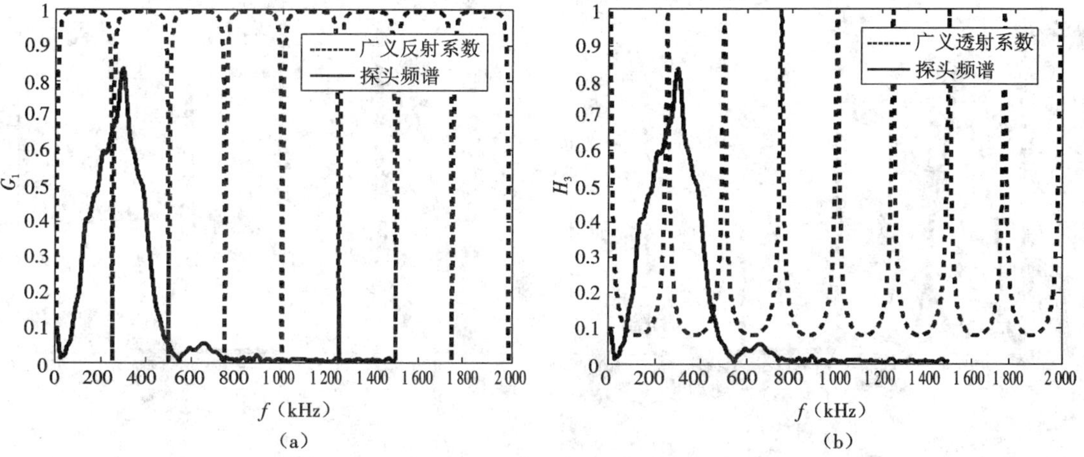

图 2 - 13　探头频谱与广义反射、透射系数(l=0.01 m)

(a)广义反射系数　(b)广义透射系数

图 2 - 16、2 - 17 分别是一维杆长度为 0.003 m、0.001 5 m 时的广义反射系数和透射系数,在探头的频带范围内,没有固有频率。从图 2 - 16 中可以看出:在探头所在的频率范围内,反射系数接近 1(图 2 - 16(a)),透射系数很小(图(2 - 16(b))。因此,入射波大部分被反射回左边的介质(水)中,透射到右边水中的振动能量很少。这个厚度应该是该频率段振动的最佳隔振厚度。当厚度进一步减小时,低频处的广义反射系数和透射系数与频谱有交叉,低频振动透射到固体右边的液体中,出现薄层透声特征。

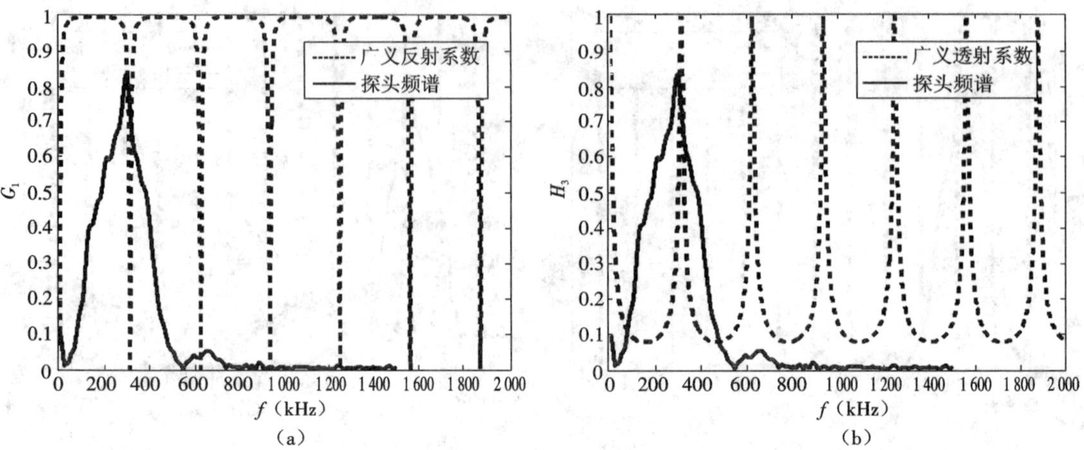

图 2-14　探头频谱与广义反射、透射系数(l=0.008 m)

(a)广义反射系数　(b)广义透射系数

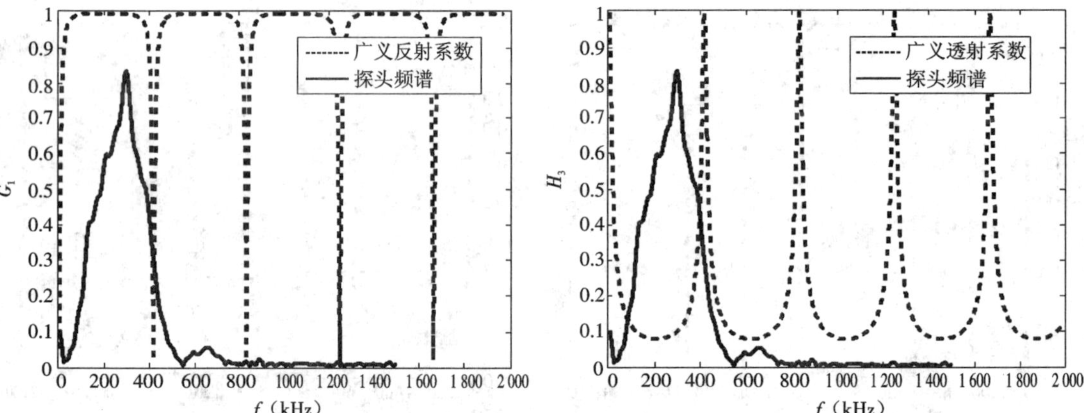

图 2-15　探头频谱与广义反射、透射系数(l=0.006 m)

(a)广义反射系数　(b)广义透射系数

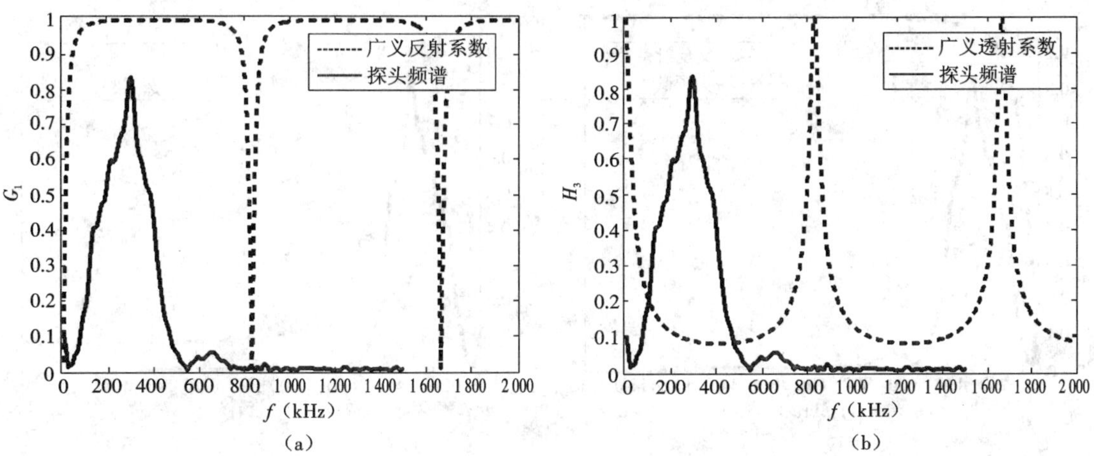

图 2-16　探头频谱与广义反射、透射系数(l=0.003 m)

(a)广义反射系数　(b)广义透射系数

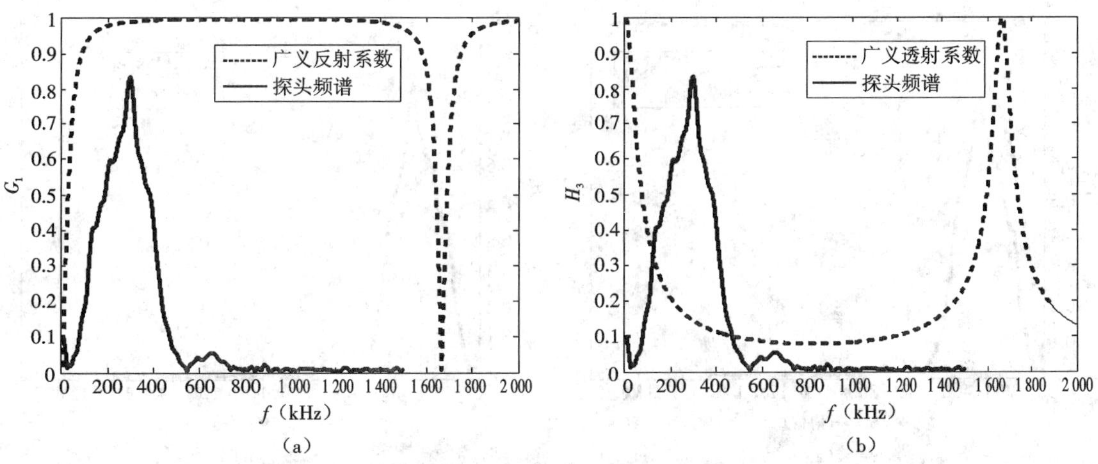

图 2-17　探头频谱与广义反射、透射系数(l=0.001 5 m)

(a)广义反射系数　(b)广义透射系数

第六节　薄层透声原理

随着杆长度的进一步减小,图 2-18 是杆长度为 0.000 75 m 时的广义反射系数和透射系数。由于厚度太小,在探头所在的频率范围内,广义反射系数和透射系数随频率变化比较大,低频处的反射和透射特征开始产生作用,对波形形状开始有比较大的影响。

在厚度为 0.000 35 m 和 0.000 1 m 时,广义反射系数和透射系数在探头频带范围内均剧烈变化,见图 2-19、图 2-20,与探头的频谱相乘后所得到的频谱与探头的频谱形状有比较大的差异,相应地,响应波形形状与探头激发波形形状也会有比较大的差异。

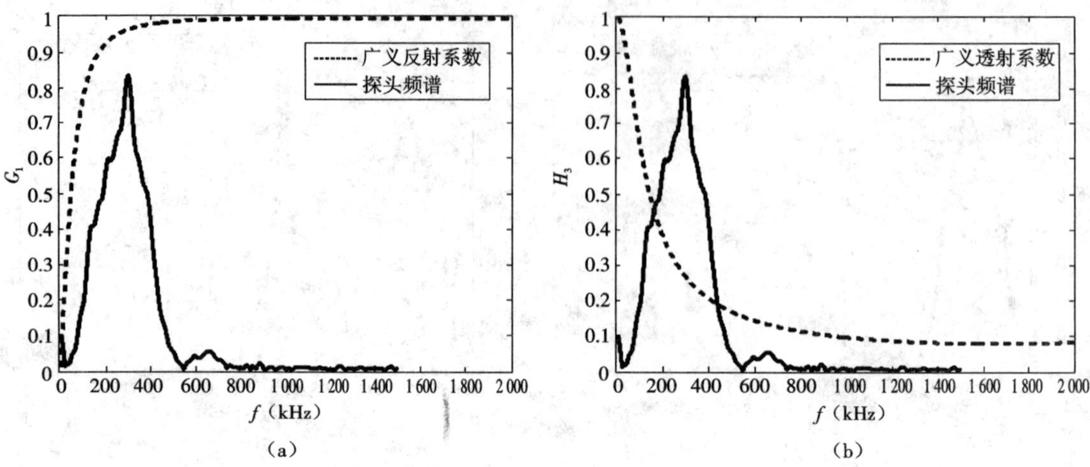

图 2－18 探头频谱与广义反射、透射系数(l=0.000 75 m)

(a)广义反射系数 (b)广义透射系数

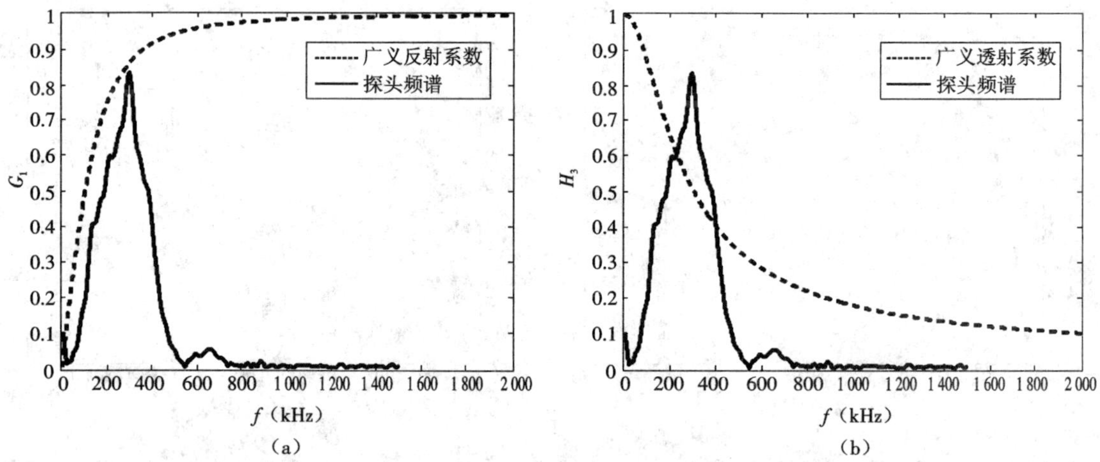

图 2－19 探头频谱与广义反射、透射系数(l=0.000 35 m)

(a)广义反射系数 (b)广义透射系数

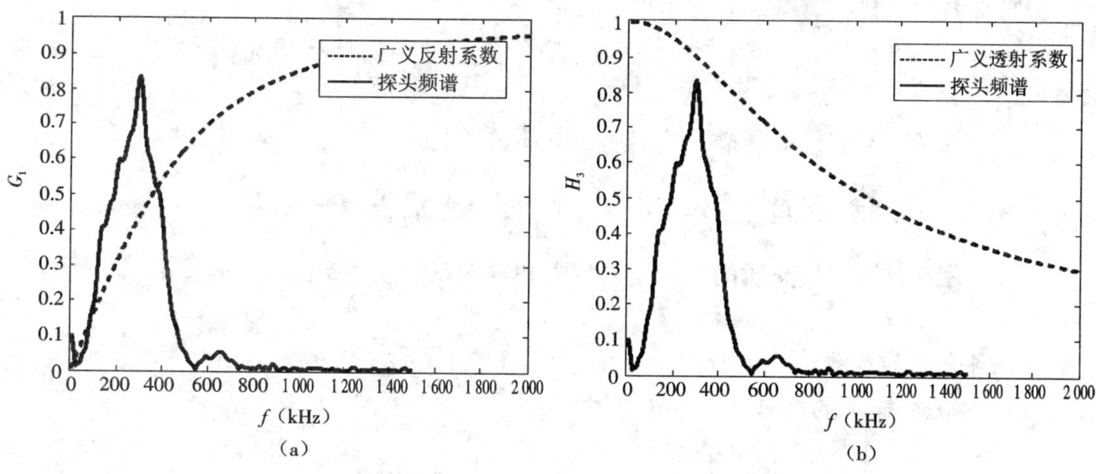

图 2-20　探头频谱与广义反射、透射系数(l=0.000 1 m)

(a)广义反射系数　(b)广义透射系数

当杆的厚度进一步减小到 0.000 035 m 时,广义反射、透射系数如图 2-21 所示。在探头所在的频率范围内,广义反射系数、透射系数变化比较小,广义透射系数接近于 1,这说明,当层很薄时,声波能够比较容易地透射过固体层,并且,响应波形的频谱与探头的频谱很接近,波形形状一致,这一现象称为"薄层透声原理"。

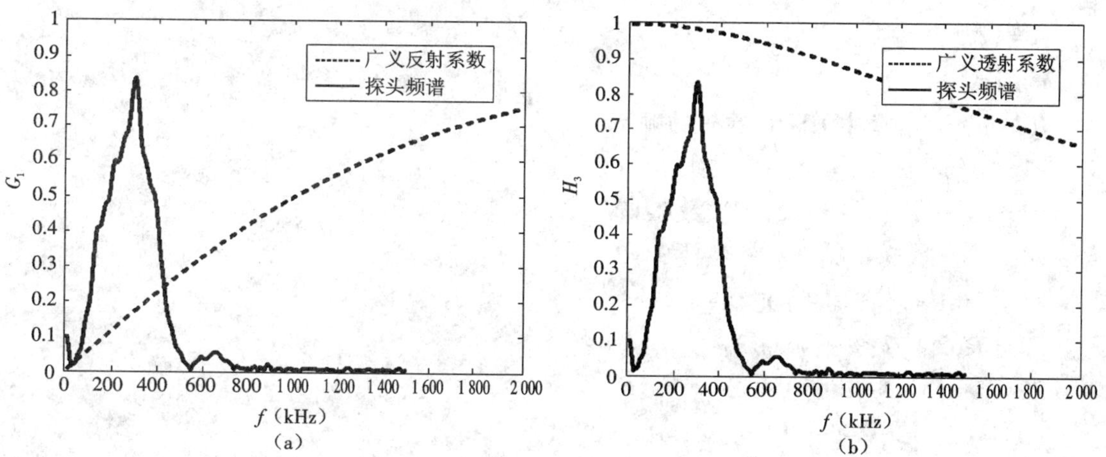

图 2-21　探头频谱与广义反射、透射系数(l=0.000 035 m)

(a)广义反射系数　(b)广义透射系数

思考题

1. 固有频率处广义透射系数接近于 1 的物理含义和物理本质是什么?
2. 固有频率处响应的叠加与傅里叶级数之间有何关系和区别?
3. 实际探头的频带与广义反射系数的峰值之间有何区别?
4. 隔振与薄层透声都发生在低频区域,它们之间有何区别?

5. 单频载波选择固有频率时会出现什么现象？

6. 固有频率产生的条件是什么？三层介质的参数差别到什么情况下才能够出现固有频率？

7. 离散的频谱与连续的频谱对波形形状有什么影响？

附录 广义反射系数、透射系数计算程序

本程序用于计算三层介质的广义反射系数和透射系数随频率的变化规律。

```
%三种介质的参数
v1 = 1500;  %水的声速,单位:m/s
den1 = 1;  %水的密度,单位:t/m^3
v2 = 5000;  %第二个介质的声速,单位:m/s
den2 = 10.8;  %第二个介质的密度,单位:t/m^3
L = 0.002;  %单位:m
v3 = 1500;  %水的声速,单位:m/s
den3 = 1;  %水的密度,单位:t/m^3
df = 500;  %单位:Hz
f0 = 0;  %单位:Hz
A = 1;
for ii = 1:4000
f(1,ii) = df * ii + f0;%计算时的频率
k1 = 2 * pi * f(1,ii)/v1;%波数 1:k1
k2 = 2 * pi * f(1,ii)/v2;%波数 2:k2
k3 = 2 * pi * f(1,ii)/v3;%波数 3:k3
Z1 = den1 * v1;%波阻抗 1
Z2 = den2 * v2;%波阻抗 2
Z3 = den3 * v3;%波阻抗 3
m11 = 1;m12 = -1;m13 = -1;m14 = 0;b1 = -A;
m21 = -Z1;m22 = -Z2;m23 = Z2;m24 = 0; b2 = -Z1 * A;
m31 = 0;m32 = exp(i * k2 * L);m33 = exp( -i * k2 * L);m34 = -exp(i * k3 * L);
m41 = 0;m42 = Z2 * exp(i * k2 * L);m43 = -Z2 * exp( -i * k2 * L);m44 = -Z3 * exp(i * k3 * L);
M = [m11,m12,m13,m14;m21,m22,m23,m24;m31,m32,m33,m34;m41,m42,m43,m44];
B = [b1;b2;0;0];
CC = inv(M) * B;
E(1,ii) = CC(1);
```

```
C(1,ii) = CC(4);
end
figure(299)
hold on
dd = plot(f/1000,abs(E),'k:')
set(dd,'linewidth',3)
hold on
dd = plot(f/1000,abs(C),'k')
set(dd,'linewidth',3)
box on
set(gca,'linewidth',2.5)
xlabel(' F / kHz','fontsize',17)
ylabel(' G1 H3 / mv','fontsize',17)
axis([0 2000 0 1])


figure(959)
hold on
dd = plot(f/1000,abs(E),'k:');set(dd,'linewidth',3)
box on
set(gca,'linewidth',2.5)
xlabel(' F / kHz','fontsize',17)
ylabel(' G1 / mv','fontsize',17)
axis([0 2000 0 1])

figure(989)
hold on
dd = plot(f/1000,abs(C),'k:');set(dd,'linewidth',3)
box on
set(gca,'linewidth',2.5)
xlabel(' F / kHz','fontsize',17)
ylabel(' H3 / mv','fontsize',17)
axis([0 2000 0 1])
```

第三章 有限长杆固有频率的应用之二：厚度共振波

如果在探头的频带范围内没有杆的固有频率，并且响应接近常数（见图 2－21），或者固有频率非常多，固有频率之间的距离很小（见图 2－6 至图 2－10），则响应波形形状不受一维杆的影响或者说受一维杆的影响很小，透射或反射波形与探头激发波形形状接近或者一致。当探头的频谱中包含一个或者两个固有频率时，反射波和透射波的频谱会发生巨大变化，反射和透射波形形状与探头激发波形形状有明显的差别，这些差别是由厚度共振波所导致。

第一节 厚度共振对频谱的影响

一般的超声探头发射的声波都具有空间聚焦特性，即探头发射的振动能够形成声束、声能量集中在一个小的区域中。在与声束垂直的传播路径上，不论遇到什么固体介质，当其界面的弯曲程度比较低时，其传播特征均满足一维振动规律，可以将其视为一维振动，用一维振动模型来分析。当其厚度固定时，用一维模型可以推导出其厚度振动方式以及所对应的一系列固有频率：

$$f_n = \frac{v}{2l}n(n=1,2,\cdots)$$

其中，l 是固体的厚度，对应于钢或待测介质在声束方向上的厚度；v 是声波在钢或者待测固体介质中的纵波速度，对于钢来讲，取 v 为 5 700 m/s。钢厚度方向的振动是一维振动，位移沿厚度方向，对于钢管来讲，径向入射到钢管内壁的声束也满足一维模型，其传播和振动方向均为半径方向。当厚度是 9 mm 时，其固有频率为 317 kHz。

这些固有频率是有限长杆满足边界条件时获得的，对应于有限长杆固有的振动方式。由于获得这些频率时，式（1－18）的系数行列式为 0，所以，在计算广义反射系数 G 和透射系数 H 时，这些频率处的系数矩阵同样为 0，系数矩阵的逆阵出现极值，所得到的广义反射系数和透射系数出现明显的差异。

在这些固有频率处，厚度方向的广义透射系数、反射系数会有很大变化。图 3－1 至图 3－6 是取声波在钢中的传播速度为 5 000 m/s，9～14 mm 厚的钢管厚度振动的广义反射系数、透射系数，第一个固有频率位于 277 kHz 位置，在该固有频率处，反射系数很小（小于 0.1），透射系数接近于 1。在其他频率处，反射系数比较大，透射系数比较小。由于在固有频率处，透射系数很大，频率范围很窄，因此，能够透射过钢管厚度的频率范围很窄，这些很窄的频带对反射波和透射波形状均有比较大的影响。图 3－1 中实线所示是探头在水中时波形的频谱，从图中可以看到：探头的频带比较宽，涵盖了钢管厚度振动的固有频率。将图 3－1 实线所示探头的频谱乘以广义反射系数（图 3－1 中的虚线）得到反射波的频谱（长虚线)。与探头的频谱相比,反射波的频谱出现了一个向下的尖峰;同时,在广义透射系数处出现一个接近于1的峰值,与探头的频谱相乘以后,出现一个幅度比较大的向上尖峰。这个尖峰构成了透射波频谱的主要成分。即在固有频率附近位置,反射波和透射波的频谱均发生了比较明显的变化,与探头激发频谱(黑线)相比,出现了一个幅度比较大向下的尖峰(反射波)和向上的尖峰(透射波),见图3-2,该尖峰处的振动能量穿过钢管进入钢管外面的液体中,并且以共振的方式进行振动,响应是多个周期的振动。

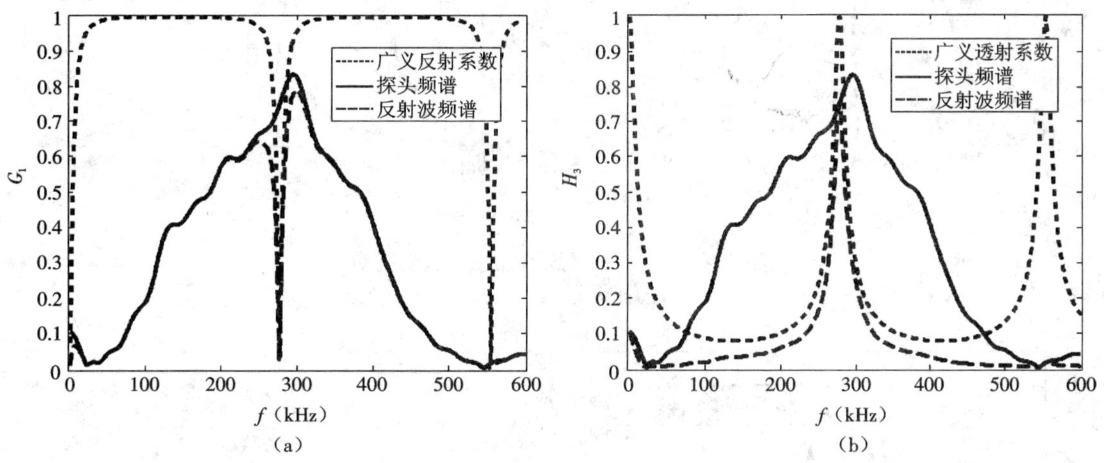

图3-1　9 mm厚的钢的厚度振动频谱

(a)反射波频谱　(b)透射波频谱

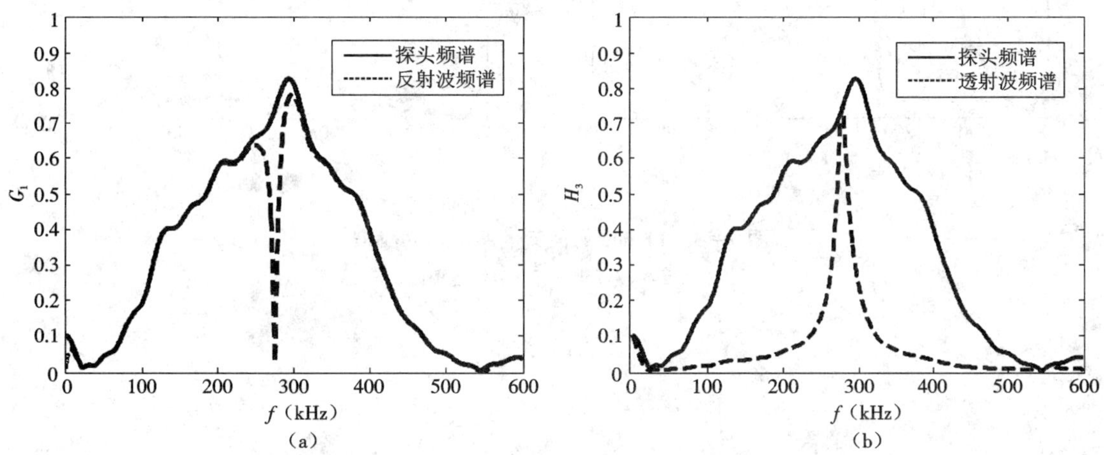

图3-2　10 mm厚的钢的厚度振动频谱

(a)反射波频谱　(b)透射波频谱

图3-2至图3-6是钢厚度从10 mm逐渐增加到14 mm时反射波和透射波的频谱与探头频谱的对比。从图中可以看到:随着厚度的增加,固有频率降低,在探头的频谱范围内出现两个固有频率,在每个固有频率处反射波和透射波的频谱均有一个尖峰,尖峰的幅度与探头的频谱在固有频率处的幅度一致,固有频率处的频谱幅度越大,反射波、透射波频谱

的幅度也越大。

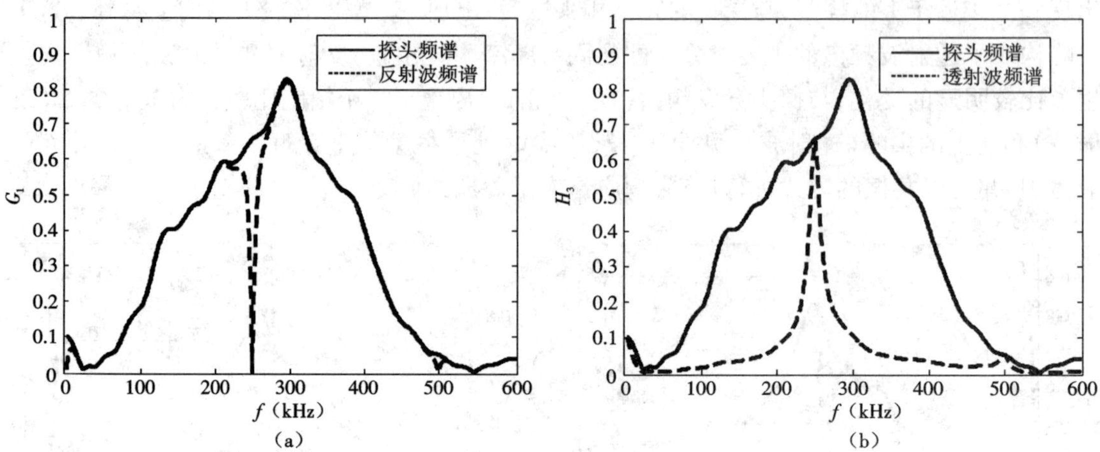

图 3－3　10 mm 厚的钢的厚度振动频谱

(a)反射波频谱　(b)透射波频谱

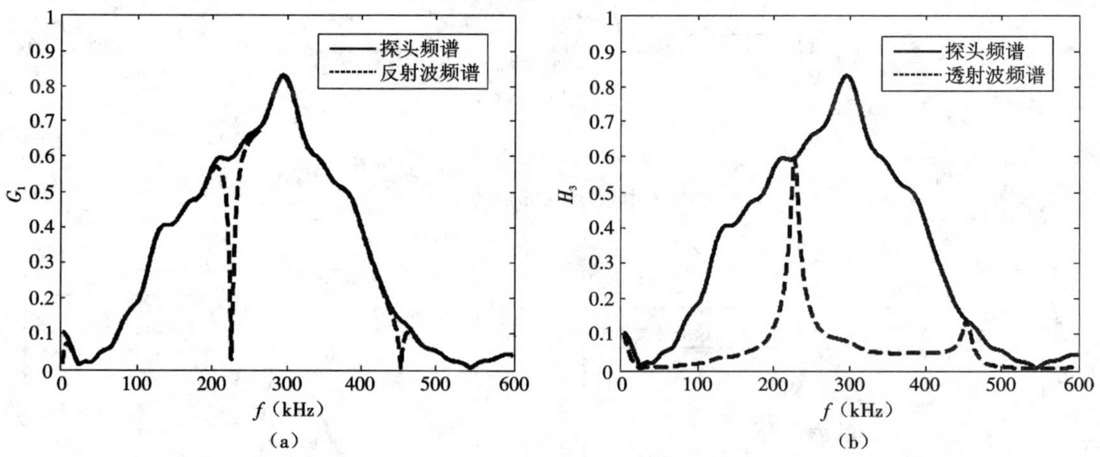

图 3－4　11 mm 厚的钢的厚度振动频谱

(a)反射波频谱　(b)透射波频谱

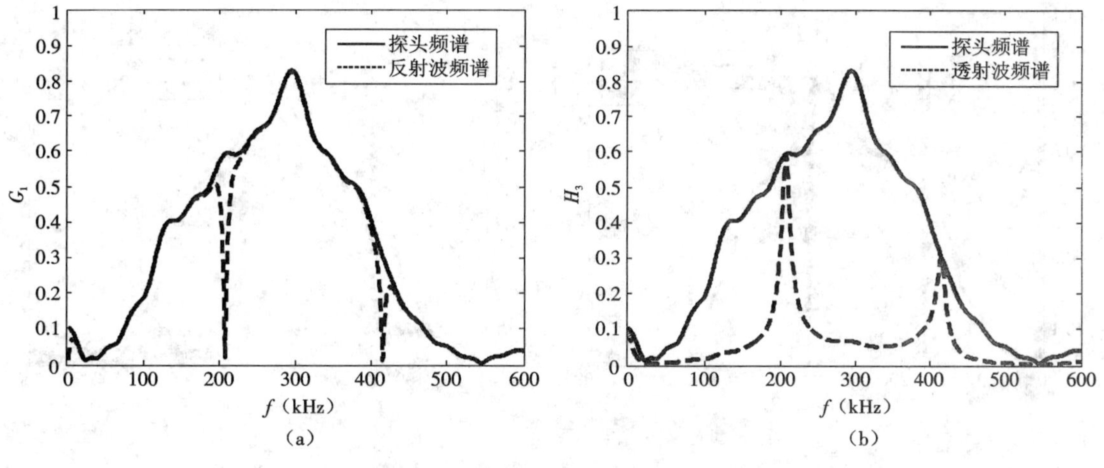

图 3 – 5 12 mm 厚的钢的厚度振动频谱

(a)反射波频谱 (b)透射波频谱

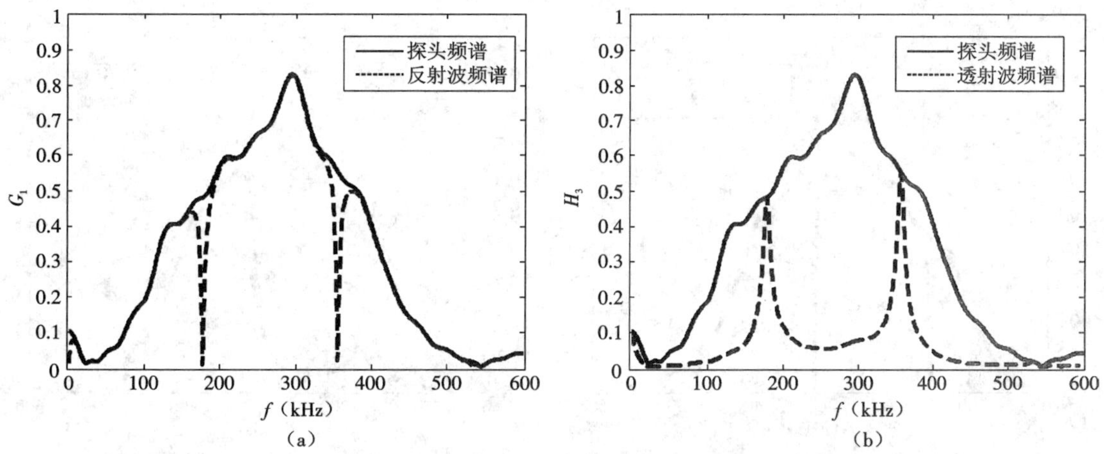

图 3 – 6 14 mm 厚的钢的厚度振动频谱

(a)反射波频谱 (b)透射波频谱

图 3 – 7 是钢厚度为 16 mm 时的广义反射和透射系数(虚线)以及与探头频谱(实线)相乘以后的反射波和透射波的频谱(长虚线)。图 3 – 8 是探头频谱与反射波和透射波的频谱(长虚线)。从图中可以看到:在探头的频带范围内,有三个固有频率位置。在这些位置,由于探头的频谱幅度不一样,所以广义反射系数、透射系数与探头频谱相乘以后出现的三个峰的幅度不一样。当钢的厚度增加到 40 mm 时,图 3 – 9 给出了其反射波和透射波的频谱,在探头所在的频谱范围内有 8 个谐振频率,出现了幅度不同的 8 个向下或向上的尖峰。

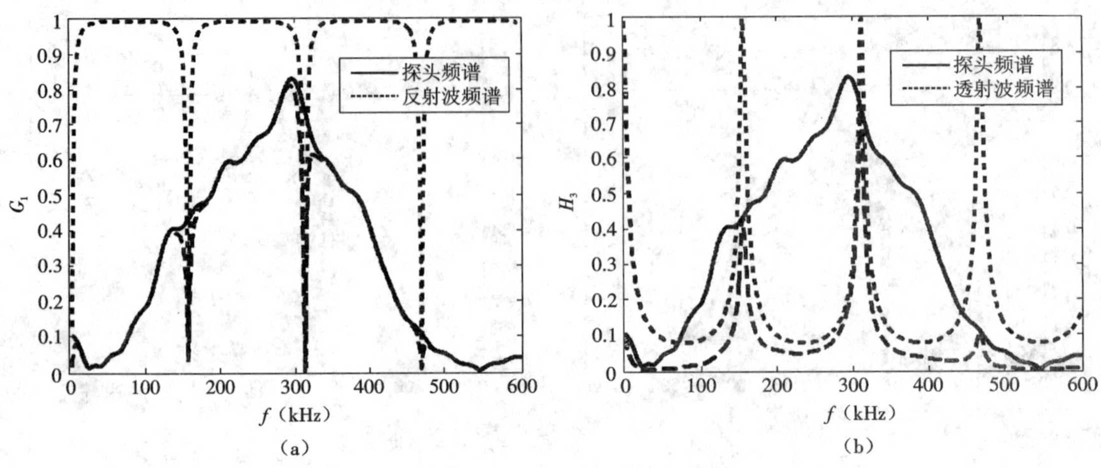

图 3－7　16 mm 厚的钢的厚度振动频谱

(a)反射波频谱　(b)透射波频谱

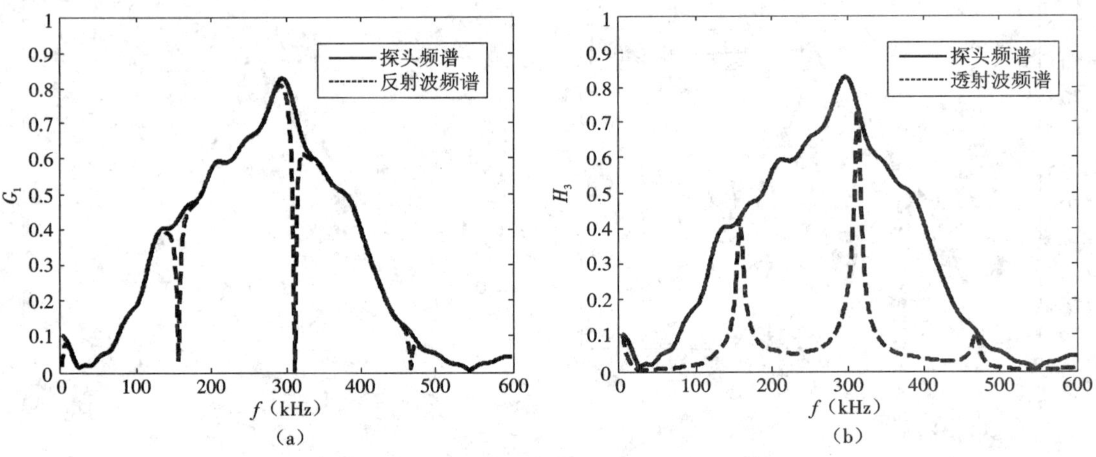

图 3－8　16 mm 厚的钢的厚度振动频谱

(a)反射波频谱　(b)透射波频谱

图 3－10 是钢厚度为 80 mm 时反射波与透射波的频谱，在探头的频带范围内，有 16 个固有频率，形成 16 个向上或者向下的尖峰。图 3－11 是钢厚度为 160 mm 时的反射波和透射波频谱，在探头所在的频谱范围内，有 32 个固有频率，形成 32 个幅度不同的向上或者向下的尖峰。这些尖峰的幅度构成的轮廓与探头的频谱形状相同。

图 3－9 至图 3－11 中反射波和透射波的频谱由一系列尖峰构成，这些峰的位置位于一维杆厚度振动的固有频率处，尖峰的幅度为探头频谱在该处的幅度（探头频谱与广义反射系数和透射系数的乘积）。由于广义反射系数和透射系数除了固有频率处为尖峰外，其他位置接近于常数，因此，与探头频谱相乘以后，得到的反射波和透射波频谱的轮廓与探头的频谱一致。

从以上计算结果可以知道：在每个固有频率位置，广义反射系数、透射系数均有一个尖

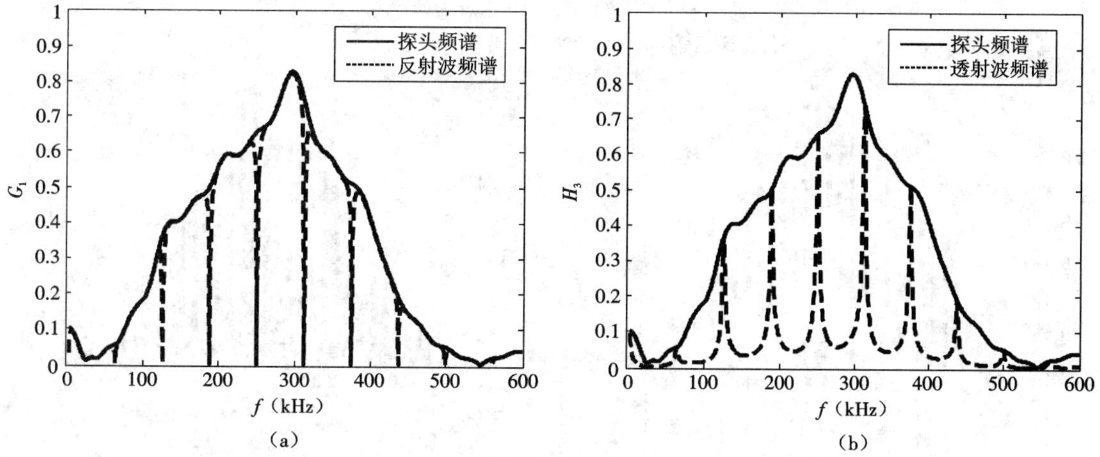

图 3-9　40 mm 厚的钢的厚度振动频谱

(a)反射波频谱　(b)透射波频谱

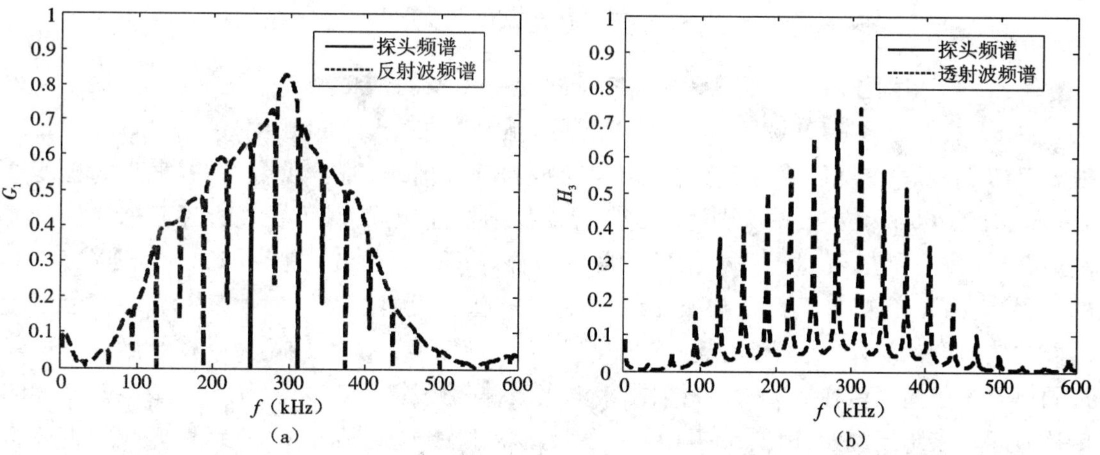

图 3-10　80 mm 厚的钢的厚度振动频谱

(a)反射波频谱　(b)透射波频谱

峰，探头频谱范围内的透射系数由这些尖峰组成，反射系数由探头的频谱减去这些尖峰构成。这些尖峰是离散的，幅度随频率改变，与探头的频谱有关，尖峰组成的包络线形状与探头的频谱相似。其他频率位置，透射系数很小，反射系数与探头频谱一致。因此，透射波频谱主要由固有频率处的频谱叠加而成，反射波频谱则主要由固有频率以外的频谱叠加而成。

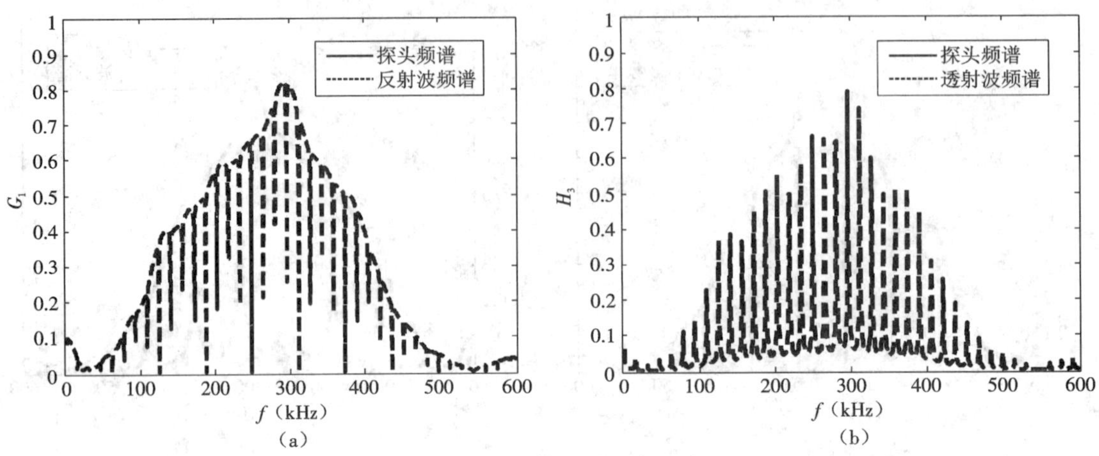

图 3－11　160 mm 厚的钢的厚度振动频谱

（a）反射波频谱　（b）透射波频谱

第二节　厚度共振对波形形状的影响

图 3－12 是固体层厚度为 160 mm 时（图 3－11 所对应的频谱）的反射波（图 3－12（a））和透射波（图 3－12（b））与原始激发波形（虚线）的对比。从图 3－12（a）可以看出：反射波有两个，第一个反射波的形状（实线）与激发波形（虚线）基本重合，只有很小的幅度差异；第二个在 86 μs 位置，是从固体的右边界面反射回左边界面，再在左边界面透射到固体左边介质（水）的波，经过了两个固体长度的传播时间。透射波（图 3－12（b））则在 54 μs 的位置出现，幅度比较小，形状与激发波形一致，相位相反（注：为了对比反射波中幅度最大部分的波形形状与入射波形状，反射波和透射波均颠倒了相位，即乘了 －1），是激发波形经过固体介质传播以后在右边边界透射出来的声波，与激发波形（虚线）相差一个固体厚度的传播时间。该结果说明：由图 3－11 所示的反射波和透射波频谱（由一系列离散的尖峰组成）计算的反射波和透射波形状与激发波形状一致。图 3－11 的频谱类似于频率域的离散取样，由于取样以后离散值的形状与探头的频谱形状相似，因此，所得到的反射波与透射波形状与激发波形状相近。

这里也可以用采样定理对上述离散的频谱进行分析。由几个采样点可以恢复波形形状，或者由几个采样点能够得到与激发波形一样的反射波和透射波。通常，在学习离散过程、采样定理时，没有一个具体的实例演示采样定理中频率采样间距对波形计算结果的影响，本例可以为此提供一个直观的说明。固体层越厚，在探头频谱所在区间内固有频率越多，采样越多，计算的反射波形状与实际激发波形形状越相近。同时也可知道：在有限长的杆内，瞬态的反射波和透射波波形不是用连续的频谱计算的，是离散的频谱响应与探头频谱相乘以后离散尖峰的响应叠加结果，其频谱的形状主要受探头频谱形状的影响。固体层厚度减小，探头所在频率区间内的固有频率减少，计算反射波和透射波所用到的频率点数减少，反射系数和透射系数的形状对计算结果影响加大，计算的响应波形形状与激发波形形状的差异增加。

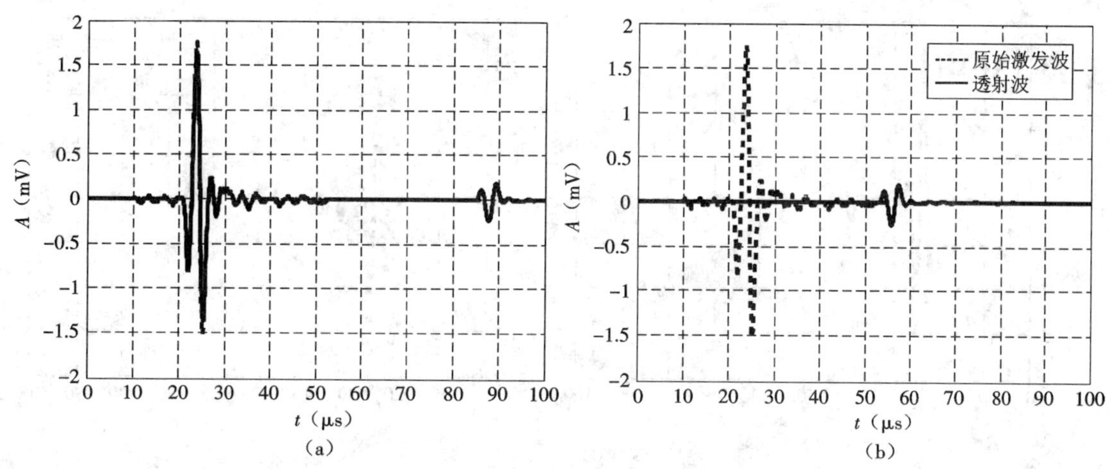

图 3 - 12　160 mm 厚的钢的反射波和透射波

(a)反射波频谱　(b)透射波频谱

图 3 - 13 是钢厚度为 80 mm 时的反射波和透射波波形，其对应的频谱为图 3 - 10。由于探头频谱范围内有多个固有频率，透射波频谱有多个峰值，并且多个峰构成的轮廓与激发波形的频谱相似，所以从图上可以看到：反射波的形状与激发波形相重合，透射波形状也与激发波相似，但是到达时间减小了一半。

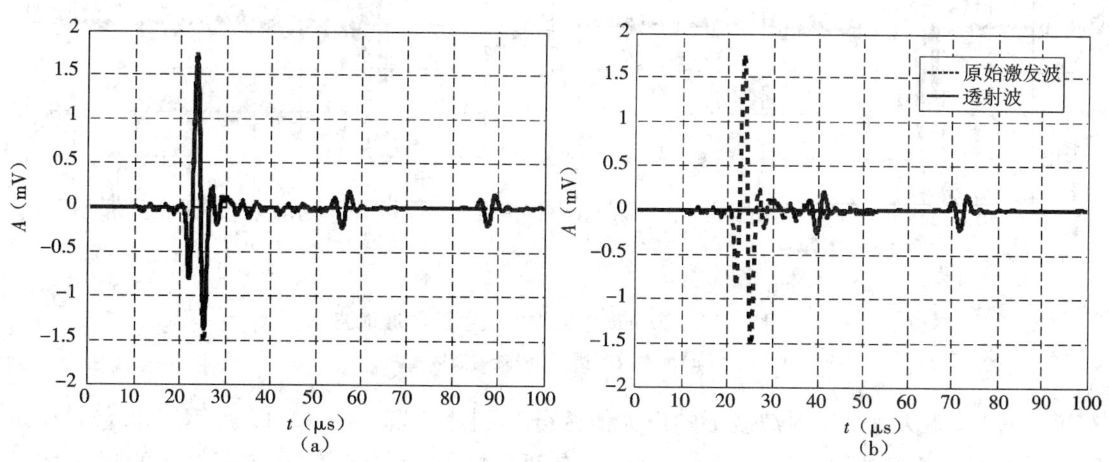

图 3 - 13　80 mm 厚的钢的反射波和透射波

(a)反射波频谱　(b)透射波频谱

图 3 - 14 是钢厚度为 40 mm 时的反射波和透射波波形，其对应的频谱如图 3 - 9 所示。在探头频谱所在范围内有 8 个固有频率，第一个反射波和激发波形（虚线）形状仍然基本一致（幅度开始出现差异），其他反射波之间的间距减小，透射波之间的间距也减小，形状与激发波形基本一致。图 3 - 15 是钢厚度为 20 mm 时的反射波和透射波波形，各个反射波和透射波之间的间距进一步减小，第一个反射波的幅度与激发波形差异明显。

图 3 - 16 是钢厚度为 16 mm 时的反射波和透射波波形。各个反射波和透射波几乎连

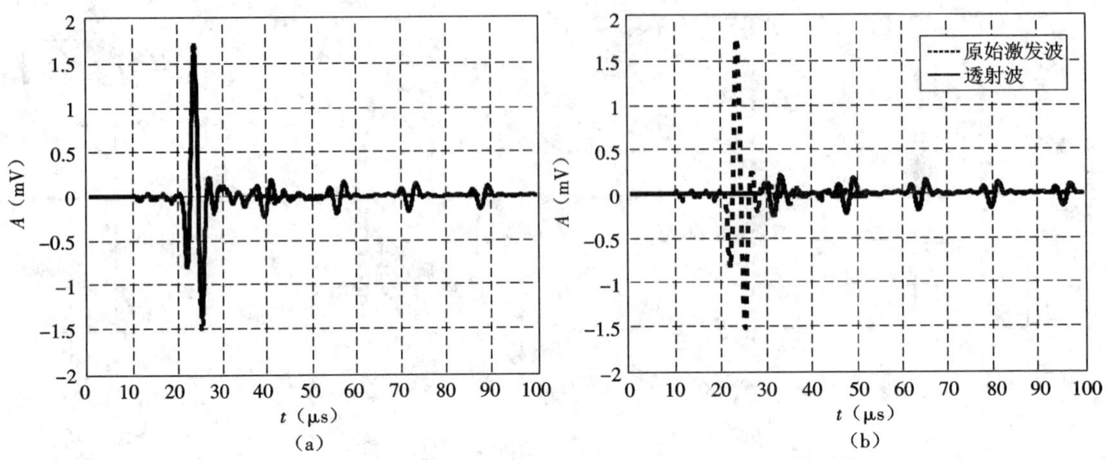

图 3-14 40 mm 厚的钢的反射波和透射波

(a)反射波频谱 (b)透射波频谱

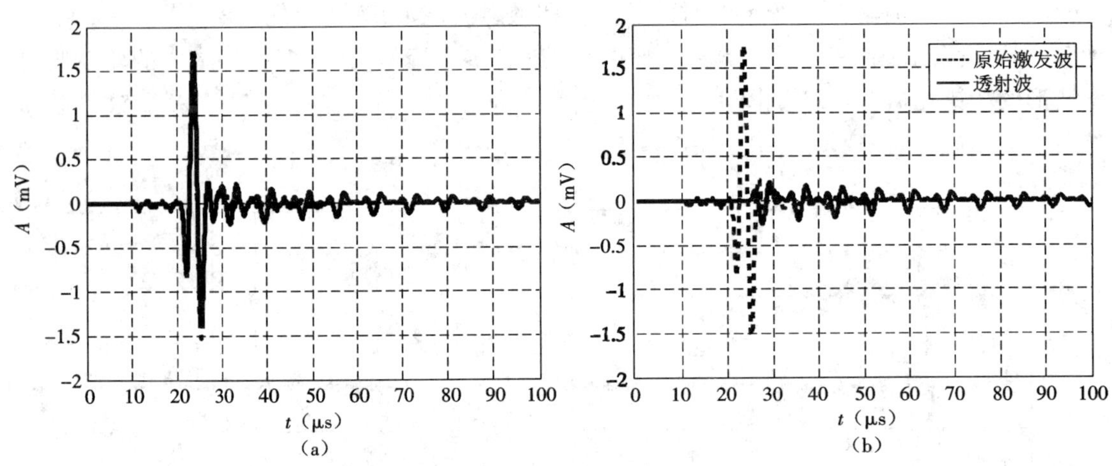

图 3-15 20 mm 厚的钢的反射波和透射波

(a)反射波频谱 (b)透射波频谱

在了一起,只能从每个反射波波形的极大值区分其到达位置。图 3-17 是钢厚度为 14 mm 时的反射波和透射波波形。这时,其频谱只有两个峰值,各个反射波和透射波的到达时间相差较小,几乎连在了一起,但是仍然能够看到反射波是多个反射波的叠加,透射波也是多个透射波的叠加,每个透射波的特征仍然能够看到。

图 3-18 是钢厚度为 12 mm 时的反射波和透射波波形。由于其对应的频谱中有两个固有频率,两个峰所对应的响应波形叠加以后构成所计算的波形,第一个反射波与其后面的反射波已经连在了一起,但是单个反射波的特征依然存在,从其峰值的形状中仍然能够看出是多个反射波;透射波也有类似的特征,仍然能够区分出各个透射波的到达,其极大峰仍然明显(这是宽带探头的测量效果,窄带探头则早已无法区分其反射波)。图 3-19 是钢厚度为 11 mm 时的反射波和透射波。在探头的频谱范围内,响应主要由一个峰组成,另外

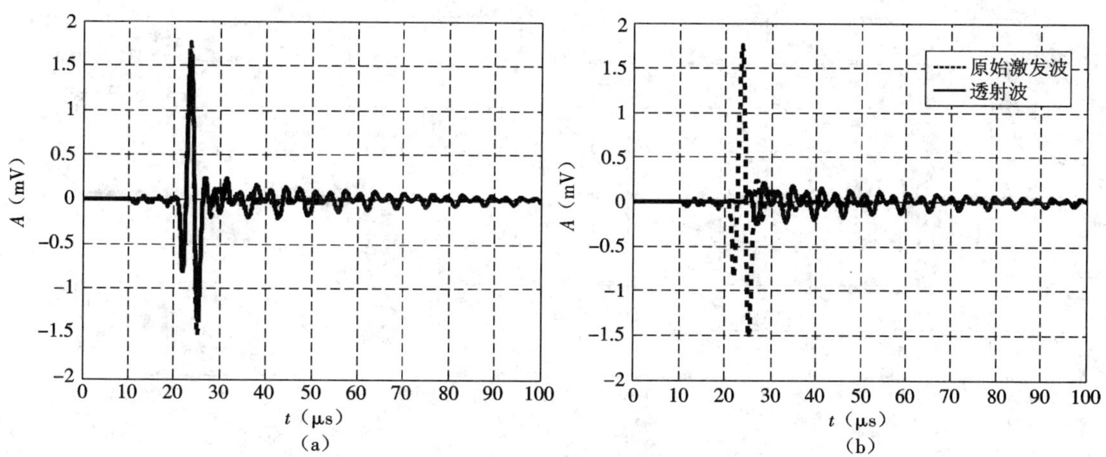

图 3－16　16 mm 厚的反射波和透射波

(a)反射波频谱　(b)透射波频谱

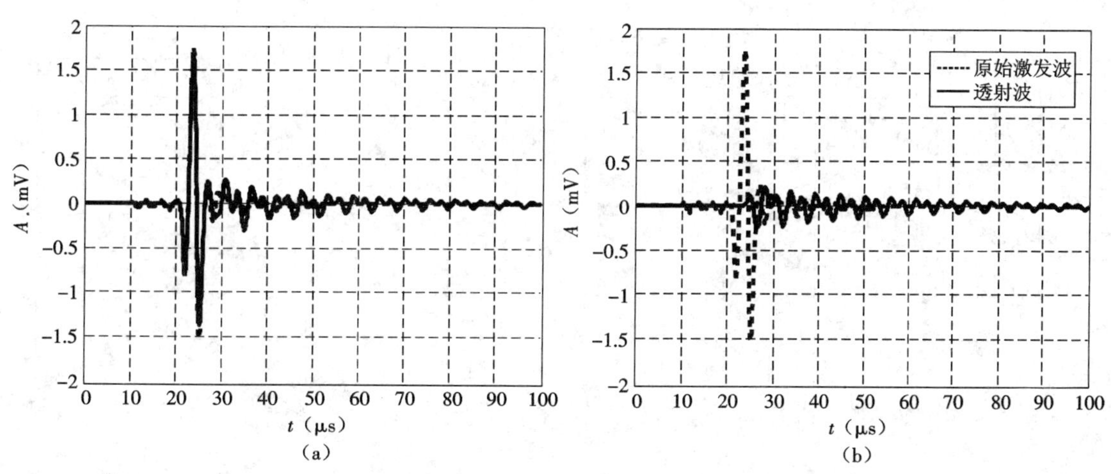

图 3－17　14 mm 厚的钢的反射波和透射波

(a)反射波频谱　(b)透射波频谱

一个峰的幅度很小,波形中各个反射波之间的差别几乎消失了,各个透射波的差别也几乎消失了。

图 3－20 是钢厚度为 10 mm 时的反射波和透射波,频谱中只有一个峰,并且形状很尖锐,在固有频率处反射系数和透射系数随频率变化很大,其他频率处幅度变化均很小。从这种类型频谱的波形中很难再看到各个反射波的叠加,实际上也没有反射波的叠加,有限厚度内的振动变成了单个模式。其波形的特征是:波形幅度连在一起,幅度包络线按照一定的规律变化,构成了一个震荡形式的响应波形,与激发波形相比,其振动周期很多,拖尾很长,这些拖尾是频谱中尖峰的响应,响应波形与激发波形形状完全不同(响应波形幅度受激发波形频谱影响)。这种响应称为厚度振动的共振波,即在激发波形的频谱中,只有单个固有频率的成分,这个频率产生了共振(两个固有频率的响应不是共振)。共振波是一维有

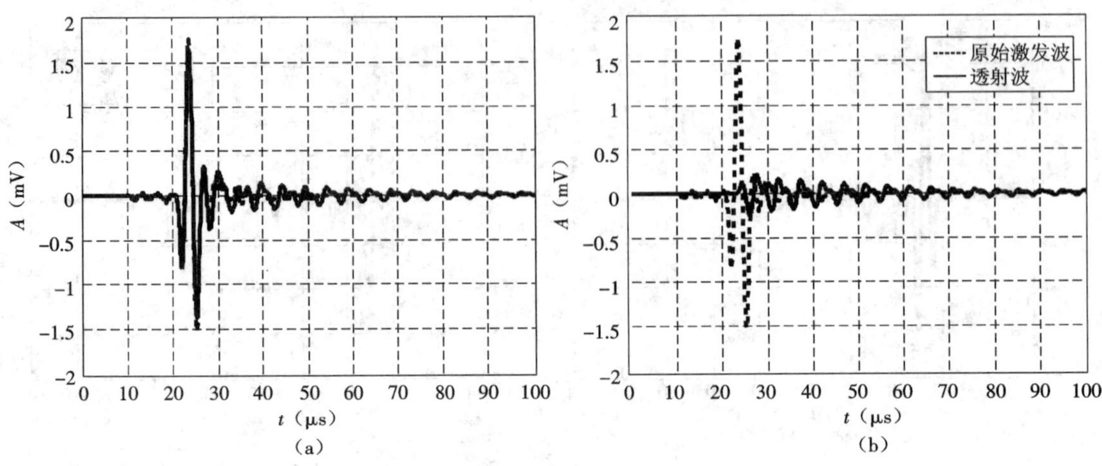

图 3-18　12 mm 厚的钢的反射波和透射波

(a)反射波频谱　(b)透射波频谱

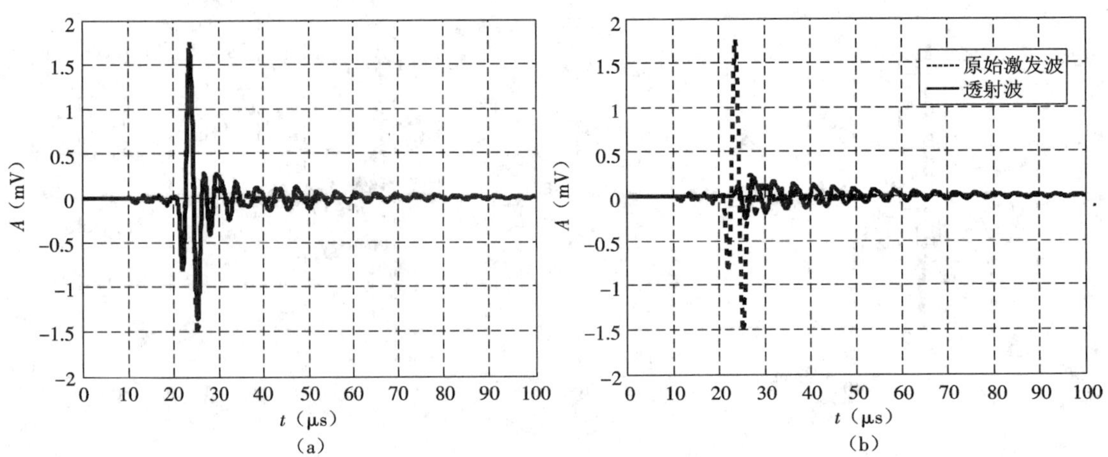

图 3-19　11 mm 厚的钢的反射波和透射波

(a)反射波频谱　(b)透射波频谱

限长杆自身的振动特征,一旦产生,便会出现很多周期的振动,不容易消失。这是厚度振动的共振波与通常的反射波之间最大的区别。

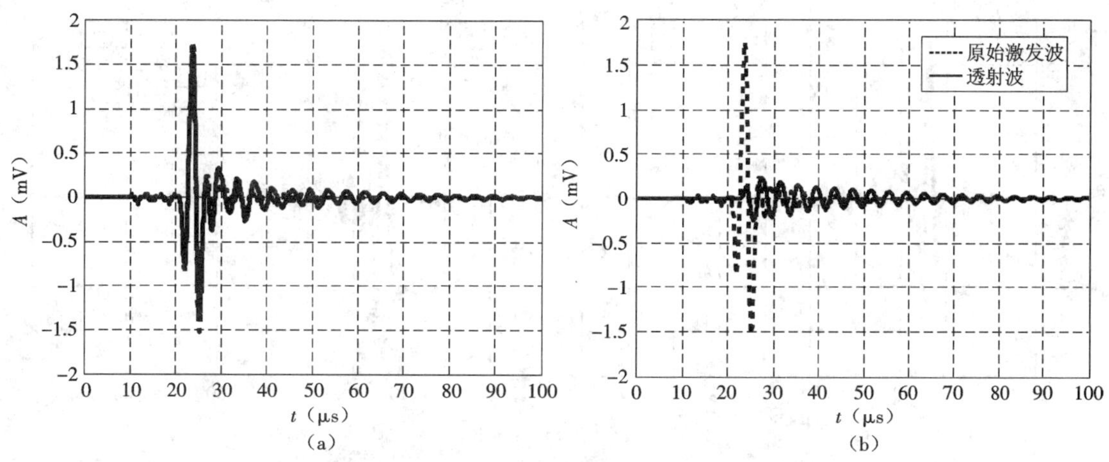

图 3－20　10 mm 厚的钢的反射波和透射波

(a)反射波频谱　(b)透射波频谱

图 3－21 是钢厚度为 9 mm 时的反射波和透射波波形，反射波中反射共振波与反射波叠加后出现：波前面的幅度大、与激发波形基本重合（反射波），后面的振动周期比较多（反射共振波）；透射波则完全呈现共振波特征：振荡开始时幅度比较小，然后逐渐增加到最大值，之后按照类似于指数的规律减小，如图 3－21(c)所示。

综上所述，单个固有频率存在于探头的频谱范围内时，激发波出现厚度振动的共振（谐振）波，其反射波的特点是：频谱的主要特征与激发波形相同，但是在固有频率处有一个向下的尖峰，这样，反射波中幅度大的形状仍然与激发波形一致，但是后续波中出现厚度共振波，其振动周期多。透射波中只有厚度共振波，其波形特征是振动周期多，幅度随时间改变。当固体层厚度增加以后，固有频率减小，有两个以上的固有频率进入探头的频谱范围，反射波和透射波便是这两个固有频率响应的叠加，响应波形出现多个反射波和透射波叠加的趋势，在时间上逐渐出现差异。厚度越大，进入探头频谱范围内的固有频率越多，响应是多个固有频率响应的叠加，各个反射波和透射波在时间上叠加的趋势越明显，在时间上的差异越明显。

通常，在实验中记录到的瞬态反射波和透射波频谱是由有限长杆固有频率处的广义反射系数和透射系数与探头频谱乘积得到的。其特征主要由固有频率处的广义反射系数和透射系数以及探头的幅度谱决定。固体和界面特征在频谱中主要反映在固有频率的位置以及该位置处的幅度上。

在固有频率处透射波幅度大的现象也称为振动能量的泄露，发射探头所激发的各种频率的振动中，该频率可以单独穿过介质，漏失到固体的另外一端。这是由该频率特有的振动模式决定的。这种特有的振动模式在二维介质中也可以引起振动能量的传输。这时其对应的传播模式称为泄漏模式。

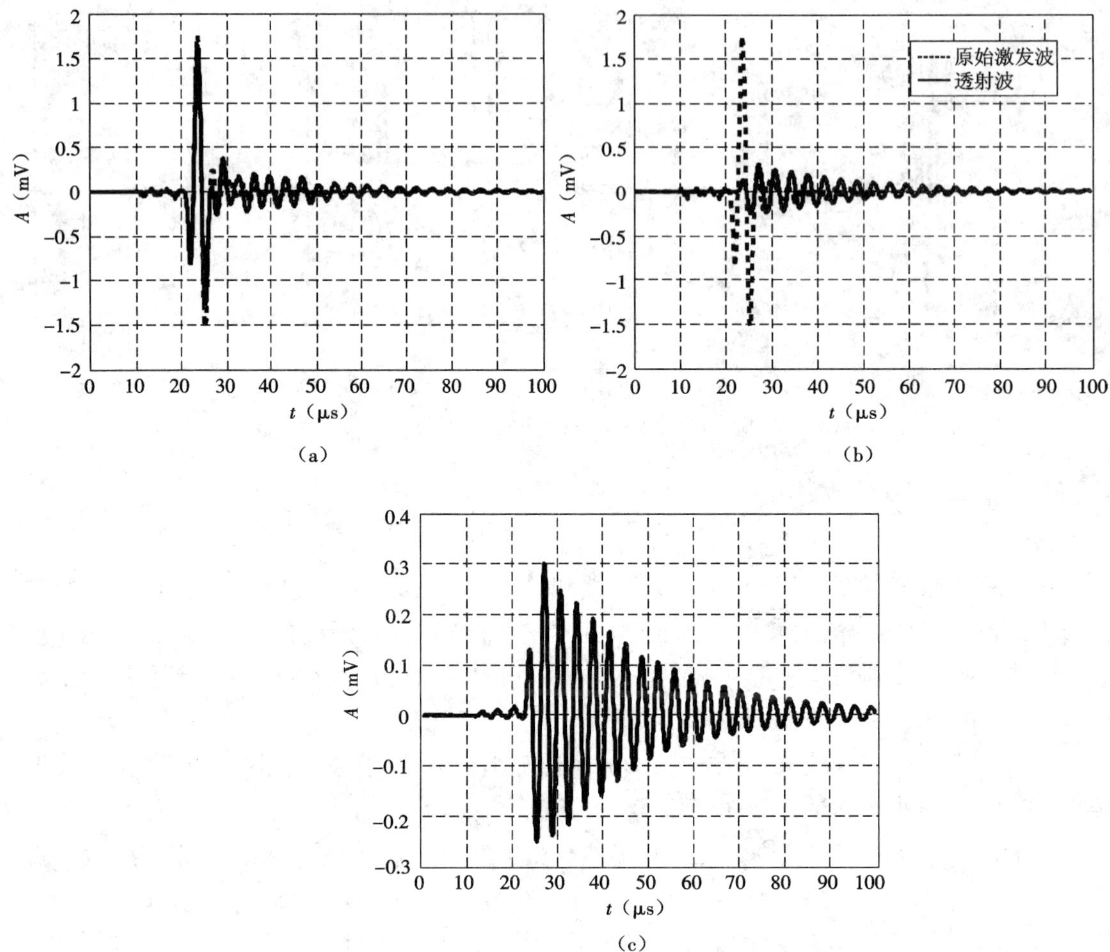

图 3-21　9 mm 厚的钢的反射波和透射波

(a)反射波频谱　(b)透射波和反射波频谱　(c)放大的透射波频谱

第三节　厚度共振实验验证

厚度共振和厚度共振波在实际中具有广泛的应用。这里给出一组实验,主要用来测量钢管的厚度,研究石油油井中套管的腐蚀情况,同时也为上述理论计算结果进行实验验证。

为了验证厚度共振波,这里用不同厚度的钢板进行实验测量。采用的信号源为:5 077 PR,100 V 方波激发,500 kHz 激发,0 dB 增益;示波器采用交流耦合;全带宽;平均 8 次;钢板反射距离为 75 mm,传播介质为水。

图 3-22 是探头的激发波形及其对应的频谱。图 3-22(a)是探头自发自收所测量到的波形,0 时刻是电磁干扰,100 μs 附近是激发波形,回波峰峰值为 445 mV,表示探头的性能。图 3-22(b)是探头的激发波形频谱,主频为 269.5 kHz,(也称作中心频率为 269.5 kHz);-6 dB 带宽为 79.3%,带宽从 100 kHz 到 450 kHz。

用该探头测量 8 mm 厚钢板得到的反射波如图 3-23 所示。图 3-23(a)中的响应波形

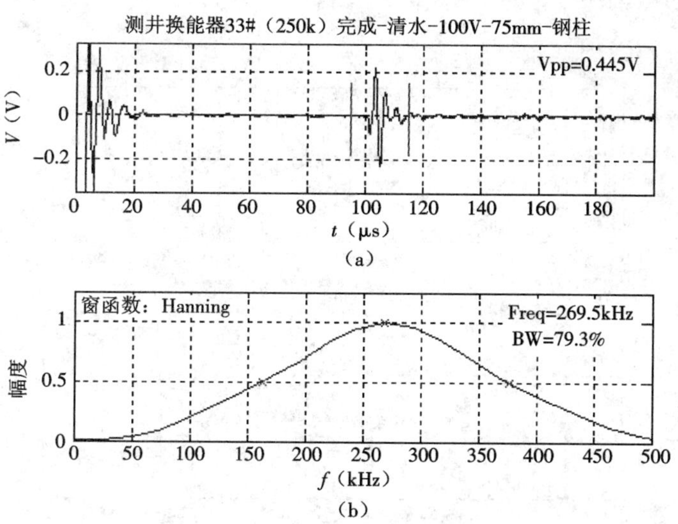

图 3－22　探头在水中测量的原始波形及其对应的频谱

(a)波形图　(b)频谱曲线

与理论计算波形图 3－21(a)非常相似，在接收波形的幅度之后出现了厚度共振波，其振动周期比较多(与前面的发射波形和图 3－22 的探头激发波形相比)。取其一段比较长的响应波形做频谱计算得到图 3－23(b)，可以看到，在 350 kHz 位置出现一个向下的峰，该频率的振动穿过钢板进入了另外一侧的水中，反射波形中没有了该频率成分。

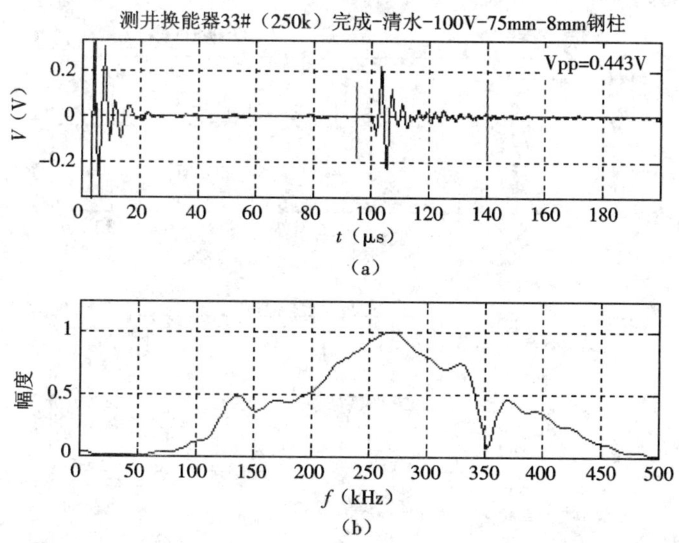

图 3－23　测量 8 mm 厚钢板得到的反射波波形及其频谱

(a)反射波波形图　(b)频谱曲线

增加钢板厚度到 10 mm 重新测量得到图 3－24，其中反射波中共振波的幅度加大，振动周期增多。取其波形做频谱后发现：频谱中出现的向下的峰的频率降低(270 kHz)，该(固有）频率处探头的频谱幅度大，所以激发的共振波幅度大，共振特征明显。

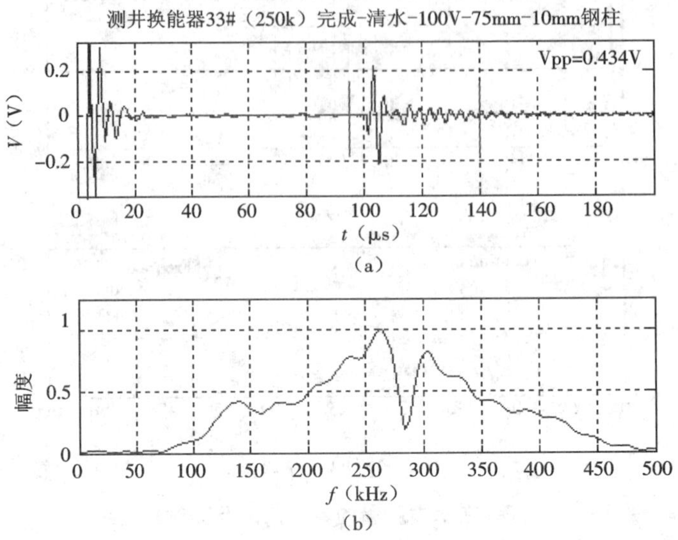

图 3-24 测量 10 mm 厚钢板所得到的反射波波形及其频谱

（a）反射波波形图 （b）频谱曲线

进一步增加钢板的厚度为 11.5 mm 和 14.5 mm 后测量的反射波形及其频谱分别如图 3-25和 3-26 所示。峰值向下的频率进一步降低，分别为 250 kHz 和 190 kHz，共振波特征逐渐减弱，幅度逐渐减小。

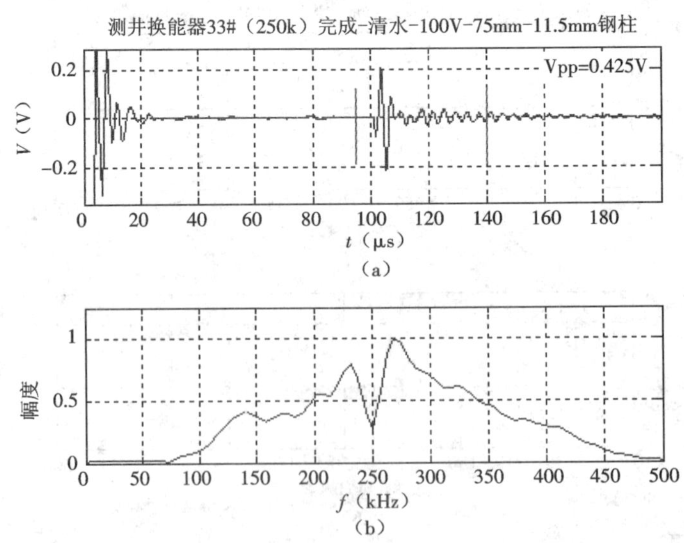

图 3-25 测量 11.5 mm 厚钢板所得到的反射波波形及其频谱

（a）反射波波形图 （b）频谱曲线

以上实验结果表明：当探头的频谱范围内只有一个固体厚度振动的固有频率时，会发生共振现象。在反射波中出现共振波，对反射波进行频谱分析会发现共振频率处出现向下

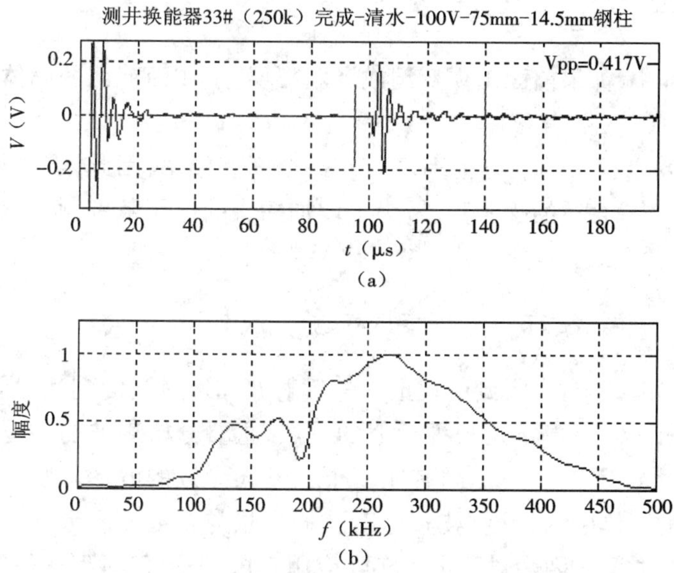

图 3－26 测量 14.5 mm 厚钢板所得到的反射波波形及其频谱

(a)反射波波形图 (b)频谱曲线

的尖峰，该频率的能量漏失到固体的另外一侧。通过这种方法可以测量到固体的厚度(已知声速)，也可以测量固体的声速(已知长度)。这种测量可靠性比较高，因为共振波的振动周期多，容易测量。

第四节 厚度共振的应用

厚度共振的测量容易进行，不要求换能器的带宽很宽，激发也比较容易，在实际工作中可以广泛地应用。

1. 建筑构件的缺陷探测

当建筑构件内部有明显的缺陷或界面时，可以用敲击的方式对该共振波进行测量。垂直敲击固件表面能够在固件内部形成共振波，在敲击处放置加速度计记录振动波形，如果出现明显的共振波形——振动周期很多，频谱的峰值很尖，则根据水泥构件的声速能够获得该频率所对应的构件厚度。如果测量的厚度小于构件本身的厚度便可以判断构件内部有严重缺陷。

2. 水中浇注质量测量

在水中浇注的水泥构件的质量也可以通过测量共振波获知其内部是否有严重缺陷。

3. 粘接质量检测

在很多应用中，需要对固体之间的粘接质量进行检测，判断是否出现没有粘接的情况，这时也可以用测量厚度共振波的方法。因为一旦粘接处有大的气泡，则会出现共振波，测量到共振波即可肯定没有粘接好。

4. 地下空洞探测

当地下出现采空区时，有限长的固体层也会出现共振波。用低频探头对激发的振动进行测量，如果出现共振波则可判别有空洞存在。

5. 超前预报

在隧道开挖过程中，如果前面出现溶洞或者断裂层，工作面前面的固体厚度有限，则可以用共振波来对其进行探测。

共振探测方法要求探头的频谱范围内只有一个固有频率，因此，需要根据实际情况对测量方法进行设计，选择合适的探头频谱；为了增加探头的适用范围，必须用频带比较宽的接收探头，用多种激发方式。

第五节 几何声学与波动声学

在固体层比较厚时，本章所得到的波形——反射波和透射波的到达时间还可以用几何声学的方式进行分析。几何声学是一种近似的方法，主要分析声波的传播路径，获得声波的传播时间。在分析过程中，不考虑固有频率个数不同导致的波形形状的微小差别，而认为不论在什么厚度的固体层内，反射波和透射波的形状与发射波形形状一致，主要考虑波形在时间轴上的到达时间。因为对于很多实际应用来讲，波形何时到达往往与固体介质的传播速度有关，是实际应用的主要考虑因素和测量结果。

人们通常将固体层的厚度与探头主频处的波长进行对比，当固体层厚度是波长的 5 倍以上时，几何声学的条件满足，可以用几何声学的方法进行分析。当固体层与波长可比时，则需要用波动声学的方法进行研究。波动声学不但给出波形的到达时间，还给出波形形状的变化，更主要的是给出了频率域波形产生的物理基础——多个固有频率响应的叠加。

从本章的波形计算结果可知：在探头的频谱范围内，如果有三个以上的固有频率存在，其反射波或透射波在时间域上便可以清楚地看出其到达时间的差别。但是波形叠加严重，波形形状也产生明显的变化。厚度改变，参与计算的固有频率改变，波形形状也发生改变。这些信息在波形上均有体现，需要在频率域进行区分。在频率域建立分析方法，以固有频率为分析目标，特征更明显，信息更全面，物理本质更深刻。

在频率域进行分析时，反射波和透射波均在其固有频率处幅度大，变化明显，是构成波形形状变化的主要因素。

思考题

1. 共振波成立的条件是什么？在探头的频谱范围内有两个固有频率时，共振的表现是什么？与单个共振波之间的区别是什么？

2. 共振波波形很特别吗？与激发波形之间的关系是什么？

3. 共振波波形是否可以作为一个标准？多个不同幅度的共振波叠加后波形怎么变化？

4. 共振波还出现在生活中的哪些方面？

5. 固有频率的振动能量漏失到固体层另外一侧，为什么反射波中还有共振波？

6. 敲击产生各种频率的振动，为什么最后只有共振频率保留下来？

7. 当固体之间有一个缝时，共振波是否还存在？细缝是否也产生共振波？

8. 共振波检测对探头的要求是什么？

第四章　薄层的反射波和透射波

当固体层很薄时，大部分振动能量也能够穿过固体层进入另一个介质，这种现象被称为薄层透声原理。薄层的反射波幅度小，透射波幅度大。薄层对反射波和透射波的形状均有一定的影响。这些影响从直观的透射波波形上很难看出，需要在频率域用频谱进行描述。

薄层对应的有限长杆很短，其厚度与波长相比很小，几何声学的条件不满足，声波在其中的反射和透射不能够用几何声学的方法来讨论，需要用波动声学方法（即频率域的研究方法）进行研究。

与前面分析的有限长杆的固有频率处共振所导致的反射系数和透射系数分别出现极小值、极大值不同，薄层的广义反射系数和透射系数是单调函数，与探头的频谱相乘以后，其反射波和透射波的频谱与探头频谱有比较明显的差别，相应地，波形形状也发生一些变化，波形具有一些特有的特征。

第一节　薄层的频谱与波形

图 4－1(a)、(b)是固体层厚度为 0.035 mm 时反射波和透射波的频谱，实线是探头的频谱，虚线是广义反射和透射系数，长虚线是广义反射系数和透射系数与探头频谱相乘以后的反射波和透射波频谱。与第三章不同，这时的广义反射系数和透射系数均是单调函数。其中广义透射系数接近于 1，在探头的频谱范围内变化很小，因此，与探头频谱相乘以后所得到的透射波频谱与探头的频谱基本重合，仅仅在 300～400 kHz 附近能够看到一点差别。广义反射系数从 0 Hz 开始以接近线性规律增加，与探头频谱相乘以后得到的反射波频谱幅度比较小，形状与探头频谱有一些差别。将探头频谱中低频部分的幅度进一步减小，高频部分将增加。

分别将反射波频谱与透射波频谱做快速傅里叶变换得到图 4－1(c)、(d)中实线所示的反射波波形和透射波波形。图中的虚线是激发波形，是为了便于比较，即对比反射波和透射波的幅度和相位变化。从图中可以看到：透射波幅度大，反射波幅度小。这说明声波大部分能量被透射，少部分能量被反射，与第三章所讨论的厚层的情况相反（厚层是大部分能量被反射，只有固有频率处的振动能量被透射，反射波幅度比较大）。

为了进一步对比反射波和透射波的形状，将图 4－1(c)、(d)放大得到图 4－1(e)、(f)，可以看到：透射波的相位与激发波形相反。将反射波和透射波反向得到图 4－1(g)、(h)，可以看到：透射波的幅度与激发波形几乎重合，但是相位有细小差异，透射波较激发波形向后移动了一定距离（图上很小）。

该结果提示：当声波的波长远大于固体的厚度时，声波大部分能量透射过固体层，反射的能量很少。透射波较激发波形向后移动，波形形状有一点变化。

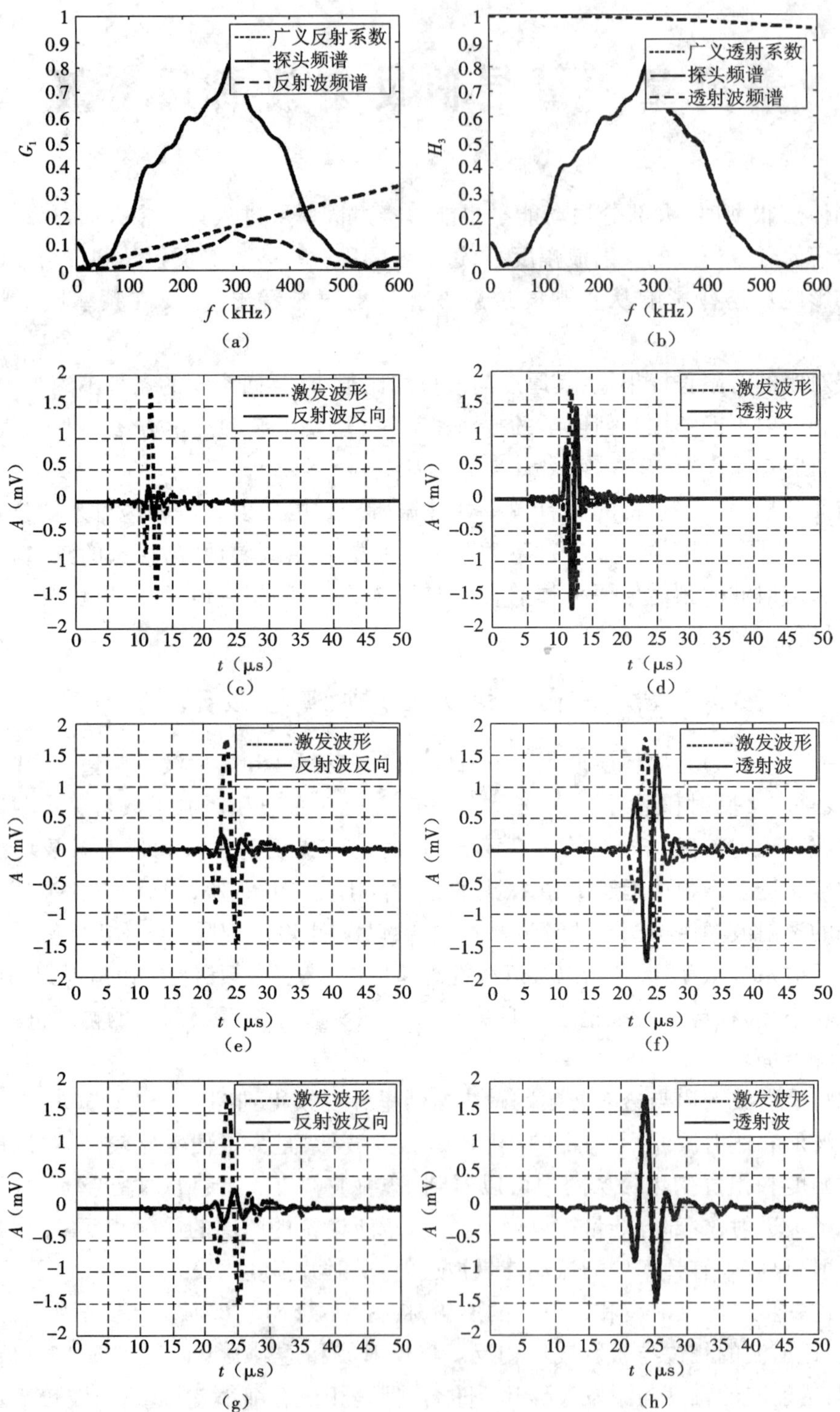

图 4－1 固体层厚度为 0.035 mm 时反射波和透射波的频谱与波形

第二节　薄层厚度的影响

增加固体层厚度到0.1 mm时，反射波和透射波的频谱与波形如图4－2所示。从图4－2(a)、(b)上可以看到：在探头的频谱范围内，广义反射系数和透射系数单调变化比较大，与探头频谱相乘以后所得到的反射波和透射波频谱（长虚线）与探头的频谱（实线）有明显的差异。将反射波和透射波频谱做快速傅里叶变换得到反射波和透射波形图4－2(c)、(d)。可以看到：反射波的幅度相对于图4－1增加，透射波的幅度相对于图4－1减小。将波形反向得到图4－2(e)、(f)，与发射波形对比以后发现：透射波的形状与激发波形总体形状基本一致，但是其幅度的减小、形状的变化比较明显。

增加固体层厚度为0.35 mm时，广义反射系数和透射系数随频率的变化在探头的频谱范围内变成图4－3(a)、(b)所示的情况。在低于探头主频的区域内，广义反射系数（图4－3(a)）随频率变化大，与探头频谱相乘以后所得到的反射波频谱（虚线）与探头的频谱（实线）出现差异。广义透射系数则在低于探头主频的范围内出现两种情况：低频区域（110 kHz以下）的广义透射系数幅度大，与探头频谱相乘以后所得到的透射波频谱（图4－3(b)中的长虚线）与探头频谱（实线）基本重合；高于110 kHz，广义透射系数幅度快速减小，与探头频谱相乘以后所得到的透射波频谱与探头的频谱有明显差异。与图4－1相比，透射波的幅度明显减小，反射波的幅度明显增加；反射波的幅度比较大，透射波的幅度比较小。对频谱分别做快速傅里叶变换计算获得图4－3(c)、(d)所示的反射波和透射波波形（实线），反射波幅度大于透射波。反射波和透射波的相位相对于发射波形移动比较多。

第三节　薄层的厚度

当固体层厚度进一步增加到0.75 mm时，广义反射系数（图4－4(a)的虚线）随着频率的增加上升比较快，探头频谱（实线）与广义反射系数相乘以后得到的反射波频谱（长虚线）与探头的频谱（实线）逐渐接近。而广义透射系数（图4－4(b)的虚线）则随着频率的增加减小比较快，与探头的频谱（实线）相乘以后所得到的透射波频谱（长虚线）幅度比较小。相应地，反射波幅度比较大（图4－4(c)），将反射波乘以－1并与激发波形重合后（图4－4(e)）发现，两者形状比较接近，幅度比较大的峰值位置有比较明显的差异，而透射波波形幅度比较小，相位进一步后移，见图4－4(d)、(f)（透射波乘以－1）。

对比图4－1到图4－4可以得到如下结论。

(1)随着固体层厚度的增加，透射波幅度逐渐减小，反射波幅度逐渐增加。以反射波和透射波幅度的对比为标准，可以定义声学意义上的薄层：反射波和透射波幅度一致的厚度为薄层的厚度。大于薄层厚度，反射波幅度大；小于薄层厚度，透射波幅度大。

(2)固体层厚度影响反射波和透射波幅度，还影响反射波和透射波的相位。厚度越大，相位差别越大。

(3)不同厚度的广义反射系数和透射系数变化大，探头频谱的范围与广义反射系数和透射系数变化最快的区域重合（图4－2和图4－3）或重叠时，反射波和透射波的频谱与发射探头的频谱形状差别最大，相应地，反射波和透射波形状也与发射波形形状差异最明显。

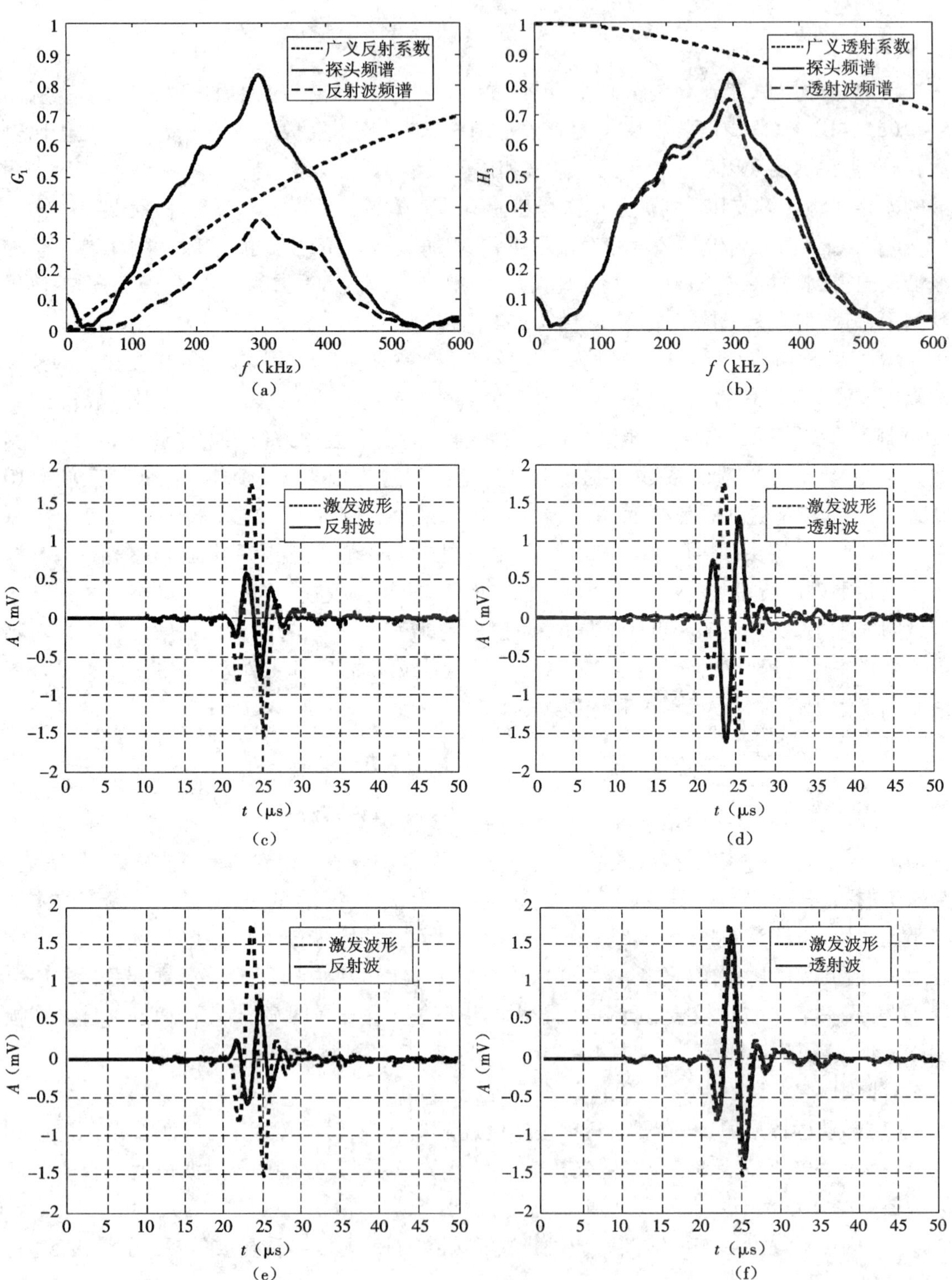

图 4－2　固体层厚度为 0.1 mm 时的反射波和透射波的频谱与波形

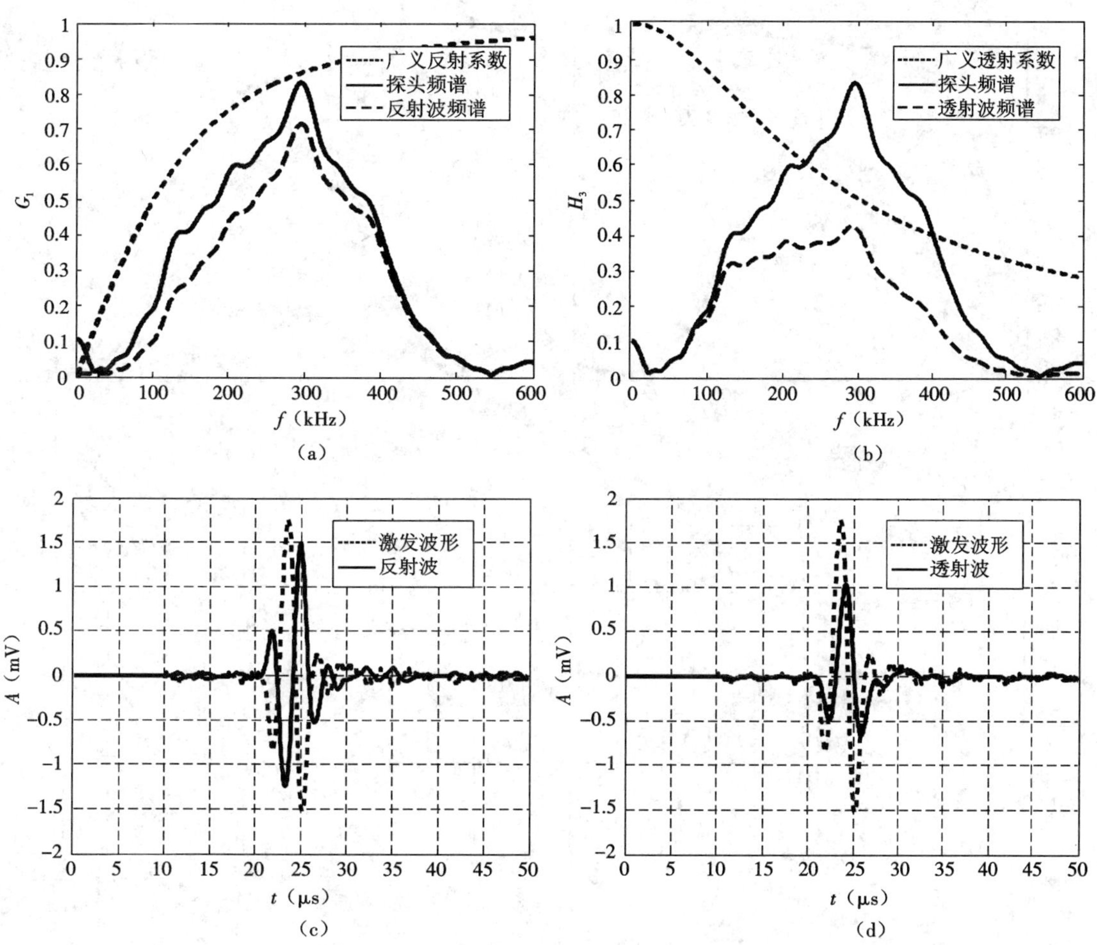

图 4－3　固体层厚度为 0.35 mm 时的反射波与透射波的频谱与波形

当固体层厚度进一步增加到 1.5 mm 时，广义反射系数（虚线）在 100 kHz 之前就上升为 1，探头频谱（实线）与广义反射系数相乘以后得到的反射波频谱（长虚线）几乎重合，见图 4－5（a）。而透射系数则幅度进一步减小，见图 4－5（b）。相应地，反射波幅度比较大，与激发波形重合，见图 4－5（c），而透射波波形幅度比较小，相位进一步后移，见图 4－5（d）。

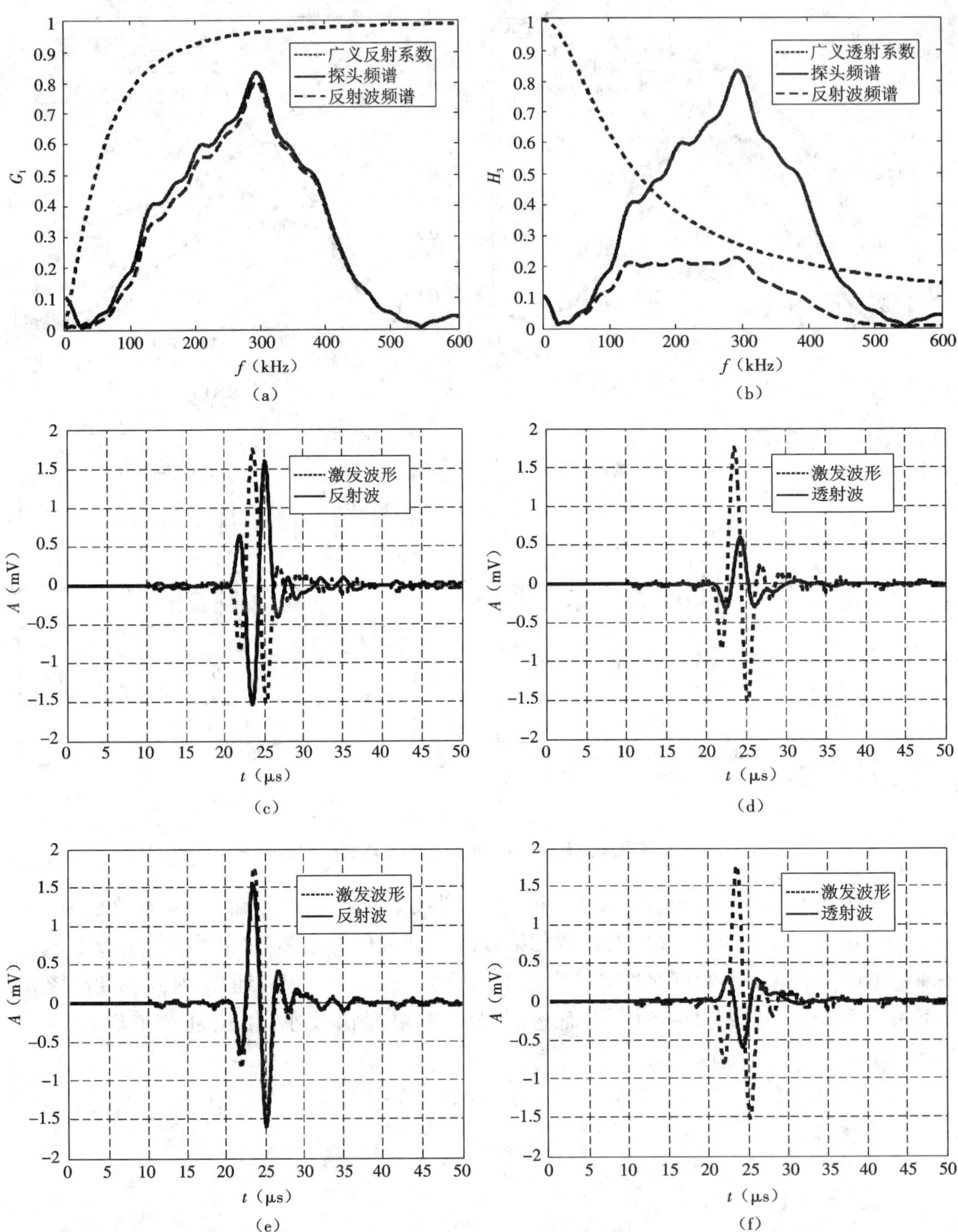

图4-4 固体层厚度为0.75 mm时的反射波和透射波的频谱与波形

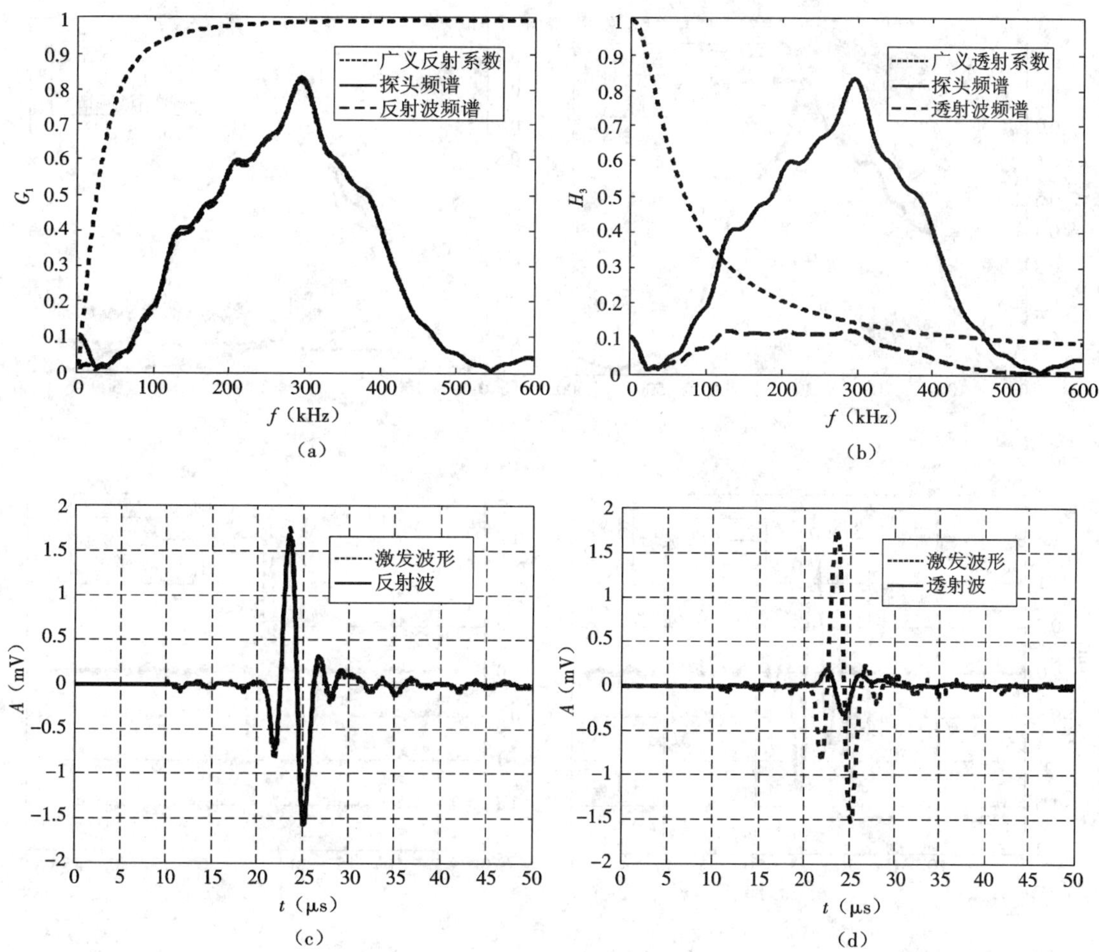

图 4-5　固体层厚度为 1.5 mm 的反射波和透射波的频谱与波形

当固体层厚度进一步增加到 3 mm 时，广义反射系数（虚线）在 50 kHz 之前上升很快，并接近于 1，探头频谱（实线）与广义反射系数相乘以后得到的反射波频谱（长虚线）重合，见图 4-6（a）。而透射系数幅度则进一步减小，见图 4-6（b）（长虚线），频谱中的峰值不明显，带宽变得很宽。相应地，反射波幅度比较大，与激发波形重合，见图 4-6（c），而透射波波形幅度小，振动周期（实线）少，相位进一步后移，见图 4-6（d）。

这个厚度很特别，可以用其反射波来代表探头的激发波形（图 3-22（a）中 0 时刻的波形不纯洁，包含电响应的影响，其反射波则纯粹是探头的激发波形，没有电信号的干扰），用透射波作为宽带激发波形。

从介质厚度测量的角度看，该厚度与探头频谱特征最不匹配，探头灵敏度最低，不能用于测量介质的厚度，或者叫该探头厚度测量的盲区。

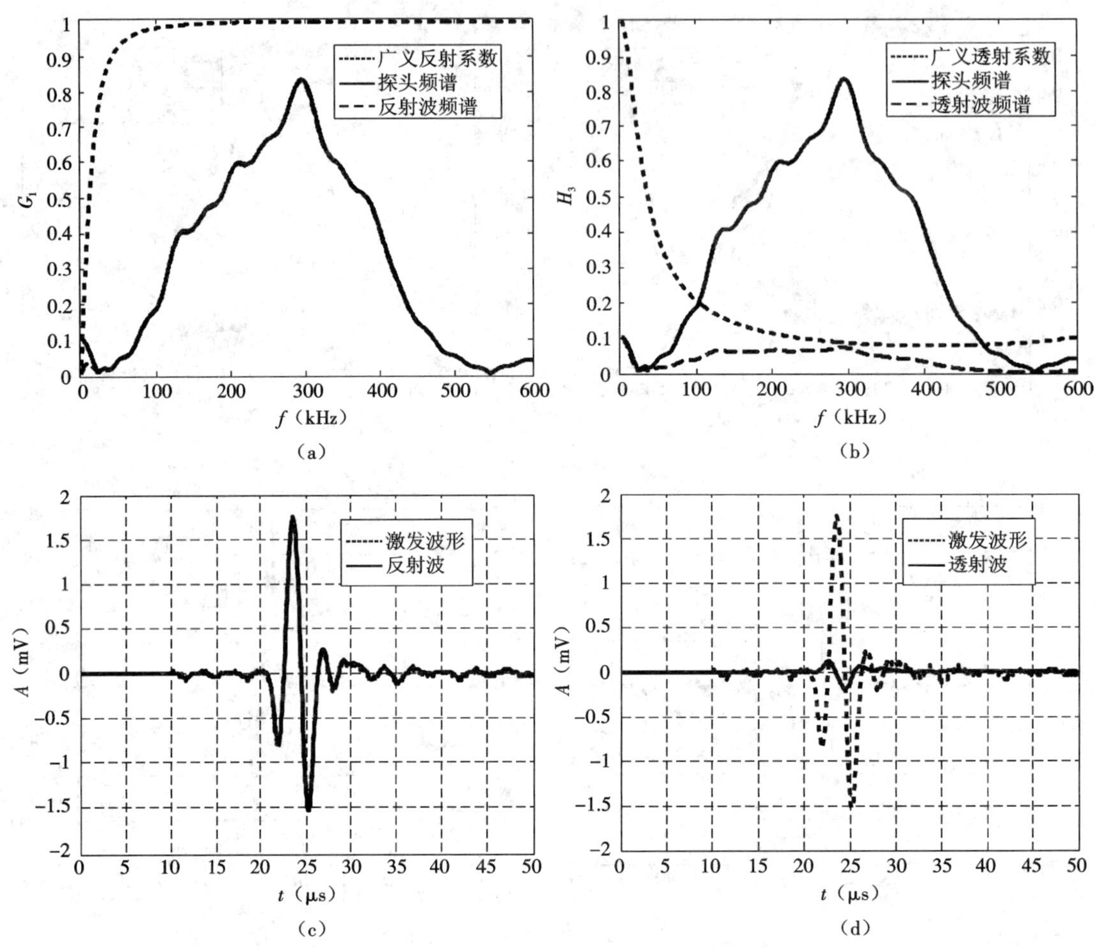

图 4-6　固体层厚度为 3 mm 的反射波和透射波的频谱与波形

第四节　薄层信息

在实际应用中遇到最多的问题是薄层的勘探和检测问题。传统的勘探类教材大多以几何声学为基础，层厚与波长相比很大。波在其中传播时满足几何声学的条件，可以用其来分析波的反射和透射，主要获得反射波和透射波的幅度和到达时间，没有考虑波形形状的变化。在忽略物理衰减的情况下，几何声学假设所有的声波波形形状是相同的。

波动声学则不然，解决问题的方法是：从波动方程出发，用边界条件得到其解析解。没有波长与层厚关系的限制，适用于所有厚度。前面四章根据固体介质厚度的不同，全面（多角度）展现了波动声学的处理方法和声波传播过程中频谱和波形的变化规律。

对于垂直入射来讲，薄层的影响表现在波形的形状和相位两个方面。不论是反射波还是透射波，经过薄层以后，波形形状会发生变化，相位也会发生变化。层厚越厚，相位移动越大。（请读者思考厚度与相位移动是否是线性关系）

反射波和透射波幅度的对比也是判断薄层的主要信息。反射波与激发波的形状差异、每个频率处的相位差异均携带薄层信息。研究薄层应该从波形形状入手，应在频率域内进行，用频谱的形状、相位的分布提取薄层信息。

不同的探头其主频不同，带宽不同，所对应的薄层也不一样。每个探头均有其最佳的测量厚度，也有其最差的测量厚度。可以根据测量的需要设计探头的主频和带宽，也可以根据探头的主频和带宽研究所能够测量的厚度范围。根据薄层对波形的过滤特征，还可以用透射的方式产生宽带激发波形（图4-6(b)）。

思考题

1. 薄层对反射波和透射波的相位有影响，其相位信息的分布形式是什么？薄层厚度与相位移动是否是线性关系？

2. 薄层对幅度信息有影响，幅度差异分布在波形峰值位置。这些差异在频谱中如何表现？

3. 探头的选择和评价依据是什么？仪器设备设计时放大器的频带如何设计？

4. 探头的影响可归结为探头频谱的影响，测量系统设计的基本考虑是从探头开始的，如何针对所探测的目标及其几何尺寸选择探头（频带宽度和主频）？

5. 探头在测量系统设计中的重要作用有哪些？

6. 测量系统中的有用信息分布方式和范围是仪器设计的基础吗？如何得到这些信息？

7. 细缝的探测是否也可以用共振波？其波形特点是什么？

8. 细缝的厚度薄到什么程度时，共振方法不再能够测量到细缝的存在？

9. 薄层和细缝探测过程中，相位移动信息怎样应用？用数字信号处理方法，在频率域内可以精确获得两个波形的相位差，在实际中怎样处理其相位差？如何应用该相位差？

10. 用薄层的反射波是否可以判断薄层的存在？

专题讨论

1. 声波波形中的信息携带方式是怎样的？什么探头可以测量到什么有用信息？请阐述探头的定义和分类、有用信息的定义和分类。

2. 固有频率处为什么会出现幅度大、振动周期多的透射波？其成立的条件是什么？

3. 用其他方法（边界的位移为0、一端应力为0、一端位移为0）得到的固有频率为什么与两端应力为0所得到的固有频率有差别？这些固有频率处是否也有透射特征？

4. 用其他边界条件也能够得到固有频率吗？用其他边界条件得到的固有频率是否也具有透射特征？

5. 两层介质是否也有这样的共振特征？两个固体层是否也靠固有频率传递振动能量？

6. 传递振动能量的物理过程是什么？

7. 单个固有频率处的振动方式是什么？共振状态的具体特点有哪些？

8. 当一维模型中有多个层时，每个层是否都有固有频率？共振是否对每个固体层都存在？

9. 边界条件在共振频率计算中起什么作用？

10. 振动模态的作用是什么?

11. 普通振动与共振振动之间的本质区别是什么?

12. 分析共振波的形状,随时间的变化规律中蕴含着哪些物理过程?

13. 振动和波动随时间和位置变化,其各自的变化函数之间有没有关系?

14. 共振随时间的变化规律是怎样逐步形成的?

15. 共振随位置的变化规律是怎样逐步形成的?

第五章　多层介质模型的传递矩阵

本章研究多层介质模型中振动和声波的传播。多层介质模型两端均可以施加力、位移或者入射波，将振动引入多层介质模型。振动在其中传播时，各个边界上位移和应力均是连续的，通过这些边界条件，振动位移和应力在各层中间传递，每层的待定系数可以通过这些边界条件建立的传递矩阵求解。

第一节　传递矩阵

假设模型共有 n 层，则内部的第 m 层介质（$m=2,\cdots,n-1$）的振动位移 ξ_m 由两部分组成：

$$\xi_m = H_m e^{ik_m x} + G_m e^{-ik_m x} \tag{5-1}$$

其中，第一项是沿 x 轴正方向传播的波，其幅度（也称广义反射系数）H_m是待定系数；第二项是沿 x 轴负方向传播的波，其幅度（也称广义透射系数）G_m是待定系数。

在任意两个相邻层的界面上，两个介质的位移和应力是连续的。根据位移和应力连续条件，可以建立相邻两层待定系数之间的递推关系，得到传递矩阵。

在第 m 个边界上，设其 x 坐标为 x_m，则两层的位移表达式分别为

$$\xi_m |_{x=x_m} = H_m e^{ik_m x_m} + G_m e^{-ik_m x_m}$$

$$\xi_{m-1} |_{x=x_{m-1}} = H_{m-1} e^{ik_{m-1} x_m} + G_{m-1} e^{-ik_{m-1} x_m}$$

上述两式的差别表现在指数项的波数 k_m上。两层的声速和密度不一致，具体的体现是波数 k_m和 k_{m-1}不一样。

在第 m 个边界上，两层的应力表达式分别为

$$\begin{aligned} F = Y\frac{\partial \xi_{m-1}}{\partial x} &= H_{m-1} ik_{m-1} Y_{m-1} e^{ik_{m-1}x} - G_{m-1} Y_{m-1} ik_{m-1} e^{-ik_{m-1}x} \\ &= i\omega Z_{m-1} H_{m-1} e^{ik_{m-1}x} - i\omega Z_{m-1} G_{m-1} e^{-ik_{m-1}x} \end{aligned}$$

$$F = Y\frac{\partial \xi_m}{\partial x} = H_m ik_m Y_m e^{ik_m x} - G_m Y_m ik_m e^{-ik_m x} = i\omega Z_m H_m e^{ik_m x} - i\omega Z_m G_m e^{-ik_m x}$$

在边界 $x=x_m$位置，由位移连续得到等式

$$H_{m-1} e^{ik_{m-1}x_m} + G_{m-1} e^{-ik_{m-1}x_m} = H_m e^{ik_m x_m} + G_m e^{-ik_m x_m} \tag{5-2}$$

由应力连续得到等式（iω 被约掉）

$$Z_{m-1} H_{m-1} e^{ik_{m-1}x_m} - Z_{m-1} G_{m-1} e^{-ik_{m-1}x_m} = Z_m H_m e^{ik_m x} - Z_m G_m e^{-ik_m x} \tag{5-3}$$

式（5－2）和式（5－3）合并成矩阵，有

$$\begin{pmatrix} e^{ik_{m-1}x_m} & e^{-ik_{m-1}x_m} \\ Z_{m-1} e^{ik_{m-1}x_m} & -Z_{m-1} e^{-ik_{m-1}x_m} \end{pmatrix} \begin{pmatrix} H_{m-1} \\ G_{m-1} \end{pmatrix} = \begin{pmatrix} e^{ik_m x_m} & e^{-ik_m x_m} \\ Z_m e^{ik_m x_m} & -Z_m e^{-ik_m x_m} \end{pmatrix} \begin{pmatrix} H_m \\ G_m \end{pmatrix} \tag{5-4}$$

对于上述矩阵左乘系数矩阵 $\begin{pmatrix} e^{ik_{m-1}x_m} & e^{-ik_{m-1}x_m} \\ Z_{m-1}e^{ik_{m-1}x_m} & -Z_{m-1}e^{-ik_{m-1}x_m} \end{pmatrix}^{-1}$，便可以得到两层系数之间的关系

$$\begin{pmatrix} H_{m-1} \\ G_{m-1} \end{pmatrix} = \begin{pmatrix} e^{ik_{m-1}x_m} & e^{-ik_{m-1}x_m} \\ Z_{m-1}e^{ik_{m-1}x_m} & -Z_{m-1}e^{-ik_{m-1}x_m} \end{pmatrix}^{-1} \begin{pmatrix} e^{ik_m x_m} & e^{-ik_m x_m} \\ Z_m e^{ik_m x_m} & -Z_m e^{-ik_m x_m} \end{pmatrix} \begin{pmatrix} H_m \\ G_m \end{pmatrix} \tag{5-5}$$

这样便得到相邻两层待定系数之间的传递关系，即用第 m 层的待定系数可以表示第 $m-1$ 层的待定系数。对每个层界面两边的待定系数进行递推，最后得到两端介质的待定系数——第一层的反射系数 G_1 和最后一层的透射系数 H_n——之间的关系，即取 m 分别为 $n, n-1, \cdots, 1$ 即可得到用第 n 层待定系数表示的第一层的待定系数。

令 $M_m = \begin{pmatrix} e^{ik_{m-1}x_m} & e^{-ik_{m-1}x_m} \\ Z_{m-1}e^{ik_{m-1}x_m} & -Z_{m-1}e^{-ik_{m-1}x_m} \end{pmatrix}^{-1} \begin{pmatrix} e^{ik_m x_m} & e^{-ik_m x_m} \\ Z_m e^{ik_m x_m} & -Z_m e^{-ik_m x_m} \end{pmatrix}$，则式(5-5)可以表示为

$$\begin{pmatrix} H_{m-1} \\ G_{m-1} \end{pmatrix} = M_m \begin{pmatrix} H_m \\ G_m \end{pmatrix}$$

递推过程变成

$$\begin{pmatrix} H_1 \\ G_1 \end{pmatrix} = M_2 M_3 \cdots M_n \begin{pmatrix} H_n \\ G_n \end{pmatrix} \tag{5-6}$$

第二节　矩阵传递

H_1、G_1 和 H_n、G_n 之间的关系通过系数传递矩阵获得后，通过边界两侧的声源可以具体确定这些待定系数。例如，假设入射波 H_1 的幅度为 1 便可以求得所有的待定系数。

令 $M = M_2 M_3 \cdots M_n$，$M = \begin{pmatrix} m_{11} & m_{12} \\ m_{21} & m_{22} \end{pmatrix}$，用递推方法获得的第一层待定系数 H_1、G_1 与第 n 层的待定系数 H_n、G_n 之间的关系为

$$\begin{pmatrix} H_1 \\ G_1 \end{pmatrix} = \begin{pmatrix} m_{11} & m_{12} \\ m_{21} & m_{22} \end{pmatrix} \begin{pmatrix} H_n \\ G_n \end{pmatrix} \tag{5-7}$$

由于最后一层没有反射波，所以系数 $G_n = 0$，代入式(5-7)便有简单的关系：

$$H_1 = m_{11} H_n$$

$$G_1 = m_{21} H_n$$

根据前面的假设，入射波的幅度 $H_1 = 1$，这样便有

$$H_n = 1/m_{11} \tag{5-8}$$

$$G_1 = \frac{m_{21}}{m_{11}} \tag{5-9}$$

H_n 描述穿过 $n-1$ 层介质后从第 $n-1$ 层透射进入第 n 层的广义透射系数(复数)，其中包含

进入最后一层的所有透射波的幅度和到达时间。G_1描述从第一层与第二层界面反射回第一层的反射系数(复数)和通过该界面从第二层进入第一层的所有透射波的幅度和到达时间。

中间各层的反射系数均可根据式(5-8)所得到的第 n 层的系数,通过递推关系式(5-5)得到,即先得到第 $n-1$ 层的系数($m=n$),再次应用递推关系式(5-5),取 $m=n-1$,得到第 $n-2$ 层的系数,以此类推,得到所有层的待定系数。用这些系数可以研究各层内部的反射波和透射波特征。

具体计算时,因用于系数传递的矩阵的计算公式相同,故可利用子程序 Mm(x,k,Z)对不同层的系数矩阵进行计算,其中 x 表示交接面的位置,k 是所计算层的波数,Z 是其波阻抗。

```
function M = Mm(x,k,Z)
    m11 = exp(j * k * x);
    m12 = exp( -j * k * x);
    m21 = Z * exp(j * k * x);
    m22 = -Z * exp( -j * k * x);
    M = [m11,m12;m21,m22];
```

具体计算用频率循环和传递矩阵循环进行。

第一部分:计算参数。

Nn = size(x);N = 4000;df = 500;f0 = 0; %计算参数,N 是计算的频率个数,df 是频率步长,单位 Hz,f0 是起始频率,单位 Hz。

第二部分:介质的物理参数和几何参数。

x = [0,0.012,0.044,0.0442,0.045,0.09];%[1 水的厚度 0,2 钢板厚度 12 mm,3 水泥环(或水)厚度 44 - 12 = 32 mm,4 地层厚度 44.2 - 44 = 0.2 mm,5 地层厚度 45 - 44.2 = 0.8 mm,6 地层厚度 90 - 45 = 45 mm,7 地层厚度为无穷大]

v = [1500,5700,3000,4000,4000,1500,1900];%对应各层的传播速度

den = [1,10.8,1.9,2.6,2.6,1,1.1];%对应各层的密度。

第三部分:频率循环和矩阵传递。

```
for ii = 1:N   %频率循环,从第一个频率开始计算
f(1,ii) = f0 + (ii - 1) * df;   %计算的频率
    om = 2 * pi * f(1,ii);   %计算的角频率
    MN = eye(2);   % 2 * 2 单位矩阵,用于存放递推以后的矩阵
    for jj = 1:Nn(2)   %循环计算递推矩阵,以界面个数为循环变量
        k = om/v(Nn(2) - jj + 2);   %边界右面介质的波数
        Z = den(Nn(2) - jj + 2) * v(Nn(2) - jj + 2);   %边界右面介质的波阻抗
        M = Mm(x(Nn(2) - jj + 1),k,Z);   %边界右面介质的矩阵,需要调用子程
                                           序函数 Mm
        k = om/v(Nn(2) - jj + 1);   %边界左面介质的波数
```

```
        Z = den(Nn(2) - jj + 1) * v(Nn(2) - jj + 1);  %边界左面介质的波阻抗
        MM = Mm(x(Nn(2) - jj + 1), k, Z);  %边界左面介质的矩阵
        MN = inv(MM) * M * MN;  %矩阵递推
    end
```

第四部分 参数计算。

```
    Hn(1,ii) = 1/MN(1,1) * exp(i * 2 * pi * f(1,ii)/(v(Nn(2) + 1)) * x(Nn(2)));
            %第一部分1/MN(1,1)是广义透射系数Hn,exp(i * 2 * pi * f(1,ii)/(v
            (Nn(2) + 1)) * x(Nn(2)))是透射波的波函数
    G1(1,ii) = MN(2,1)/MN(1,1);  %反射系数,公式中的G1
    end
```

矩阵传递过程在矩阵递推语句实现,中间关于jj的循环主要用于矩阵递推过程。

第三节 声源与系数

1. 声源为入射波

假设在第一层内,已知入射波 $H_1 e^{ik_1x}$ 的幅度 H_1 为1,该入射波作为振动源。第一层有广义反射波 $G_1 e^{-ik_1x}$,最后一层即第 n 层介质的振动位移 ξ_n 仅有透射波 $H_n e^{ik_nx}$,没有反射波,其反射波幅度 G_n 为0,透射波幅度为 H_n,则

$$\xi_n = H_n e^{jk_nx} \tag{5-10}$$

G_1、H_n 未知,可以通过第一层边界上的入射波 H_1 为1得到。具体结果见式(5-8)和式(5-9)。

2. 声源为力源

如果激发源在多层模型两边的边界上(第一层与第二层的边界或者第 $n-1$ 层与第 n 层的边界),则其边界上的位移或者应力由于力源的存在不再连续。例如,在第一层与第二层的边界上有一个位移冲击,则两端的位移便不再连续。这时,力源位于边界上,没有入射波($H_1=0$),这样,第一层与第二层的界面上位移的连续变成

$$1 + G_1 e^{-ik_1x_1} = H_2 e^{ik_2x_1} + G_2 e^{-ik_2x_1} \tag{5-11}$$

其中的1代表冲击,在边界 x_1 这个位置有一个外力引起了位移变化,该外力导致的位移产生振动,沿介质1向外($-x$ 方向)传播,由于左边没有边界,只有向 x 轴的负方向传播的声波,该波的幅度用广义待定系数 G_1 表示,其中也包含其右边介质和边界所引起的所有透射波。将式(5-11)代入第一层与第二层的边界条件并令 $x_1=0$,则由位移连续得到等式

$$1 + G_1 = m'_{11} H_n \tag{5-12}$$

由应力连续得到等式

$$Z_1 G_1 = m'_{21} H_n \tag{5-13}$$

最终求得待定系数

$$H_n = \frac{Z_1}{Z_1 m'_{11} - m'_{21}} \tag{5-14}$$

$$G_1 = \frac{m'_{21}}{Z_1 m'_{11} - m'_{21}} \tag{5-15}$$

其中，m'_{11}、m'_{21}是传递矩阵到第二层时，用第二层的待定系数乘以系数矩阵得到位移和应力表达式以后的递推矩阵，比最终的递推矩阵少乘了一个第一层的系数矩阵。

也可以在边界 x_1 上直接用应力不连续模拟力源产生的振动，则有

$$1 + Z_1 G_1 e^{-ik_1 x_1} = Z_2 H_2 e^{ik_2 x_1} - Z_2 G_2 e^{-ik_2 x_1} \tag{5-16}$$

令 $x_1 = 0$ 得到

$$G_1 = m'_{11} H_n \tag{5-17}$$

$$1 + Z_1 G_1 = m'_{21} H_n \tag{5-18}$$

最终解得待定系数

$$H_n = \frac{1}{m'_{21} - Z_1 m'_{11}} \tag{5-19}$$

$$G_1 = \frac{m'_{11}}{m'_{21} - Z_1 m'_{11}} \tag{5-20}$$

第四节　波形的计算

得到 G_1、H_n 以后，可以最终求出入射端（第一层）和最终端（最后一层）的波形

$$f_1(t) = \int_{-\infty}^{\infty} V(\omega)(H_1 e^{ik_1 x} + G_1 e^{-ik_1 x}) e^{-i\omega t} d\omega \tag{5-21}$$

$$f_n(t) = \int_{-\infty}^{\infty} V(\omega)(H_n e^{ik_1 x}) e^{-i\omega t} d\omega \tag{5-22}$$

其中，第一项是入射波，发射源在 $x = 0$ 位置，如果激发源位于 x_0 位置，则表达式变成

$$f_1(t) = \int_{-\infty}^{\infty} V(\omega)(H_1 e^{ik_1(x - x_0)} + G_1 e^{-ik_1 x}) e^{-i\omega t} d\omega \tag{5-23}$$

第二项是所有的反射波，包含了第一个界面右边所有介质导致的透射波信息。$V(\omega)$是探头的频谱（见图 2－5(a)和图 3－22(b)），表示在（探头）频谱为 $V(\omega)$的入射波或者力源激发下，多层介质在第一层内所测量到的所有反射波和透射到最后一层的透射波波形。

当采用边界上的力源和位移源时，上述公式中的系数 $H_1 = 0$。

具体实现时，积分采用快速傅里叶变换实现，因为传播函数 $e^{-i\omega t}$ 可以作为傅里叶变换因子，这样，只需要将变换因子前面的项作为傅里叶变换函数进行积分变换即可。从这一点上看，波传播和傅里叶变换具有天然的联系。在计算波的传播时，应该尽量使用傅里叶变换。

以下是计算过程：

```
t = (1:3200) * 0.05;  %单位:微秒
dt = 0.05; %单位:微秒
b = [zeros(1,200), aa(351:1200,1)', zeros(1,40000 - 1200 + 150)];  %激发声源原始波形
```

```
ssf = fft(b);  %声源的频谱
saa = size(b);
fs = 1/dt/saa(1,2) * (0:9000);  %频率间距:500Hz

for ii = 1:4000
Wf(1,ii) = -2 * conj(Hn(1,ii)) * ssf(1,ii+1);  %透射波频谱
Wf1(1,ii) = -2 * conj(G1(1,ii)) * exp(-i * 2 * pi * f(1,ii)/v1 * L) * ssf(1,ii+1);
%反射波频谱
end
Wf(1,4001:40000) = 0;
Wf1(1,4001:40000) = 0;
Wrow = ifft(ssf);  %原始激发波形
wfr = ifft(Wf);  %透射波波形
wfr1 = ifft(Wf1);  %反射波波形
%绘制频谱图
figure(989)
hold on
dd = plot(fs(1:3000) * 1000,abs(Wf1(1:3000))/200,'k--');
set(dd,'linewidth',3)
axis([0 600 0 1])
figure(959)
hold on
dd = plot(fs(1:3000) * 1000,abs(Wf(1:3000))/200,'k--');
set(dd,'linewidth',3)
axis([0 600 0 1])
%绘制波形图
T = 1000;  %T = 2000
figure(3)
dd = plot(t(1:T),real(Wrow(1:T)),'k');
set(dd,'linewidth',2);
```

第五节 多层模型的频谱

用上述多层模型计算软件计算所得的5.5英寸套管井径向厚度振动的广义反射系数和透射系数如图5-1所示。其中有很多共振峰。在共振峰的位置,透射系数比较大,反射系数比较小。与单层的广义反射系数和透射系数(图2-2)在固有频率处变化均很大的情况不同,多层模型的反射系数和透射系数幅度变化差别比较大,有的幅度很大,有的幅度则比较小。

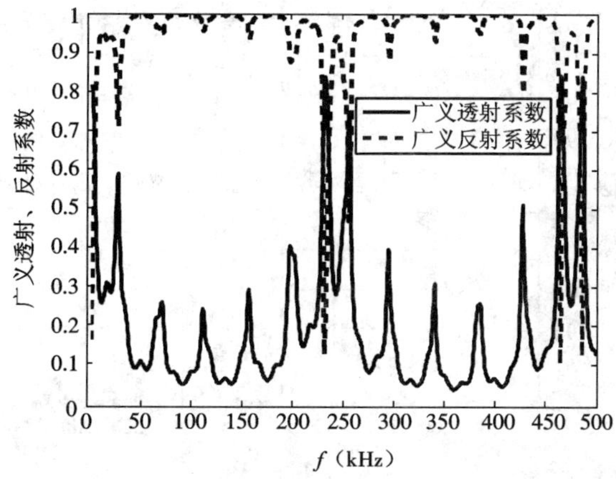

图 5 - 1　用多层模型计算软件中的参数计算的广义反射系数、透射系数

在很多工程应用中,对所有的钻孔(石油开发)和预留孔(大坝观测),为了防止其垮塌,均放入钢管并用水泥固结到地层和坝体中。固结质量的好坏对后续的应用具有重要意义,需要对其进行检测。图 5 - 2 是模拟垂直入射声波检测方法的一维模型,第一层的钢模拟钢管的厚度,钢后面的薄水层模拟钢管和水泥(Ⅰ界面)没有胶结好,最右边的水泥环和地层模拟实际的地层,由于两者均是固体,波阻抗差别不大,可以暂时不区分。

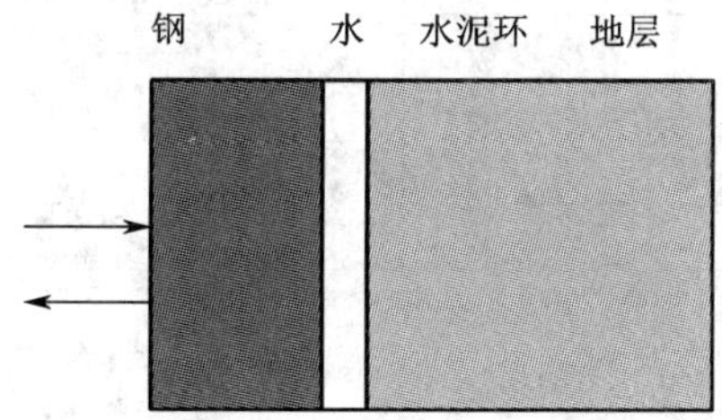

图 5 - 2　Ⅰ界面(钢与水泥)胶结差时的物理模型,没有区分水泥环与地层的参数

图 5 - 3 是多层模型的广义反射和透射系数,其模型是:9 mm 厚的钢后面有一个 1 mm 宽的水缝,之后是地层(图 5 - 2)。上面的曲线是模型的广义反射系数,下面的曲线是模型的广义透射系数(随频率的变化)。与图 5 - 4 相同,在 317 kHz 位置(9 mm 厚钢的固有频率,计算时选择的声速为 5 700 m/s)透射系数和反射系数均有突变,出现峰值,只是较图 5 - 4幅度减小。从图 5 - 3 上可以看出:在 317 kHz、634 kHz 以及 954 kHz 位置,多层模型的频谱中分别有三个幅度比较大的峰,这些峰与单个 9 mm 厚的钢模型的谐振频率处于同一个位置。该结果说明:一旦有薄水环位于钢管外面,即使该水环很薄,由于其波阻抗与钢差别比较大,则在钢管内即可形成共振,共振频率即为钢管厚度振动的固有频率。人们用该现象设计了测量钢管外水泥胶结质量的方法和仪器。该仪器现在已经从国外引进,并进行了国产化,仪器所选择的频率是钢管厚度振动的第一个固有频率。

将探头频谱图 2 - 5 与图 5 - 3 的广义反射系数相乘得到图 5 - 5。从图中可以看到,在

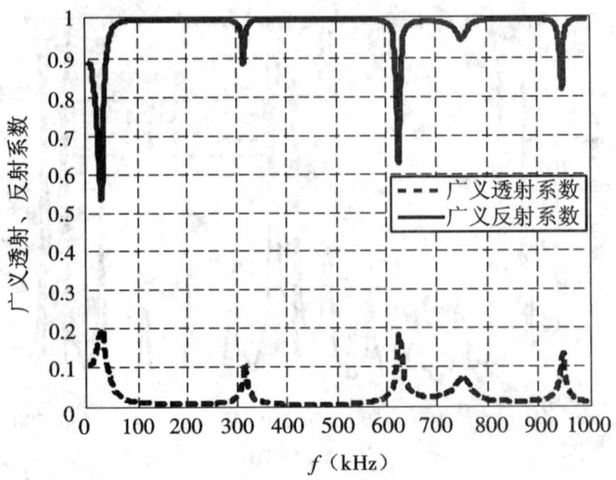

图 5-3　9 mm 厚钢在Ⅰ界面胶结差时的谐振频率(厚度振动)

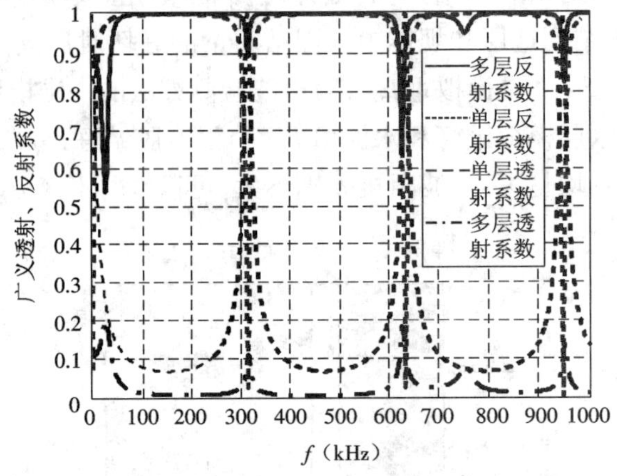

图 5-4　9 mm 厚钢的谐振频率与Ⅰ界面胶结差时的谐振频率(厚度振动)

固体的固有频率处,反射波的频谱与探头频谱有差别。将相乘以后反射波的频谱单独绘出得到图 5-6,其中实线是反射波的频谱,虚线是探头频谱,两者在其他频率处基本一致,但是,在谐振频率处有明显的差别。这些差别导致了反射波波形中出现共振波,如图 5-7 所示。其中实线是反射波,虚线是入射波,两者差别明显。

在Ⅰ界面胶结差(用 1 mm 厚的水层模拟)时,由于探头激发的频谱中包含了钢的固有频率,激发出了钢的共振波,使得反射波接收波形中出现了振动周期很多的波形特征,这是钢的固有频率对波形的影响。该特征很明显,可以作为Ⅰ界面胶结差的一个标志。

利用有限厚的待测物体产生共振,通过测量波形中的共振波,用共振频率和共振现象实现非接触测量目标(测量系统无法接触到钢管外面的水泥和水层)的识别,在日常生活中的应用比比皆是,例如检查门和房梁否有空心,用敲击的方法听其振动的频率和余振,余振越长质量越好。但是,在测量系统中,人们通常只用高频反射波进行测量,在时间上识别界面导致的反射波,通常由于叠加和共振波的存在,而振动周期多,不能够在时间域上将其有效地区分开。在层比较薄时,共振现象往往出现在测量波形中,根本无法从时间域上区分

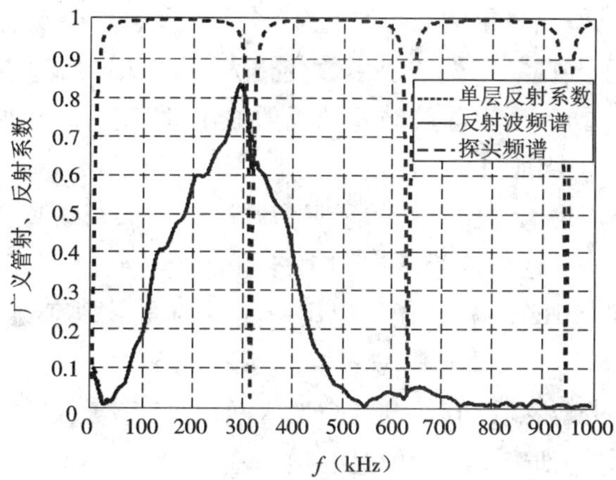

图5-5　9mm厚钢在Ⅰ界面胶结差时反射波的频谱(厚度振动)

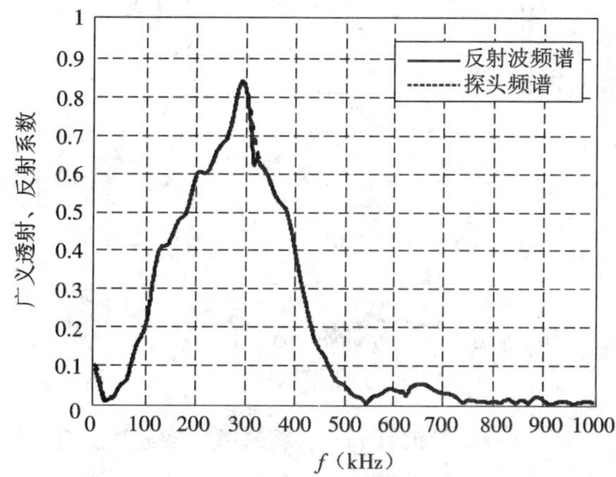

图5-6　9mm厚钢在Ⅰ界面胶结差时反射波的频谱与探头的频谱

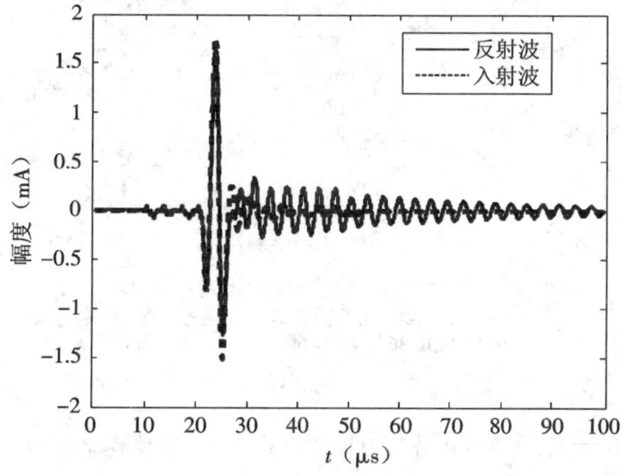

图5-7　9 mm厚钢在Ⅰ界面胶结差(有1 mm水缝)时的反射波波形(厚度振动)

反射波的到达时刻,也无法判别缺陷。

图 3 - 23 的实例告诉我们:钢的共振是比较容易产生的。在反射波和透射波中其振动周期都比较多,这是由于共振频率处透射系数变化大、峰值很尖、频带范围很窄所致。对比图 3 - 1 和图 5 - 3 我们看到: I 界面胶结差的反射波中,因固有频率的影响其振动周期比较多。除了振动周期多这个特征外,固有频率也是一个重要信息。在 I 界面胶结差时,共振频率随着钢厚度的减小而增大。图 5 - 8 是钢厚度为 8 mm 时, I 界面胶结差(1 mm 水缝)时反射波的频谱,图 5 - 9 是钢厚度为 7 mm 时, I 界面胶结差(1 mm 水缝)时的频谱。共振频率分别为 356 kHz、407 kHz。这样,便可以用所测量的波形频率判别钢的厚度,识别套管腐蚀情况。

另外,随着钢厚度的减小,在 700 ~ 800 kHz 区间出现了透射系数比较大,反射系数比较小的区域,该区域可以作为研究 I 界面情况的频率范围。

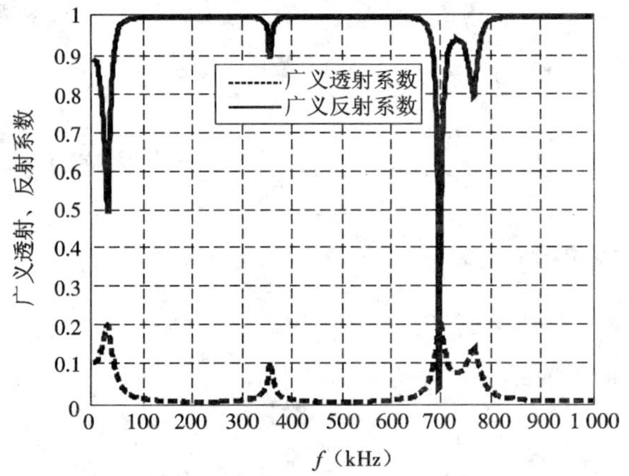

图 5 - 8 8 mm 厚钢、1 mm 水缝的透射系数和反射系数

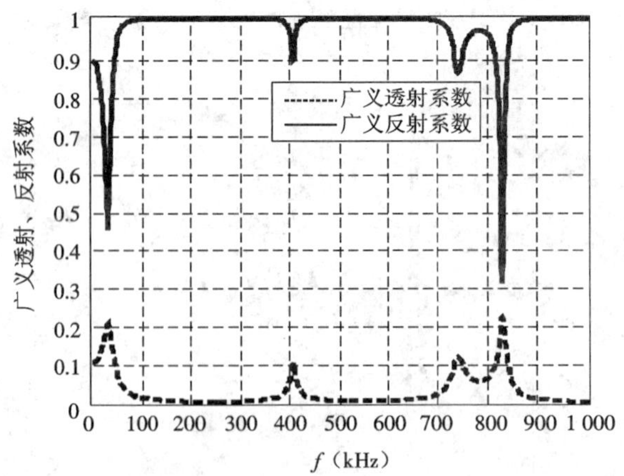

图 5 - 9 7 mm 厚钢、1 mm 水缝的透射系数和反射系数

第六节　固体与固体之间的反射系数

将钢管后面的水环去掉，换成水泥，模型如图 5－10 所示。这时，穿过钢管的声波进入水泥，由于水泥和钢都是固体，波阻抗差别没有那么大，在钢管右边界面上的反射波比较少，大部分振动能量进入水泥，这样便形不成共振波。图 5－11 是其反射波和透射波频谱，没有出现明显的共振峰。

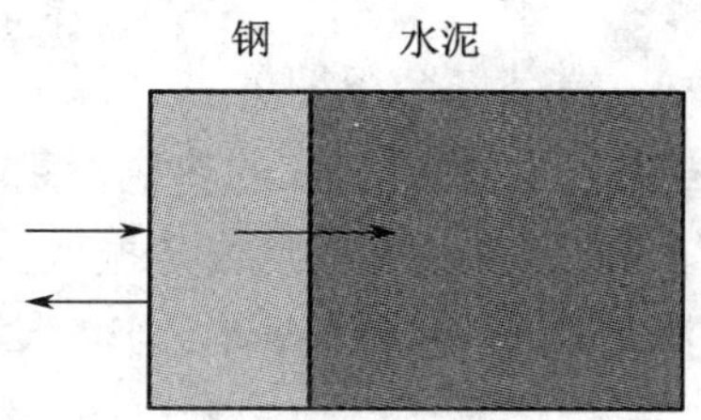

图 5－10　胶结好时的物理模型
（没有区分水泥环与地层的参数）

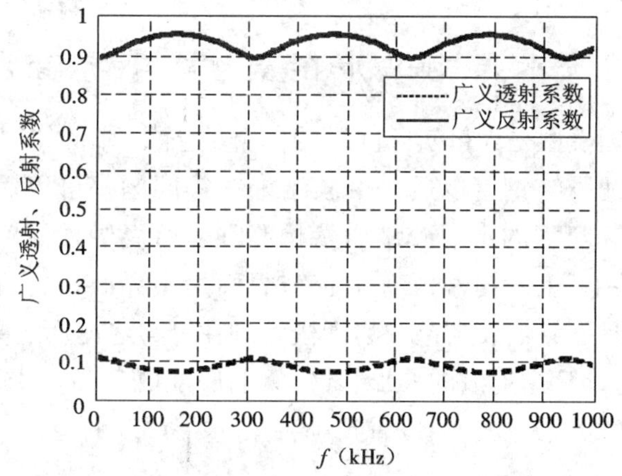

图 5－11　只有两层固体介质时其反射和透射波的频谱

第七节　共振波的形成

共振波是在单个固体层中形成的，当两端的应力为 0 或者位移为 0 时，能够得到共振波的频率分布。或者一端应力为 0、一端位移为 0 时，也能够得到共振波的频率分布。只是这两种方式所得到的共振频率不一致。两端位移或者应力为 0 时，得到的波数

$$k=\frac{n\pi}{l}(n=1,2,3\cdots)$$

一端自由（应力为 0）、一端夹紧（位移为 0）时，得到的波数

$$k=\frac{(2n-1)\pi}{2l}$$

上述两种固有频率对应的振动分别称为反对称模式和对称模式。反对称模式是指边界两

边的振动位移以固体层中间位置为对称点，反向对称，即其幅度相等、位移方向相反，见图 1－1的位移；对称模式是指边界两边的位移以固体层中间位置对称，即其幅度相等，方向相同，其位移分布形状如图 1－1 的应力分布形状。

当固体层两端为液体时，由于液体的波阻抗与固体相差比较大，振动能量在边界上反射比较多，最终导致在固体层的两端应力比较小，这些小的应力满足液体中的应力与固体的应力连续条件。这样，对于固体来讲，其振动情况接近于两端应力为 0 的情况，在其中出现共振波。

当固体层的一端是液体，另一端是一个很薄的液体层时，同样由于液体层内的应力很小，会导致共振波的产生。但是，由于薄水层中波的多次反射，导致振动能量在液体层中积累，使得固体层右边界的应力有一定增加，结果导致共振波的广义反射系数减小。当薄水层厚度增加时，共振特征明显，测量波形中有共振波；当薄水层厚度减小时，共振特征逐渐消失。

当固体层一端是液体，另一端是刚性边界时，由于刚性边界位移为 0，故与刚性边界连接的固体边界上也没有振动位移，这时形成另外的固有频率，该振动频率对应于对称振动模式的振动方式。

第八节　薄水层对波形的影响（Ⅰ界面胶结差）

图 5－2 所示的物理模型是大量实际问题的一个抽象模型，例如固体材料或水泥构件中的各种缺陷或裂缝，水泥胶结钢管以后是否胶结好等等问题都可以用这个模型进行研究。在大量的石油油井中，有套管的水泥胶结质量检测和套管腐蚀检测问题。套管下到井内，用水泥将其封接在地层上，钢管与水泥有个胶结面称为Ⅰ界面，水泥环与地层有个胶结面称为Ⅱ界面。图 5－2 是Ⅰ界面胶结差的物理模型。在钢与水泥环之间有个水层，其厚度可以调节，从 0 开始增加，计算反射波的波形，其中钢的厚度取 7 mm。图 5－12 至图 5－18 是不同水层厚度的反射波波形，从图中可以看到：随着薄水层厚度的增加，共振波特征逐渐明显。

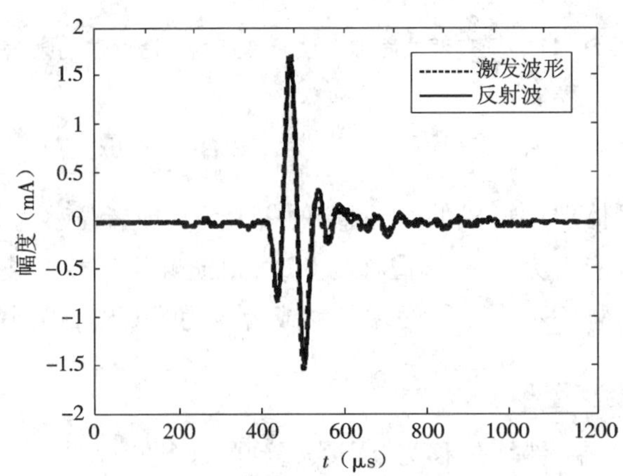

图 5－12　钢与水泥环之间有 0.1 mm 厚的水缝

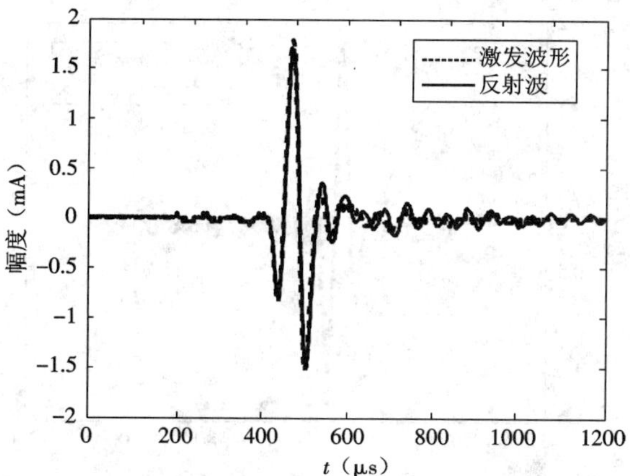

图 5－13　钢与水泥环之间有 0.2 mm 厚的水缝

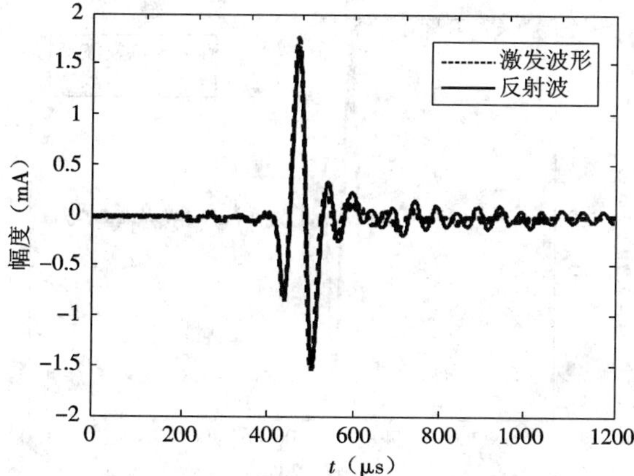

图 5－14　钢与水泥环之间有 0.3 mm 厚的水缝

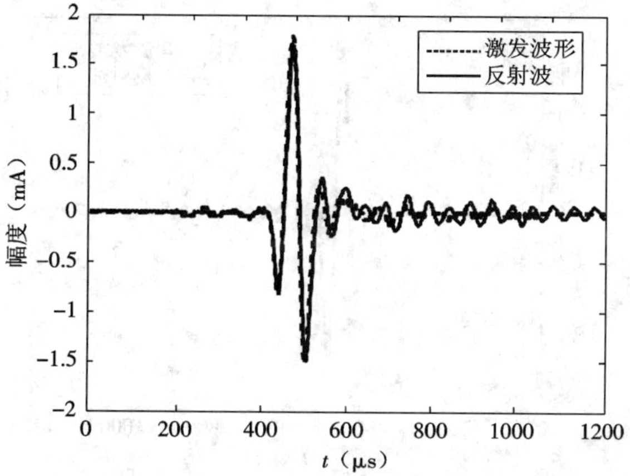

图 5－15　钢与水泥环之间有 0.4 mm 厚的水缝

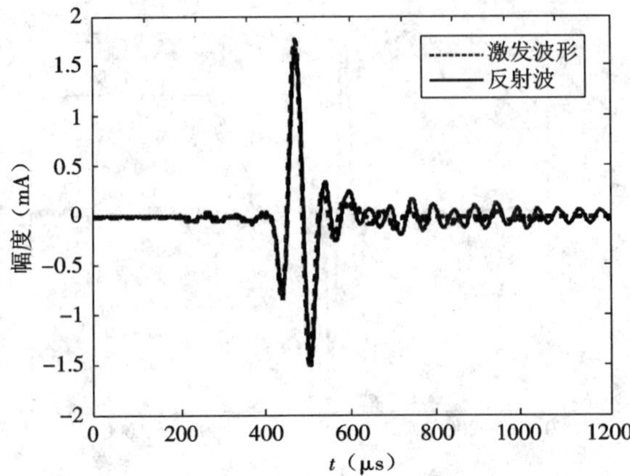

图 5－16　钢与水泥环之间有 0.5 mm 厚的水缝

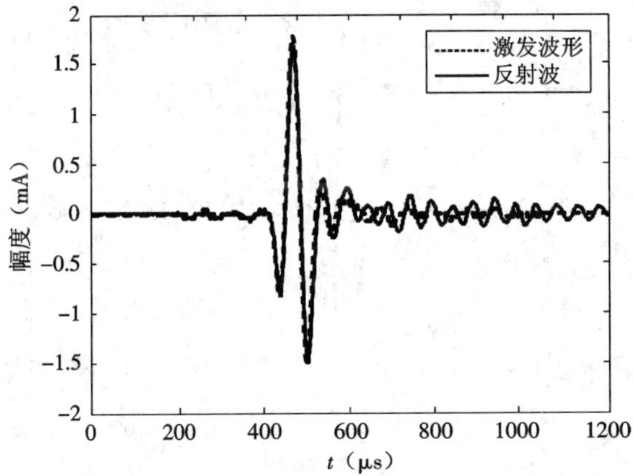

图 5－17　钢与水泥环之间有 0.7 mm 厚的水缝

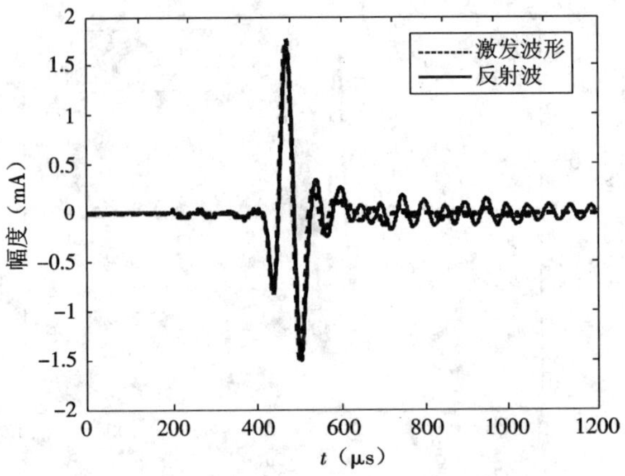

图 5－18　钢与水泥环之间有 1 mm 厚的水缝

第九节　理论模型与测量系统设计

以上给出的广义反射系数和透射系数以及与换能器的频谱相乘以后所得到的反射波和透射波频谱是测量系统设计的重要理论依据。广义反射系数和透射系数给出了所测量系统本身固有的特征,这个特征是全频段的(包括换能器的频谱所涉及的范围)。用上述理论模型可以研究测量系统所有频率的特征,从这些特征中选择最佳的测量频段,设计换能器的主频和带宽,制作换能器,获得换能器的实际频谱,用广义反射系数和透射系数乘以换能器的频谱以后便可获得所测量波形的频谱,从该频谱中可以知道波形的主要特征。通过与广义反射系数和透射系数对比可以得到这些特征与所测量目标(固体及其界面)或系统的关键参数之间的关系。这些关系构成所设计的测量系统的核心技术。

具体实施时,需要用理论模型对所有可能的情况(包括固体的声速范围、几何尺寸)进行计算,获得固有频率的分布区域,该区域与探头的带宽结合可获得仪器的适用范围和测量精度。仪器设计者往往根据所测量固体、目标或系统等的广义反射系数和透射系数选择所测量的频带,设计换能器的频带范围,根据频带范围和换能器的频谱获得所测量的波形形状。这些波形形状携带测量系统的特征信息,通常借助于信号处理的手段,在广义反射系数和透射系数理论计算结果的指导下,对所测量的波形进行处理,获得所测量目标的主要特征。

有限元计算则直接得到响应波形,对波形进行快速傅里叶变换得到波形的频谱,该频谱是广义反射系数、透射系数乘以换能器的频谱以后的结果,已经包含了换能器的特征。换能器的频谱不同,所得到的波形差别极大。但是,产生这些差异的原因无法直接从理论仿真波形中得到。因此,不能够深刻理解所测量波形的特征。

本书所给出的广义反射系数、透射系数是解析解的理论计算结果,是模型本身固有的,没有包含换能器的特征,是模型原始信息。乘以换能器的频谱以后所得到的反射波、透射波的频谱则包含了换能器的特征,是上述这些固有特征在所选择的换能器上的响应。这些响应是可以被测量的。但是,这些响应只包含换能器所在频带内广义反射系数和透射系数的特征,换能器频带以外的特征则不包括在内。所以,本书理论计算给出模型所有频率的响应特征,是被测目标或者系统的总体特征,或者说是被测量系统的全部特征,能够指导换能器和测量系统的设计和参数优化;而实验波形或实际测量结果仅仅获得换能器频带范围内的响应特征,是测量系统的部分特征。

测量系统设计离不开理论研究结果,没有理论结果指导的测量系统设计有可能存在巨大缺陷,甚至是根本性的缺陷。例如将探测石油套管Ⅰ界面水泥胶结的探头频率选择在150~300 kHz 的频率范围内时,探头激发的频谱中没有钢管厚度振动的固有频率,这时,所测量的波形中根本没有反映套管Ⅰ界面的信息。这种例子在测量系统设计中屡见不鲜,导致制造的仪器不能够使用。

同样,如果两边是固体,中间是水层,则水层内声波多次反射以后,其水层厚度也能够产生共振,水层也有固有频率分布。

思考题

1. 研究共振波在薄水层中形成的条件是什么?

2. 水层厚度对共振波有什么影响?

3. 水泥环参数对共振波的影响以及地层参数对共振波各有什么影响?

4. 仪器设计与理论模型之间的关系是什么?

5. 为什么说探头的频带设计对整个测量系统影响极大?

6. 一个不能够达到设计目的的测量系统,其主要根源在哪里?

7. 依据几何声学的结论能够设计探测Ⅰ界面胶结的仪器吗? 主要症结在哪里?

8. Ⅰ界面胶结信息在波形上的分布方式有哪些?

9. 研究水泥胶结测井方法时,为什么广义反射系数和透射系数急剧变化的频率段是主要选择的频率区间。

第六章　宽带发射、接收换能器设计

测量系统中最关键的部件是发射和接收换能器。为了使测量系统适应面比较广,换能器的带宽通常设计得比较宽。这类换能器通常被称为宽带换能器。图2－5所示是一个实际的宽带换能器的频谱和波形,其特点是发射波形的振动周期比较少。对波形做快速傅里叶变换以后其频谱的范围比较宽,即频带通常比较宽。由图2－6至图2－10知道,换能器的频带越宽,振动周期越少;频带越窄,振动周期越多。

图2－5所示的宽带换能器的结构如图6－1所示,压电晶片连接着发射电路,在电压的冲击下,压电晶片产生振动,该振动向两边传播。图6－1压电晶片的左边是后背衬,主要作用是吸收向左边传播的振动能量;压电晶片的右边是匹配层,将振动耦合到待测介质中。探头设计的主要任务是选择合适的后背衬和匹配层的材料和尺寸,达到上述目的。后背衬、压电晶片和匹配层构成了宽频换能器的主要部件。

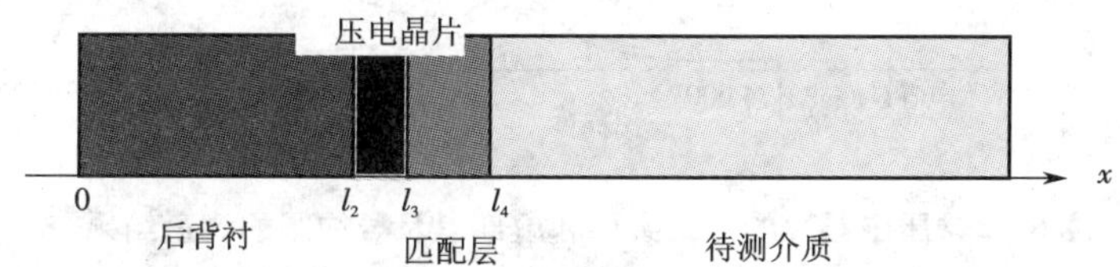

图6－1　发射和接收探头与待测介质之间的关系

宽带换能器的设计也可以用一维振动模型进行研究。

压电晶片的波阻抗通常比较大(密度大)。在制作换能器时,人们用钨粉混合物制作后背衬(抽真空,使混合物中没有气泡,增加密度),以达到其波阻抗与压电晶片的波阻抗接近之目的。这样,压电晶片振动时,后背衬的反射波很少,振动能量大部分直接进入后背衬,沿后背衬方向传播到后背衬边界面后再发生反射。设计后背衬的长度为确定频率的1/4波长可以使确定频率的能量全部在后背衬中衰减掉,在压电晶片上不会形成多次振动,从而达到使探头频带宽度增加的目的。压电晶片激发的振动能量主要向右边传播,通过匹配层进入待测介质。匹配层的材料和厚度选择也很重要,当待测介质的波阻抗与压电材料的波阻抗相差很大(例如人体超声成像)时,往往需要多层介质逐步过渡最终完成阻抗的匹配。

第一节　压电晶片振动的测量

压电晶片在简谐波的作用下自身可以产生振动,当简谐波的频率与压电晶片自身的固有频率接近或者相等时,压电晶片会产生共振。在该共振频率附近,压电晶片的阻抗实部和虚部、导纳的实部和虚部会急剧变化,可以通过测量压电晶片导纳的实部和虚部随频率的变化曲线获得压电晶片的固有频率。并且用所测量的压电晶片导纳的实部和虚部做快速傅里叶变换，获得压电晶片的瞬态电响应波形，该波形通常也是压电晶片所产生的振动波形，即通常所说的激发频谱 $V(\omega)$ 就是电压片导纳的实部，其快速傅里叶变换结果就是激发波形。

当压电晶片与后背衬和匹配层共同存在时，其振动系统的固有频率将发生改变，相应地，电阻抗和导纳曲线也会发生比较大的变化。这时，所测量的固有频率是换能器整体的固有频率，导纳曲线的实部和虚部是换能器电响应频谱，也同样是激发振动的频谱 $V(\omega)$。

图 6－2 是一个压电晶片的导纳实部和虚部测量结果，图(a)是复平面上的导纳圆，有一个固有频率便对应一个导纳圆，图(b)是余弦值、导纳的实部和虚部随频率的变化曲线。余弦值反映电导和电纳之间的相对大小，也即压电晶片两端的交流电压和流过压电晶片的交流电流的相位差别，在相位差为 0 时，余弦曲线达到极大值，导纳的实部也达到极大值，对应于振动的固有频率。图中导纳的实部有两个极大值，对应于压电晶片振动的两个固有频率，虚部曲线在上述极大值位置变化最快。

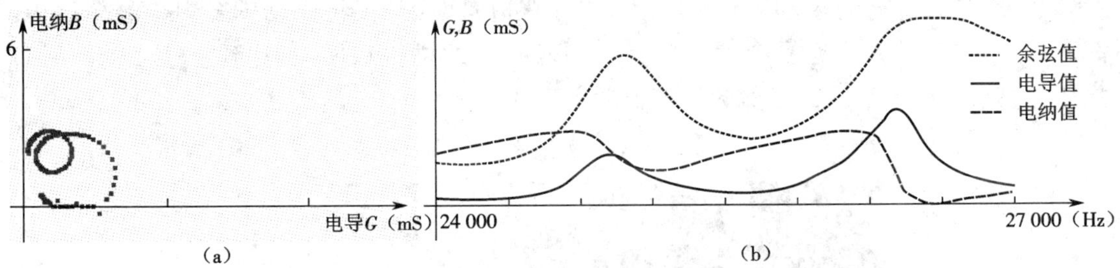

图 6－2 压电晶片的导纳实部和虚部以及导纳圆的测量结果

(a)复平面上的导纳圆 (b)变化曲线

用测量压电晶片导纳圆的方法可以获得压电晶片振动的固有频率和压电晶片的电学参数，用测量换能器导纳圆的方法可以获得换能器的主频和频带宽度。图 6－3 是一个低频换能器的导纳实部和虚部测量结果。

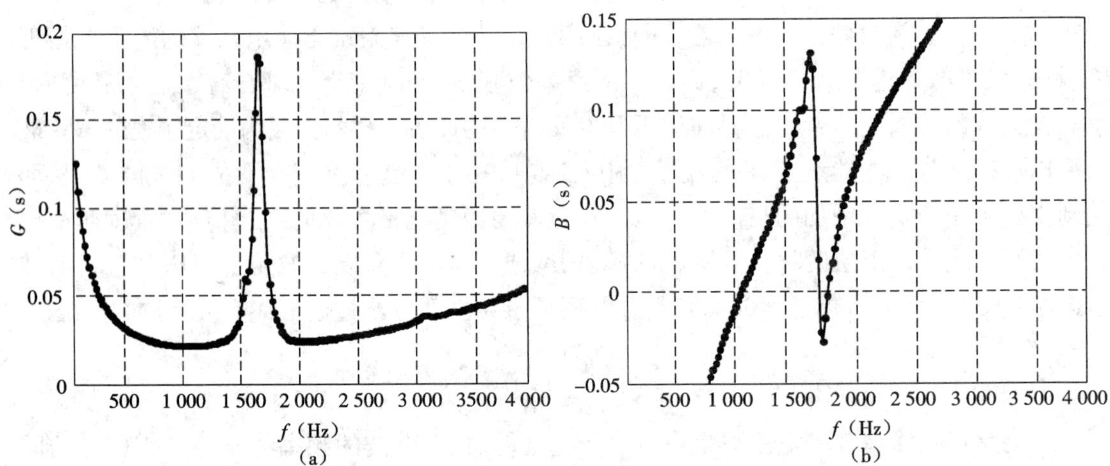

图 6－3 压电晶片制作的弯曲振动换能器的导纳实部和虚部测量结果

(a)导纳实部 (b)导纳虚部

第二节　宽带换能器设计

宽带换能器设计的根本任务是增加激发能量和频带宽度,但这两者是一对矛盾。换能器固有频率处的振动比较容易激发,电冲击时激发的振动能量比较大,但是这样激发的振动周期比较多,导致换能器的频带比较窄。如果采用偏离固有频率激发方法提高频带宽度,其振动是受迫振动,振动系统不容易起振,振动能量比较小。

一般情况下,换能器设计时,尽量在其固有频率附近激发,通过机械结构(后背衬等)增加振动系统的机械阻尼,以达到减小振动系统品质因素 Q 值的目的(Q 值对应于振动周期个数)。后背衬的设计目的之一是增加振动系统的阻尼。

1. 振动位移计算方法

这里仍然用一维模型对发射、接收换能器的振动系统进行研究。该模型适合换能器直径比较小、长度比较大或者圆柱径向的固有振动频率远离厚度方向的固有频率的情况。

换能器的设计还涉及匹配层,用传递矩阵或者用多层介质进行研究。采用相对坐标,每层的厚度为 $l_j(j=1,2,3,\cdots)$,每层的起始坐标为0,结束坐标为其厚度 l_j。这样,每层的位移和应力表达式中,起始点的坐标均为0。取时间的变化函数为简谐波 $e^{-i\omega t}$,这样,每层 j 内的位移表达式为

$$\xi_j = H_j e^{ik_j x} + G_j e^{-ik_j x}(j=1,2,3,\cdots) \tag{6-1}$$

应力表达式为

$$F_j = i\omega H_j Z_j e^{ik_j x} - i\omega G_j Z_j e^{-ik_j x}(j=1,2,3,\cdots) \tag{6-2}$$

第一层是空气(或者水),长度为无穷大,左边没有边界,只有 $x=0$ 这一个边界。因此,只有向外(图6-1中 x 的反方向)传播的声波(向左传播),其 $H_1=0$。

第一层与第二层之间的界面上($x=0$ 处),位移和应力连续得到关系式

$$G_1 = H_2 + G_2 \tag{6-3}$$

$$-Z_1 G_1 = Z_2 H_2 - Z_2 G_2 \tag{6-4}$$

第二层(后背衬)与第三层(压电晶片)之间的界面上($x=l_2$处),

$$H_2 e^{ik_2 l_2} + G_2 e^{-ik_2 l_2} = H_3 + G_3 \tag{6-5}$$

$$Z_2 H_2 e^{ik_2 l_2} - Z_2 G_2 e^{-ik_2 l_2} = Z_3 H_3 - Z_3 G_3 \tag{6-6}$$

第三层(压电晶片)与第四层(匹配层)之间的界面上($x=l_3$处),

$$H_3 e^{ik_3 l_3} + G_3 e^{-ik_3 l_3} = H_4 + G_4 \tag{6-7}$$

$$Z_3 H_3 e^{ik_3 l_3} - Z_3 G_3 e^{-ik_3 l_3} = Z_4 H_4 - Z_4 G_4 \tag{6-8}$$

第四层(匹配层)与第五层(待测介质)之间的界面上($x=l_4$处),

$$H_4 e^{ik_4 l_4} + G_4 e^{-ik_4 l_4} = H_5 \tag{6-9}$$

$$Z_4 H_4 e^{ik_4 l_4} - Z_4 G_4 e^{-ik_4 l_4} = Z_5 H_5 \tag{6-10}$$

即最后一层只有透射波 H_5。采用矩阵公式进行计算,将式(6-3)至(6-10)合并成矩阵表达式,有

$$
\begin{pmatrix}
1 & -1 & -1 & 0 & 0 & 0 & 0 & 0 \\
-Z_1 & -Z_2 & Z_2 & 0 & 0 & 0 & 0 & 0 \\
0 & e^{ik_2l_2} & e^{-ik_2l_2} & -1 & -1 & 0 & 0 & 0 \\
0 & Z_2e^{ik_2l_2} & -Z_2e^{-ik_2l_2} & -Z_3 & Z_3 & 0 & 0 & 0 \\
0 & 0 & 0 & e^{ik_3l_3} & e^{-ik_3l_3} & -1 & -1 & 0 \\
0 & 0 & 0 & Z_3e^{ik_3l_3} & -Z_3e^{-ik_3l_3} & -Z_4 & Z_4 & 0 \\
0 & 0 & 0 & 0 & 0 & e^{ik_4l_4} & e^{-ik_4l_4} & -1 \\
0 & 0 & 0 & 0 & 0 & Z_4e^{ik_4l_4} & -Z_4e^{-ik_4l_4} & -Z_5
\end{pmatrix}
\begin{pmatrix} G_1 \\ H_2 \\ G_2 \\ H_3 \\ G_3 \\ H_4 \\ G_4 \\ H_5 \end{pmatrix}
=
\begin{pmatrix} 0 \\ 0 \\ 1 \\ 0 \\ -1 \\ 0 \\ 0 \\ 0 \end{pmatrix}
$$

2. 压电晶片的模拟

对于压电晶片,除了将其作为一个固体层,与周围介质进行弹性相互作用(用边界条件模拟)外,它还有一个特征——产生位移,即压电晶片在电冲击下能够产生振动位移。该位移是振动的源,将沿着与压电晶片连接的介质传递出去,并在换能器的末端产生反射。对于发射换能器来讲,需要将压电晶片产生的这些振动位移传递到待测介质,换能器的末端(后背衬)应该尽量减少振动能量的辐射。这些通常靠换能器内部的材料及其几何尺寸完成。

在换能器振动特征的计算过程中,在压电晶片的两个边界上用位移分别为 1 和 -1(位移是矢量,x 的正方向定义为正)模拟压电晶片产生的振动。其物理意义是:在压电晶片的两端,因为电冲击产生的外力作用,压电晶片两端均产生向外的振动位移(不连续)。这样在矩阵右边的系数向量中,有两个因子不为0。

3. 振动位移计算程序

将换能器后端的空气或水作为一种介质,待测介质作为一种介质。这样,压电晶片产生的振动将沿两个方向传播,一个方向进入待测介质,另外一个方向在后端被反射到换能器内部。该反射的能量作为向右(待测介质)传播的振动能量的一部分,继续向右传播进入待测介质。这样,进入待测介质的振动能量会比较大,而透射到空气中的能量比较少。用透射到待测介质和换能器后端空气中的透射系数作为评价换能器设计的两个标准。输出这两个系数,并用这两个系数指导换能器的设计。

振动与声波传播的计算程序如下。

```
五种介质的参数
v1 =340；  %空气中的声速,单位:m/s
den1 =0.0001；  %空气的密度,单位:t/m³

v2 =5700；  %第二个介质钢中的声速,单位:m/s
den2 =10.8；  %第二个介质钢的密度,单位:t/m³
L2 =0.00358；  %钢的厚度,单位:m
```

```
v3 =3400;  %第三个介质压电晶片中的声速,单位:m/s
den3 =5.6;  %第三个介质压电晶片的密度,单位:t/m³
L3 =0.005;  %压电晶片的厚度,单位:m

v4 =5000;  %第四个介质匹配层铝中的声速,单位:m/s
den4 =2.8;  %第四个介质匹配层的密度,单位:t/m³
L4 =0.004;  %匹配层的厚度,单位:m

v5 =3700;  %第五个介质待测介质中的声速,单位:m/s
den5 =4.8;  %第五个介质待测介质的密度,单位:t/m³
%%%%%%%%%%%%%%%%%%%%%%%%%%%%%%%%%%%
%计算频谱
df =500;  %单位:Hz
f0 =0;  %单位:Hz
A =1;
m = zeros(8,8);

for ii =1:4000
  f(1,ii) =df * ii + f0;  %计算时的频率
k1 =2 * pi * f(1,ii)/v1;  %波数1:k1
k2 =2 * pi * f(1,ii)/v2;  %波数1:k2
k3 =2 * pi * f(1,ii)/v3;  %波数1:k3
k4 =2 * pi * f(1,ii)/v4;  %波数1:k2
k5 =2 * pi * f(1,ii)/v5;  %波数1:k3

Z1 = den1 * v1;  %波阻抗1
Z2 = den2 * v2;  %波阻抗2
Z3 = den3 * v3;  %波阻抗3
Z4 = den4 * v4;  %波阻抗4
Z5 = den5 * v5;  %波阻抗5
m(1,1) =1;m(1,2) = -1;m(1,3) = -1;  %第一层空气与第二层后背衬的位移相等
m(2,1) = -Z1;m(2,2) = -Z2;m(2,3) =Z2;  %第一层空气与第二层后背衬的应力相等
m(3,2) = exp(i * k2 * L2);m(3,3) = exp( -i * k2 * L2);m(3,4) = -1;m(3,5) = -1;  %第二层后背衬与第三层压电晶片的位移相等
m(4,2) =Z2 * exp(i * k2 * L2);m(4,3) = -Z2 * exp( -i * k2 * L2);m(4,4) = -Z3;
```

```
m(4,5) = Z3;  %第二层后背衬与第三层压电晶片的应力相等
    m(5,4) = exp(i * k3 * L3); m(5,5) = exp( - i * k3 * L3); m(5,6) = -1; m(5,7) = 
-1;  %第三层压电晶片与第四层耦合片的位移相等
    m(6,4) = Z3 * exp(i * k3 * L3); m(6,5) = - Z3 * exp( - i * k3 * L3); m(6,6) = - Z4; 
m(6,7) = Z4;  %第三层压电晶片与第四层耦合片的应力相等
    m(7,6) = exp(i * k4 * L4); m(7,7) = exp( - i * k4 * L4); m(7,8) = -1;  %第四层
耦合层与第四层待测介质的位移相等
    m(8,6) = Z4 * exp(i * k4 * L4); m(8,7) = - Z4 * exp( - i * k4 * L4); m(8,8) = - Z5; 
 %第四层耦合层与第四层待测介质的应力相等
    B = [0;0;1;0; -1;0;0;0];  %在压电晶片两侧的位移方向相反,大小相等
    CC = inv(m) * B;
    E(1,ii) = CC(1);  %后背衬的透射系数
    C(1,ii) = CC(8);  %进入待测介质的透射系数
    end
    figure(99); hold on; dd = plot(f/1000, abs(E), 'k'); set(dd, 'linewidth', 3); hold on
    dd = plot(f/1000, abs(C), 'b'); set(dd, 'linewidth', 3)
```

4. 计算结果

根据上述程序中所给出的物理参数和几何参数,计算的结果如图 6-4 所示。其中,实线是换能器后端空气介质的透射系数,虚线是进入到待测介质的透射系数。在频率为 260 ~670 kHz 的区间内,进入到待测介质的系数远远大于透射到空气中的系数。这说明:对于程序所示的材料和几何尺寸来讲,这个频率段激发的振动能量能够很好地进入待测介质。

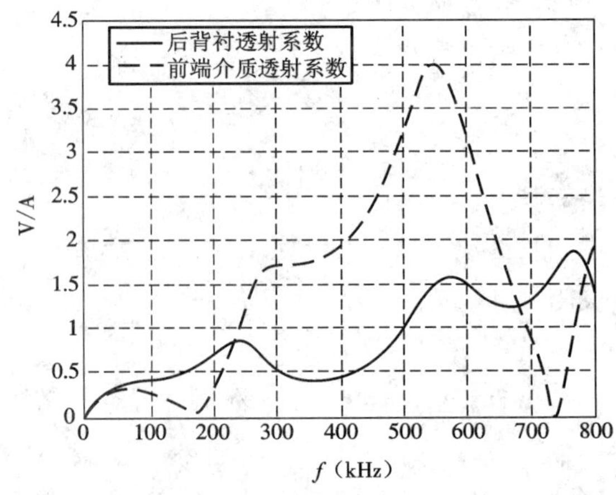

图 6-4 宽带换能器设计结果

在上述计算过程中,系数矩阵行列式随频率的变化如图 6-5 所示。在所计算的频率段内,没有出现 0 点,即该振动系统没有通常意义上的谐振。这是因为,本系统中待测介质是无限大的,模型中该层的长度为无穷大。

从图 6-4 和图 6-5 上可以看出：在系数行列式取极大值的位置，透射系数均比较小，在系数行列式取极小值的位置，透射系数均比较大，也出现峰值。在这些频率，换能器激发的振动最容易进入到待测介质。

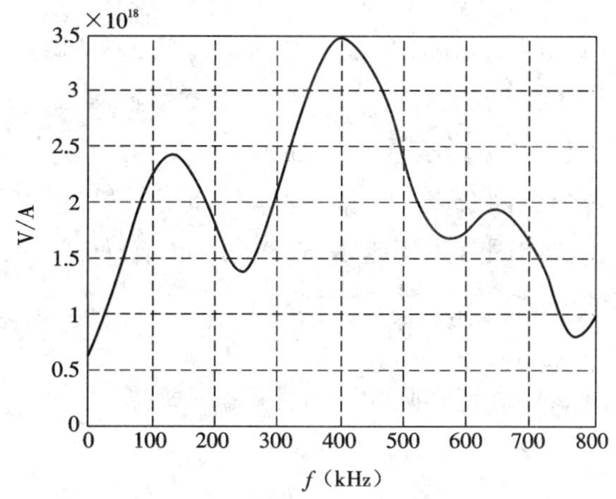

图 6-5　上述程序中系数矩阵行列式的值随频率的变化

第三节　固有频率与声传播

前六章研究了一维振动系统的固有频率在声波传播和宽带换能器中的应用。固有频率处的广义反射系数和透射系数具有极值，峰值比较大，对反射波和透射波形状影响大，是构成反射波和透射波的主要频率成分。在频率域内观察反射波和透射波，其分辨率与时域不一样。在时域容易分辨或分开时，在频率域重叠在一起；而在频率域容易分辨或分开时，在时间域则重叠在一起。前六章主要从频率域讨论了声波传播的计算及其结果，其中固有频率在响应计算中起着重要作用，或者说，时域波形的响应完全是固有频率处响应的叠加。这样，研究被测介质的反射波和透射波，必须首先研究被测介质的固有频率，分析固有频率处的响应。

大学物理和普通声学以及地震勘探教科书中都比较详细地介绍了时间域内声波在垂直界面上的反射和透射（还有倾斜界面的反射和透射或者斜入射波），给出了反射系数和透射系数表达式，但没有对具体的波形进行计算或者用激发波形的频谱进行计算。当涉及有限长介质的波形计算时，必须考虑其频谱变化，这时待测介质的固有频率便会起作用，影响接收波形的频谱，并进一步影响接收波形的形状。

当声波在两个无穷大介质内传播时，其频谱是连续的，没有固有频率，可以用教科书中的反射系数和透射系数计算公式。但是，当有两个或两个以上界面时，固体介质有了尺寸，其振动系统具有确定的频谱，对波形形状会产生影响；当界面两侧介质的波阻抗相差很大时，有限长介质内部因反射波很强便出现了固有频率，这时反射系数和透射系数在固有频率处变化剧烈，构成反射波和透射波的主要成分，反射波和透射波频谱与激发波形频谱差异明显，相应地反射波和透射波形状与激发波形也有比较大的差别。

例如,当有两个界面时(对应于有限长杆),如果界面两侧的波阻抗差别很大,声波在界面上反射比较强,从第二章的计算结果中发现:杆比较长(对应于层厚,厚度大于 40 mm)时,各个反射波和透射波在时间域上能够清楚地分辨(图 3-14),这时对应的频谱中有 8 个固有频率的峰值(图 3-9)。当杆的长度只有 16 mm 时,从其反射波和透射波波形(图 3-16)中仍然能够看出不同时刻到的波(最大峰值位置),这时其频谱中有 3 个固有频率峰值(图 3-8)。当探头所在的频谱中只有 1 个固有频率的峰时,波形在时间域上没有了到达时刻的差异,不同的反射波或透射波完全叠加在了一起,形成了共振。

当探头的频谱中有两个或两个以上的固有频率峰时,所得到的反射波和透射波在时间域上能够区分。探头所包含的固有频率越多,在时间域上各个反射波越能够区分开。

第四节　压电晶片导纳圆测量实验

用导纳圆对各种压电晶片进行实际测量,可获得压电晶片的导纳实部和虚部随频率变化曲线以及导纳圆。

1. 测量方法

用导纳圆仪器对不同规格的压电晶片进行测量。测量前,首先测量压电晶片的几何尺寸(厚度和半径)。用电容表测量压电晶片的静态电容。然后根据所测量的厚度和电容计算材料的固有频率(弹性参数查理论值)和介电常数。根据所计算的固有频率设置测量频率的范围,对其进行测量,以获得具体的固有频率和导纳值。

2. 测量结果整理

(1)验证静态电容的测量结果。从导纳圆上获得圆心坐标,其纵坐标为 $j\omega C_0$,其频率为导纳取极大值时的频率。

(2)根据 R-L-C 串联电路的导纳计算公式,从所测量的曲线上获得动态电容和动态电感参数。

(3)根据导纳圆的直径确定等效电阻。

(4)用指数函数激励 $e^{i\omega t}$ 的二阶常系数微分方程的解描述导纳圆,写出对该类解的理解和收获。

用导纳圆测量压电晶片导纳的实部和虚部,从所测量的导纳实部和虚部曲线上完成以下研究内容。

3. 压电晶片振动固有频率的测量

从所测量的导纳圆个数和导纳实部的极大值位置确定导纳的固有频率。在该频率处,电流最容易加到压电晶片上,电响应以该频率为主频。由于压电晶片位移随所加电压改变,振动的响应与电响应相同。

4. 电路响应

用导纳圆测量的压电晶片导纳曲线有峰值变化,这些变化用二阶电路可以拟合,反映了二阶电路的响应特征。二阶电路参数在不同的谐振频率处有不同的值,确定这些电路参数,并用二阶常微分方程的解对测量结果进行拟合。

5. 将压电晶片粘接到有限长杆上测量导纳圆

压电晶片与有限长杆一起振动，其振动形态受杆的影响。

思考题

1. 导纳圆测量的导纳的峰值位置与振动固有频率之间有什么关系？
2. 递推矩阵是否有逆矩阵？
3. 本章的相对坐标与前面的绝对坐标计算结果是否一致？
4. 换能器与待测介质如何匹配？

第七章 变截面变幅杆和工具头设计

本章开始介绍振动系统固有频率的另外一大类应用。

前六章所研究的一维模型中，其截面积通常不予考虑。本章研究截面积改变时，固体中位移和应力的变化。这个模型对应于实际应用中的变幅杆和工具头。变幅杆的作用是通过改变截面积，将振动位移进行放大或缩小，工具头的作用是通过改变截面积，将工具头中的振动位移改变方向、振动能量辐射到液体中。

本章的激励波形是正弦波，单个频率。与检测的激发波形（单个脉冲）完全相反。探头提供的是超声功率，即高频振动产生的巨大加速度，在液体或固体内部形成一个特定的非惯性环境，将振动的机械能量传递给介质，对介质进行处理，使其内部结构发生改变，实现其物理化学性质的变化。

超声应用分为检测超声和功率超声两大类。前六章讨论的是检测超声范畴。检测超声通过测量到的波形认识待测介质的几何形状或物理参数。功率超声是用振动能量实现对介质物理化学性质的改变。

第一节 变截面模型和实物

图 7－1 是两种实际使用的功率超声换能器结构。其中深色部分是压电晶片，压电晶片附近的部分与压电晶片一起构成振子，产生振动，该振动通过界面传递给变幅杆。变幅杆的截面积随位置改变，其作用是将振子产生的振动位移放大或者缩小，放大或缩小以后的位移从最左边的端面辐射出去。图 7－2 和图 7－3 上有两级变幅杆，两次将振动位移放大之后，将振动能量传递到最外面的工具头上，由工具头向液体辐射。

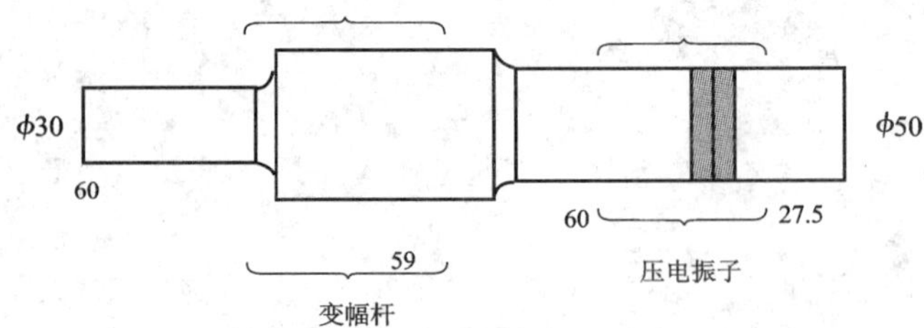

图 7－1 细胞粉碎等使用的功率超声振子和变幅杆

图 7－4 所示为目前新出现的几种变截面变幅杆（或工具头）。两端是截面积不变的圆柱体，中间是截面积不变的圆柱体，有两个变截面将这三个圆柱体连接在一起，构成一个变截面变幅杆，其作用是将一端的振动位移进行放大。图 7－1 至图 7－3 所示变幅杆的研究已经比较成熟，本章主要研究图 7－4 中的哑铃型变幅杆的计算方法和有关计算结果。

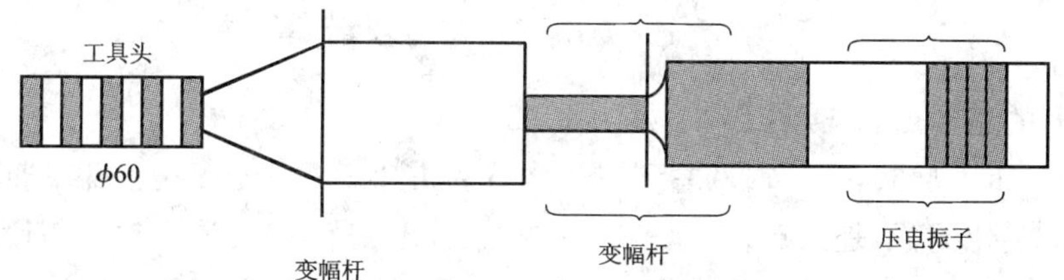

图 7－2　超声化学等使用的功率超声振子、变幅杆和工具头

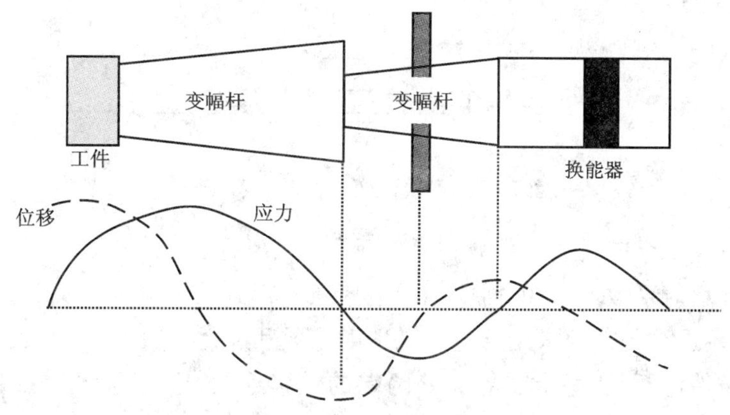

图 7－3　多级变幅杆与振子

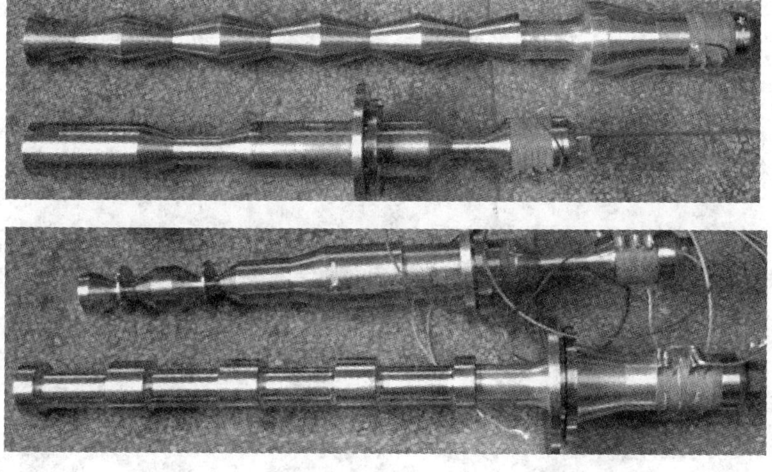

图 7－4　目前常用的几种振子、变幅杆以及工具头

第二节 变截面振动的计算方法

1. 变截面的基本形状与参数

图 7 – 5 所示模型共有五节，从左到右依次分为 1、2、3、4、5 五部分。第 2 部分和第 4 部分的截面积是变化的，不是常数；其他三部分的截面积保持不变，为常数。假设第 1 部分和第 2 部分交界面处的面积为 S_1，直径为 D_1，第 2 部分和第 3 部分交界面处的面积为 S_2，直径为 D_2，第 4 部分和第 5 部分的交界面处的面积为 S_3，直径为 D_3。这五部分选用同一材料。

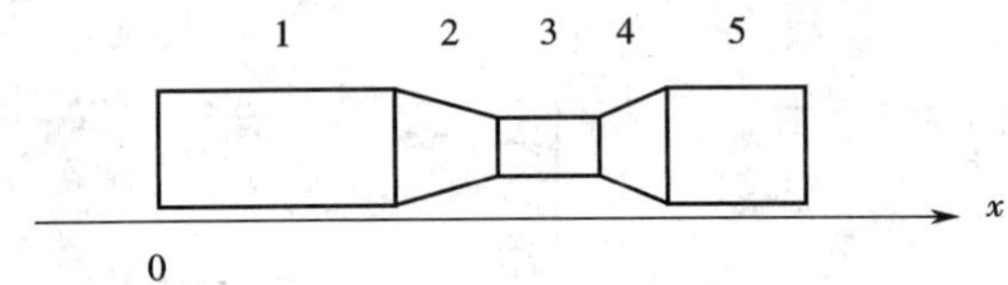

图 7 – 5 变截面变幅杆模型示意图

每一部分对应一个广义透射系数和反射系数 A_1、B_1，A_2、B_2，A_3、B_3，A_4、B_4，A_5、B_5。这些广义透射系数和反射系数均未知，需要利用边界条件得到关于这些广义透射系数和反射系数的方程组，利用边界的振源求出这些广义透射系数和反射系数。

这些边界条件包括：在每个交界面处两端的位移连续，应力连续。在变幅杆的两端应力为零。在图 7 – 5 中有四个交界面，分别是 1 与 2、2 与 3、3 与 4、4 与 5，它们构成 8 个代数方程。两端应力为零构成两个代数方程，共有 10 个方程，用这 10 个方程可以求解 10 个未知的广义反射系数和透射系数。

建立坐标系，工具头在 x 轴的分布如图 7 – 5 所示，第 1 部分的左端在 x 轴上的坐标为 0，第 1 部分的长度为 L_1，第 2 部分到第 5 部分的长度分别为 L_2，L_3，L_4，L_5。

2. 求解过程

求解过程分两步：第一步求解整个振动系统的固有频率，第二步求解各部分的位移和应力分布。

1）求固有频率

用上述六个边界的 10 个边界条件得到 10 个代数方程，用这 10 个方程的系数矩阵行列式为零求得该变幅杆的固有频率。具体求解过程见本章第三节。

2）求位移和应力

假设变幅杆的两端中，左端的位移为已知，设其为 1，代入到第一个介质的位移表达式中可得：

$$A_1\cos(k\cdot 0)+B_1\sin(k\cdot 0)=1$$

这时矩阵方程的最右端系数向量便不全为 0，可以得到每个层内的广义反射系数和透射系数，并进一步得到每个层内的位移和应力分布。

3. 变截面的描述方法

变截面是通过以下变系数微分方程得到的：

$$\frac{\partial\left(SE\frac{\partial\xi}{\partial x}\right)}{\partial x}=S\rho\frac{\partial^2\xi}{\partial t^2} \tag{7-1}$$

$$\frac{\partial^2\xi}{\partial x^2}+\frac{1}{S}\frac{\partial S\partial\xi}{\partial x\partial x}+k^2\xi=0 \tag{7-2}$$

其中,变量截面积 S 或者直径 D 随 x 变化,在 3 种情况下,上述方程有解析解。令 $K^2=k^2-S^{-\frac{1}{2}}\frac{\partial^2(S^{\frac{1}{2}})}{\partial x^2}$,$y=S^{-\frac{1}{2}}\xi$,则式(7-2)可以化简为方程$\frac{\partial^2 y}{\partial x^2}+K^2y=0$,该方程有简谐解

$$\xi=\frac{1}{\sqrt{S}}[A\sin(Kx)+B\cos(Kx)]$$

其中,A、B 为待定常数。若令 $S^{-\frac{1}{2}}\frac{\partial^2(S^{\frac{1}{2}})}{\partial x^2}=\tau$,并且 τ 为常数,则 K^2 为正常数的条件为 $\tau<k^2$。当 $\tau<0$ 时,$S^{\frac{1}{2}}=C\sin(\sqrt{-\tau}x)+D\cos(\sqrt{\tau}x)$,其中,$C$、$D$ 为待定常数,这时的棒称为三角形变幅杆;当 $\tau=0$ 时,$S^{\frac{1}{2}}=Cx+D$,棒为锥形变幅杆;当 $\tau>0$ 时,$S^{\frac{1}{2}}=C\mathrm{sh}\sqrt{\tau}x+D\mathrm{ch}\sqrt{\tau}x$,当 C 等于 0 时,为悬链线形变幅杆,当 $C=D$ 或者 $C=-D$ 时,则 $S^{\frac{1}{2}}=ce^{\sqrt{\tau}x}$或 $S^{\frac{1}{2}}=ce^{-\sqrt{\tau}x}$为指数变幅杆。

1)圆锥形变截面

设变截面部分 2 在位置 x 处的截面积为 S,直径为 D,则有 $S=S_1[1-\alpha(x-L_1)]^2$,$D=D_1[1-\alpha(x-L_1)]$,在变截面部分的末端有 $S_2=S_1(1-\alpha L_2)^2$,故 $D_2=D_1(1-\alpha L_2)$,解得

$$\alpha=\frac{1-D_2/D_1}{L_2} \tag{7-3}$$

林仲茂(《超声变幅杆的原理与设计》)给出了变截面(第二层介质)的位移表达式

$$\xi=\frac{1}{x-L_1-\frac{1}{\alpha}}[A\cos k(x-L_1)+B\sin k(x-L_1)] \tag{7-4}$$

其中,$\frac{1}{x-L_1-\frac{1}{\alpha}}$为幅度变化部分($x>L_1$),因为有了 $-\frac{1}{\alpha}$这一项,幅度变化部分随着 x 的增加而减小。

注意:该幅度变化部分有符号,当分母小于零时,随着 x 的增加,该函数的绝对值增加;当分母大于零时,随着 x 的增加,该函数减小。在本应用中,因为$\frac{1}{\alpha}=L_2+\frac{D_2}{D_1-D_2}L_2$,$x-L_1-\frac{1}{\alpha}=x-L_1-L_2-\frac{D_2}{D_1-D_2}L_2$,而 $x-L_1<L_2$,所以分母永远小于 0。这样,随着 x 的增加,该函数值的绝对值将增加,最终起到了幅度放大的作用。

计算各部分的应力时,因为五部分均采用同一材质,其弹性系数相同,在边界条件满足时,两端均有相同的弹性模量 E,约去该因子,只剩下位移对 x 的导数,则应力为

$$\frac{\partial\xi}{\partial x}=\left[-\frac{1}{\left(x-L_1-\frac{1}{\alpha}\right)^2}\cos k(x-L_1)-\frac{k}{\left(x-L_1-\frac{1}{\alpha}\right)}\sin k(x-L_1)\right]A$$

$$+\left[-\frac{1}{(x-L_1-\frac{1}{\alpha})^2}\sin k(x-L_1)+\frac{k}{x-L_1-\frac{1}{\alpha}}\cos k(x-L_1)\right]B \qquad (7-5)$$

在 $x=L_1$ 位置处，位移为

$$\xi\big|_{x=L_1}=-\alpha A_2$$

应力为

$$\left.\frac{\partial\xi}{\partial x}\right|_{x=L_1}=-\alpha^2A_2-\alpha kB_2$$

在 $x=L_1+L_2$ 处，位移为

$$\xi\big|_{x=L_1+L_2}=\frac{1}{L_2-\frac{1}{\alpha}}\cos(kL_2)A_2+\frac{1}{L_2-\frac{1}{\alpha}}\sin(kL_2)B_2$$

应力为

$$\left.\frac{\partial\xi}{\partial x}\right|_{x=L_1+L_2}=\left[-\frac{1}{\left(L_2-\frac{1}{\alpha}\right)^2}\cos(kL_2)-\frac{k}{L_2-\frac{1}{\alpha}}\sin(kL_2)\right]A_2$$

$$+\left[-\frac{1}{\left(L_2-\frac{1}{\alpha}\right)^2}\sin(kL_2)+\frac{k}{L_2-\frac{1}{\alpha}}\cos(kL_2)\right]B_2$$

以上是变截面部分 2 的位移和应力表达式。

对于变截面部分 4，截面积和直径分别为

$$S=S_3\left[1-\alpha_2(x-L_1-L_2-L_3)\right]^2$$

$$D=D_3\left[1-\alpha_2(x-L_1-L_2-L_3)\right]$$

在变截面部分的末端 $S_4=S_3(1-\alpha_2L_4)^2$，故 $D_4=D_3(1-\alpha_2L_4)$ 解得，

$$\alpha_2=(1-\frac{D_4}{D_3})/L_4$$

计算变截面部分 4 两端的位移和应力。令 $L_p=L_1+L_2+L_3$，则其中位移表达式为

$$\xi=\frac{1}{x-L_p-\frac{1}{\alpha}}\left[A\cos k(x-L_p)+B\sin k(x-L_p)\right]$$

应力表达式为

$$\frac{\partial\xi}{\partial x}=\left[-\frac{1}{\left(x-L_p-\frac{1}{\alpha}\right)^2}\cos k(x-L_p)-\frac{k}{\left(x-L_p-\frac{1}{\alpha}\right)}\sin(x-L_p)\right]A$$

$$+\left[-\frac{1}{(x-L_p-\frac{1}{\alpha})^2}\sin k(x-L_p)+\frac{k}{x-L_p-\frac{1}{\alpha}}\cos k(x-L_p)\right]B$$

在 $x=L_1+L_2+L_3$ 处，位移为

$$\xi\big|_{x=L_1+L_2+L_3} = -\alpha_2 A_4$$

应力为

$$\frac{\partial\xi}{\partial x}\bigg|_{x=L_1+L_2+L_3} = -\alpha_2{}^2 A_4 + (-\alpha_2 k)B_4$$

在 $x = L_1 + L_2 + L_3 + L_4$ 处,位移为

$$\xi\big|_{x=L_1+L_2+L_3+L_4} = \frac{1}{L_4-\frac{1}{\alpha_2}}\cos(kL_4)A_4 + \frac{1}{L_4-\frac{1}{\alpha_2}}\sin(kL_4)B_4$$

应力为

$$\frac{\partial\xi}{\partial x}\bigg|_{x=L_1+L_2+L_3+L_4} = \left[-\frac{1}{\left(L_4-\frac{1}{\alpha_2}\right)^2}\cos(kL_4) - \frac{k}{L_4-\frac{1}{\alpha_2}}\sin(kL_4)\right]A_4 + \left[-\frac{1}{\left(L_4-\frac{1}{\alpha_2}\right)^2}\sin(kL_4) + \frac{k}{L_4-\frac{1}{\alpha_2}}\cos(kL_4)\right]B_4$$

2)指数形变截面

当变截面杆是指数型时,$\beta = \frac{1}{2L}\ln\left(\frac{S_1}{S_2}\right) = \frac{1}{L}\ln\left(\frac{D_1}{D_2}\right)$,位移 ξ 的表达式为

$$\xi = e^{\beta x}[A\cos(k'x) + B\sin(k'x)]$$

应力 F 表达式为

$$F = S\frac{\partial\xi}{\partial x} = Se^{\beta x}[\beta\cos(k'x) - k'\sin(k'x)]A + Se^{\beta x}[\beta\sin(k'x) + e^{\beta x}k'\cos(k'x)]B$$

其中,$k' = \sqrt{\left(\frac{\omega}{v}\right)^2 - \beta^2}$,$v$ 是纵波波速。

对于第 2 部分:

$$\xi_2\big|_{L_1} = A_2$$

$$F_2\big|_{L_1} = \beta A_2 + k'B_2$$

$$\xi_2\big|_{L_1+L_2} = e^{\beta L_2}\cos(k'L_2)A_2 + e^{\beta L_2}\sin(k'L_2)B_2$$

$$F_2\big|_{L_1+L_2} = e^{\beta L_2}[\beta\cos(k'L_2) - k'\sin(k'L_2)]A + e^{\beta L_2}[\beta\sin(k'L_2) + k'\cos(k'L_2)]B$$

对于第 4 部分:

$$\beta_2 = \frac{1}{2L}\ln\left(\frac{S_3}{S_4}\right) = \frac{1}{L}\ln\left(\frac{D_3}{D_4}\right)$$

$$\xi_4\big|_{x=L_1+L_2+L_3} = e^{\beta_2 0}[A_4\cos(k'\cdot 0) + B_4\sin(k'\cdot 0)] = A_4$$

$$F_4\big|_{x=L_1+L_2+L_3} = \beta_2 A_4 + B_4 k'$$

$$\xi_4\big|_{x=L_1+L_2+L_3+L4} = e^{\beta L_4}[A_4\cos(k'L_4) + B_4\sin(k'L_4)]$$

$$F_4\big|_{x=L_1+L_2+L_3+L4} = e^{\beta L_4}[\beta_2\cos(k'L_4) - k'\sin(k'L_4)]A_4 + e^{\beta_2 L_4}[\beta_2\sin(k'L_4) + k'\cos(k'L_4)]B_4$$

4. 系数矩阵单元

系数矩阵共有 10 行 10 列,第一行对应于第一层左端的应力,第二行对应于第一层与第

二层交界的位移,第三行对应第一层与第二层交界的应力,第四行对应第二层与第三层交界的位移,第五行对应第二层与第三层交界的应力,第六行对应第三层与第四层交界的位移,第七行对应第三层与第四层交界的应力,第八行对应第四层与第五层交界的位移,第九行对应第四层与第五层交界的应力,第十行对应第五层右端的应力。第一列到第十列分别对应广义反射系数和透射系数:A_1、B_1、A_2、B_2、A_3、B_3、A_4、B_4、A_5、B_5。

1)第一层左端应力为零

$$\xi_1 = A_1\cos(k_1x) + B_1\sin(k_1x)$$

$$\frac{\partial\xi_1}{\partial x} = -k_1A_1\sin(k_1x) + k_1B_1\sin(k_1x)$$

将第一层的 x 坐标 $x=0$ 代入上两式得到第一层左边界的位移和应力分别为

$$\xi_1\big|_{x=0} = A_1\cos(k_1\cdot 0) + B_1\sin(k_1\cdot 0)$$

$$\left.\frac{\partial\xi_1}{\partial x}\right|_{x=0} = -k_1\sin(k_1\cdot 0)A_1 + k_1\cos(k_1\cdot 0)B_1$$

由位移的表达式得到系数 $m_{11}=1$;由边界条件$\left(\left.\frac{\partial\xi_1}{\partial x}\right|_{x=0}=0\right)$可以得到系数 $B_1=0$,A_1待定。

2)第一层与第二层交界的位移

在第一层与第二层的交界面上,第一层的位移表达式为

$$\xi_1 = A_1\cos(k_1x) + B_1\sin(k_1x)$$

将第一层右边的 $x=L_1$代入得到边界上的位移

$$\xi_1\big|_{x=L_1} = A_1\cos(k_1L_1) + B_1\sin(k_1L_1)$$

第二层(变截面)的位移表达为

$$\xi_2 = \frac{1}{x-L_1-\frac{1}{\alpha_1}}\left[A_2\cos k_2(x-L_1) + B_2\sin k_2(x-L_1)\right]$$

将 $x=L_1$代入得到界面处的位移

$$\xi_2\big|_{x=L_1} = -\alpha_1A_2 + 0B_2$$

由界面 $x=L_1$两端(第一层和第二层)的位移相等得到等式

$$\xi_1\big|_{L_1} = A_1\cos(k_1L_1) + B_1\sin(k_1L_1) = -\alpha_1A_2 = \xi_2\big|_{x=L_1}$$

由该等式得到系数矩阵的元素 m_{21}、m_{22}和 m_{23}:

$$m_{21} = \cos(k_1L_1)$$

$$m_{22} = \sin(k_1L_1)$$

$$m_{23} = \alpha_1$$

3)第一层与第二层交界的应力

第一层与第二层交界的应力分别为

$$\frac{\partial\xi_1}{\partial x} = -k_1A_1\sin(k_1x) + k_1B_1\cos(k_1x)$$

$$\frac{\partial\xi_2}{\partial x} = \left[-\frac{1}{\left(x-L_1-\frac{1}{\alpha_1}\right)^2}\cos(k_2x) - \frac{k_2}{x-L_1-\frac{1}{\alpha_1}}\sin(k_2x)\right]A_2$$

$$+\left[-\frac{1}{\left(x-L_1-\frac{1}{\alpha}\right)^2}\sin(k_2x)+\frac{k}{x-L_1-\frac{1}{\alpha}}\cos(k_2x)\right]B_2$$

将界面的坐标 $x=L_1$ 代入上述表达式,得到第一层的应力

$$\left.\frac{\partial\xi_1}{\partial x}\right|_{x=L_1}=-k_1A_1\sin(k_1L_1)+k_1B_1\cos(k_1L_1)$$

第二层的应力

$$\left.\frac{\partial\xi_2}{\partial x}\right|_{x=L_1}=-\alpha_1^2A_2-\alpha k_2B_2$$

界面 $x=L_1$ 两端的应力相等,得到等式

$$\left.\frac{\partial\xi_1}{\partial x}\right|_{x=L_1}=-k_1A_1\sin(k_1L_1)+k_1B_1\cos(k_1L_1)=\left.\frac{\partial\xi_2}{\partial x}\right|_{x=L_1}=-\alpha^2A_2-\alpha kB_2$$

由该等式得到系数矩阵的元素

$$m_{31}=-k_1\sin(k_1L_1)$$

$$m_{32}=k_1\cos(k_1L_1)$$

$$m_{33}=\alpha_1^2$$

$$m_{34}=\alpha_1k_2$$

4)第二层与第三层交界的位移

第二层与第三层交界面处 $x=L_1+L_2$,第二层的变截面到了终点,其位移为

$$\xi_2\,|_{x=L_1+L_2}=\frac{1}{L_2-\frac{1}{\alpha_1}}A_2\cos(k_2L_2)+\frac{1}{L_2-\frac{1}{\alpha_1}}B_2\sin(k_2L_2)$$

第三层是等截面,其位移表达式为

$$\xi_3=A_3\cos[k_3(x-L_1-L_2)]+B_3\sin[k_3(x-L_1-L_2)]$$

将第二层与第三层交界面处的 $x=L_1+L_2$ 代入,得到位移表达式

$$\xi_3\,|_{x=L_1+L_2}=A_3$$

由第二层与第三层交界面处 $x=L_1+L_2$ 的位移相等得到等式

$$\xi_2\,|_{x=L_1+L_2}=\frac{1}{L_2-\frac{1}{\alpha_1}}A_2\cos(k_2L_2)+\frac{1}{L_2-\frac{1}{\alpha_1}}B_2\sin(k_2L_2)=\xi_3\,|_{x=L_1+L_2}=A_3$$

由该等式得到系数矩阵的元素

$$m_{43}=\frac{1}{L_2-\frac{1}{\alpha_1}}\cos(k_2L_2)$$

$$m_{44}=\frac{1}{L_2-\frac{1}{\alpha_1}}\sin(k_2L_2)$$

$$m_{45}=-1$$

5)第二层与第三层交界的应力

第二层与第三层交界面处 $x=L_1+L_2$,第二层的变截面到了终点,其应力为

$$\left.\frac{\partial \xi_2}{\partial x}\right|_{x=L_1+L_2}=\left[-\frac{1}{\left(L_2-\frac{1}{\alpha_1}\right)^2}\cos(k_2L_2)-\frac{k_2}{L_2-\frac{1}{\alpha_1}}\sin(k_2L_2)\right]A_2$$

$$+\left[-\frac{1}{\left(L_2-\frac{1}{\alpha_1}\right)^2}\sin(k_2L_2)+\frac{k_2}{L_2-\frac{1}{\alpha_1}}\cos(k_2L_2)\right]B_2$$

第三层是等截面,其应力表达式为

$$\frac{\partial \xi_3}{\partial x}=-A_3k_3\sin[k_3(x-L_1-L_2)]+B_3k_3\cos[k_3(x-L_1-L_2)]$$

在第二层与第三层交界面处 $x=L_1+L_2$,其应力

$$\left.\frac{\partial \xi_3}{\partial x}\right|_{x=L_1+L_2}=B_3k_3$$

由交界面处应力相等得到等式

$$\left[-\frac{1}{\left(L_2-\frac{1}{\alpha_1}\right)^2}\cos(k_2L_2)-\frac{k_2}{L_2-\frac{1}{\alpha_1}}\sin(k_2L_2)\right]A_2+\left[-\frac{1}{\left(L_2-\frac{1}{\alpha_1}\right)^2}\sin(k_2L_2)+\frac{k_2}{L_2-\frac{1}{\alpha_1}}\cos(k_2L_2)\right]B_2$$

$$=B_3k_3$$

由该等式得到系数矩阵的元素

$$m_{53}=-\frac{1}{\left(L_2-\frac{1}{\alpha_1}\right)^2}\cos(k_2L_2)-\frac{k_2}{L_2-\frac{1}{\alpha_1}}\sin(k_2L_2)$$

$$m_{54}=-\frac{1}{\left(L_2-\frac{1}{\alpha_1}\right)^2}\sin(k_2L_2)+\frac{k_2}{L_2-\frac{1}{\alpha_1}}\cos(k_2L_2)$$

$$m_{56}=-k_3$$

6)第三层与第四层交界的位移

第三层是等截面圆柱,在第三层与第四层的交界面处 $x=L_1+L_2+L_3$,其位移为

$$\xi_3|_{x=L_1+L_2+L_3}=A_3\cos(k_3L_3)+B_3\sin(k_3L_3)$$

第四层是变截面,其位移表达式为

$$\xi_4=\frac{1}{x-L_1-L_2-L_3-\frac{1}{\alpha_2}}\{A_4\cos[k_4(x-L_1-L_2-L_3)]+B_4\sin[k_A(x-L_1-L_2-L_3)]\}$$

在第三层与第四层的交界面处 $x=L_1+L_2+L_3$,其位移为

$$\xi_4|_{x=L_1+L_2+L_3}=-\alpha_2A_4$$

由第三层和第四层交界面处($x=L_1+L_2+L_3$)的位移相等得到等式:

$$A_3\cos(k_3L_3)+B_3\sin(k_3L_3)=-\alpha_2A_4$$

由该等式得到系数矩阵的元素

$$m_{65}=\cos(k_3L_3)$$

$$m_{66}=\sin(k_3L_3)$$

$m_{67}=\alpha_2$

7）第三层与第四层交界的应力

在第三层结束位置 $x=L_1+L_2+L_3$，其应力为

$$\left.\frac{\partial\xi_3}{\partial x}\right|_{x=L_q}=-A_3k_3\sin(k_3L_3)+B_3k_3\cos(k_3L_3)$$

第四层的 x 坐标从 $L_1+L_2+L_3$ 开始，令 $L_q=L_1+L_2+L_3$，则有第四层的应力表达式

$$\frac{\partial\xi_4}{\partial x}=\left[-\frac{1}{\left(x-L_q-\frac{1}{\alpha_2}\right)^2}\cos(k_4x)-\frac{k_4}{x-L_q-\frac{1}{\alpha_2}}\sin(k_4x)\right]A_4+\left[-\frac{1}{\left(x-L_q-\frac{1}{\alpha_2}\right)^2}\sin(k_4x)+\frac{k_4}{x-L_q-\frac{1}{\alpha_2}}\cos(k_4x)\right]B_4$$

将第三层和第四层交界面处的坐标 $x=L_1+L_2+L_3$ 代入得到：

$$\left.\frac{\partial\xi_4}{\partial x}\right|_{x=L_q}=-{\alpha_2}^2A_4+(-\alpha_2k_4)B_4$$

由第三层和第四层交界面处的应力相等得到等式

$$\left.\frac{\partial\xi_3}{\partial x}\right|_{x=L_q}=-A_3k_3\sin(k_3L_3)+B_3k_3\cos(k_3L_3)=\left.\frac{\partial\xi_4}{\partial x}\right|_{x=L_q}=-\alpha_2^2A_4+(-\alpha_2k_4)B_4$$

由该等式得到系数矩阵的元素

$m_{75}=-k_3\sin(k_3L_3)$

$m_{76}=k_3\cos(k_3L_3)$

$m_{77}={\alpha_2}^2$

$m_{78}=\alpha_2k_4$

8）第四层与第五层交界的位移

第四层是变截面介质，在其结束位置 $x=L_1+L_2+L_3+L_4$ 与第五层连接，其位移为

$$\xi_4\big|_{x=L_q+L_4}=\frac{1}{L_4-\frac{1}{\alpha_2}}A_4\cos(k_4L_4)+\frac{1}{L_4-\frac{1}{\alpha_2}}B_4\sin(k_4L_4)$$

第五层是等截面介质，其位移表达式为

$$\xi_5=A_5\cos[k_5(x-L_q-L_4)]+B_5\sin[k_5(x-L_q-L_4)]$$

将其与第四层的交界面坐标 $x=L_1+L_2+L_3+L_4$ 代入得到

$$\xi_5\big|_{x=L_q+L_4}=A_5$$

由第四层与第五层交界面的位移相等

$$\xi_4\big|_{x=L_1+L_2+L_3+L_4}=\xi_5\big|_{x=L_1+L_2+L_3+L_4}$$

得到等式

$$\frac{1}{L_4-\frac{1}{\alpha_2}}A_4\cos(k_4L_4)+\frac{1}{L_4-\frac{1}{\alpha_2}}B_4\sin(k_4L_4)=A_5$$

由该等式得到系数矩阵的元素

$$m_{87}=\frac{1}{L_4-\frac{1}{\alpha_2}}\cos(k_4L_4)$$

$$m_{88}=\frac{1}{L_4-\frac{1}{\alpha_2}}\sin(k_4L_4)$$

$$m_{89}=-1$$

9）第四层与第五层交界的应力

变截面的第四层结束位置 $x=L_1+L_2+L_3+L_4$ 与第五层连接，此处第四层的应力为

$$\left.\frac{\partial\xi_4}{\partial x}\right|_{x=L_q+L_4}=\left[-\frac{1}{\left(L_4-\frac{1}{\alpha_2}\right)^2}\cos(k_4L_4)-\frac{k_4}{L_4-\frac{1}{\alpha_2}}\sin(k_4L_4)\right]A_4+\left[-\frac{1}{\left(L_4-\frac{1}{\alpha_2}\right)^2}\sin(k_4L_4)+\frac{k_4}{L_4-\frac{1}{\alpha_2}}\cos(k_4L_4)\right]B_4$$

第五层是等截面介质，其应力表达式为

$$\frac{\partial\xi_5}{\partial x}=-A_5k_5\sin[k_5(x-L_q-L_4)]+B_5k_5\cos[k_5(x-L_q-L_4)]$$

将第四层与第五层交界面的坐标 $x=L_1+L_2+L_3+L_4$ 代入得到第五层的应力

$$\left.\frac{\partial\xi_5}{\partial x}\right|_{x=L_q+L_4}=B_5k_5$$

由交界面上的应力相等

$$\left.\frac{\partial\xi_4}{\partial x}\right|_{x=L_q+L_4}=\left.\frac{\partial\xi_5}{\partial x}\right|_{x=L_q+L_4}$$

得到等式

$$\left[-\frac{1}{\left(L_4-\frac{1}{\alpha_2}\right)^2}\cos(k_4L_4)-\frac{k_4}{L_4-\frac{1}{\alpha_2}}\sin(k_4L_4)\right]A_4+\left[-\frac{1}{\left(L_4-\frac{1}{\alpha_2}\right)^2}\sin(k_4L_4)+\frac{k_4}{L_4-\frac{1}{\alpha_2}}\cos(k_4L_4)\right]B_4=B_5k_5$$

由该等式得到系数矩阵的元素

$$m_{97}=-\frac{1}{\left(L_4-\frac{1}{\alpha_2}\right)^2}\cos(k_4L_4)-\frac{k}{L_4-\frac{1}{\alpha_2}}\sin(k_4L_4)$$

$$m_{98}=-\frac{1}{\left(L_4-\frac{1}{\alpha_2}\right)^2}\sin(k_4L_4)+\frac{k_4}{L_4-\frac{1}{\alpha_2}}\cos(k_4L_4)$$

$$m_{9,9}=-k_5$$

10）第五层外边界的位移和应力

$$\xi_5\big|_{x=Lq+L_4+L_5}=A_5\cos(k_5L_5)+B_5\sin(k_5L_5)$$

$$\left.\frac{\partial \xi_5}{\partial x}\right|_{x=L_q+L_4+L_5} = -A_5k_5\sin(k_5L_5)+B_5k_5\cos(k_5L_5)$$

当最右边的边界的位移已知时，其系数矩阵的元素

$$m_{10,9}=\cos(k_5L_5)$$

$$m_{10,10}=\sin(k_5L_5)$$

当最右边的边界的应力已知时，其系数矩阵的元素

$$m_{10,9}=-k_5\sin(k_5L_5)$$

$$m_{10,10}=k_5\cos(k_5L_5)$$

第三节　固有频率计算方法

在传递矩阵方法计算过程中，使用了下列方法。

在一端边界上假设其 $x=0$，则递推从该界面开始，假设这个界面所在的介质为 1，与其相邻的介质依次为 $2,3,\cdots,n$。在 $x=0$ 的界面上位移和应力分别为

$$\xi_1=A_1\cos(k_1\cdot 0)+B_1\sin(k_1\cdot 0)=A_1$$

$$F_1=-A_1k_1\sin(k_1\cdot 0)+B_1k_1\cos(k_1\cdot 0)=B_1k_1=0,B_1=0$$

即当应力为 0 的条件使用以后，就只有一个系数 A_1，而 $B_1=0$。

在介质 1 的另外一个界面上 $x=L_1$，位移和应力分别为

$$\xi_1=A_1\cos(k_1L_1)+B_1\sin(k_1L_1)$$

$$F_1=-A_1k\sin(k_1L_1)+kB_1\cos(k_1L_1)$$

写成矩阵形式有

$$\begin{pmatrix}\xi_1\\F_1\end{pmatrix}=\begin{pmatrix}\cos(k_1L_1) & \sin(k_1L_1)\\-k\sin(k_1L_1) & k\cos(k_1L_1)\end{pmatrix}\begin{pmatrix}A_1\\B_1\end{pmatrix}$$

介质 1 的另外一个界面与介质 2 连接，介质 2 在该界面上也有位移和应力，当截面积不变时用绝对坐标其表达式为

$$\xi_2=A_2\cos(k_2L_1)+B_2\sin(k_2L_1)$$

$$F_1=-A_2k_2\sin(k_2L_1)+k_2B_2\cos(k_2L_1)$$

写成矩阵形式有

$$\begin{pmatrix}\xi_2\\F_2\end{pmatrix}=\begin{pmatrix}\cos(k_2L_1) & \sin(k_2L_1)\\-k_2\sin(k_2L_1) & k_2\cos(k_2L_1)\end{pmatrix}\begin{pmatrix}A_2\\B_2\end{pmatrix}$$

由边界上的连续条件，在界面上位移与应力相等，故

$$\begin{pmatrix}\cos(k_2L_1) & \sin(k_2L_1)\\-k_2\sin(k_2L_1) & k_2\cos(k_2L_1)\end{pmatrix}\begin{pmatrix}A_2\\B_2\end{pmatrix}=\begin{pmatrix}\cos(k_1L_1) & \sin(k_1L_1)\\-k\sin(k_1L_1) & k\cos(k_1L_1)\end{pmatrix}\begin{pmatrix}A_1\\B_1\end{pmatrix}$$

可以用 A_1、B_1 表示 A_2、B_2，即

$$\begin{pmatrix}A_2\\B_2\end{pmatrix}=\begin{pmatrix}\cos(k_2L_1) & \sin(k_2L_1)\\-k_2\sin(k_2L_1) & k_2\cos(k_2L_1)\end{pmatrix}^{-1}\begin{pmatrix}\cos(k_1L_1) & \sin(k_1L_1)\\-k\sin(k_1L_1) & k\cos(k_1L_1)\end{pmatrix}\begin{pmatrix}A_1\\B_1\end{pmatrix}$$

这样，从介质 1 与介质 2 的界面开始，介质 1 的系数矩阵直接乘，介质 2 的系数矩阵求

逆以后左乘。如果从左端开始,往右的介质编号依次为2,3,…,则计算方法是每层介质右边的系数矩阵直接左乘,左边的系数矩阵求逆以后再左乘。

当介质的截面积改变时,在交界面处用变截面的位移和应力公式计算相应的矩阵元素,即用变截面的位移和应力表达式对传递矩阵单元进行计算。

当采用相对坐标时,每个介质左边界的 x 为0,右边界为其厚度。

下面的程序就是按照这样的假设设计的。采用相对坐标,最后一个矩阵(最右边的边界)左乘以后得到最后面(右)界面的位移和应力系数矩阵,其中的第一行是计算位移的系数,第二行是应力计算系数,分别乘以左边第一层的系数 A_1、B_1 并相加以后得到位移和应力

$$\xi_5 = m_{11}A_1 + m_{12}B_1$$

$$F_5 = m_{21}A_1 + m_{22}B_1$$

若取最右边的边界应力为0,则取最终传递以后的矩阵的第一列第二个元素 m_{21} 即可。其他元素因为 $B_1=0$,对最后界面的应力没有贡献。

由边界应力 $F_5 = m_{21}A_1 = 0$ 知道,系数 A_1 不能为0,故只有 $m_{21}=0$,将 m_{21} 随频率的变化曲线绘制出,与 x 轴的交点即为该振动系统的固有频率。

以下是计算程序:

```
v = 5000;              % 介质纵波速度
L1 = 0.03;
L2 = 0.02;
L3 = 0.03;
L4 = 0.02;
L5 = 0.09;
D1 = 0.03;
D2 = 0.01;
D3 = 0.01;
D4 = 0.03;
alpha1 = (1 - D2/D1)/L2
alpha2 = (1 - D4/D3)/L4;

% 计算参数
N = 26000;
df = 1;  % 单位:Hz
f0 = 0;  % 单位:Hz
for ii = 1:N
f(1,ii) = f0 + (ii - 1) * df;  % 计算的频率
        om = 2 * pi * f(1,ii);  % 计算的角频率
            MN = eye(2);  % 单位矩阵,用于存放递推以后的矩阵
```

```
k = om/v；  %边界右面介质的波数
M0  =  Mm1(L1,k)；  %第一介质右面边界的矩阵
U0  =  Mxm(k,0,alpha1)；  %第二介质左面边界的矩阵
MN = inv(U0) * M0 * MN；  %矩阵递推,介质 2 的系数
U1  =  Mxm(k,L2,alpha1)；  %介质 2 右面边界的矩阵
M1  =  Mm1(0,k)；  %介质 3 左面边界的矩阵
MN = inv(M1) * U1 * MN；  %矩阵递推,介质 3 的系数
M2  =  Mm1(L3,k)；  %介质 3 右面边界的矩阵
U2  =  Mxm(k,0,alpha2)；  %介质 4 左边边界的矩阵
MN = inv(U2) * M2 * MN；  %矩阵递推,介质 4 的系数
U3  =  Mxm(k,L4,alpha2)；  %介质 4 右边边界的矩阵
M3  =  Mm1(0,k)；  %介质 5 左边边界的矩阵
MN = inv(M3) * U3 * MN；  %矩阵递推,介质 5 的系数
M4  =  Mm1(L5,k)；  %介质 5 右边边界的矩阵
MN = M4 * MN；  %介质 5 右边的位移和应力

Mq(1,ii) = MN(2,1);
end
```

以上通过矩阵传递获得了最终的系数行列式的值——矩阵元 m_{21}，这是在两端自由，应力为 0 的情况下获得的。将行列式的值随频率的变化曲线绘出：

```
figure (22);hold on;dd = plot(f/1000,Mq,'k');set(dd,'linewidth',3);grid on
```

取其 0 点的坐标便得到该振动系统的固有频率：

```
jj = 1
for ii = 1:N - 1
        if (Mq(1,ii) >0 ) & (Mq(1,ii +1) <0)
    fa(1,jj) = ii * df + f0
        jj = jj +1;
        end
if (Mq(1,ii) <0 ) & (Mq(1,ii +1) >0)                %取得固有频率
          fa(1,jj) = ii * df + f0
          jj = jj +1
          end
end
```

第四节 取定固有频率后各层的系数

用上述程序可以得到5节变幅杆的固有频率。取其中的第2个频率进行位移和应力计算。应用10×10的矩阵计算各层的系数。

```
    ff = fa(1,2);%3950;%11644.2;%ff = 3231.5;   %取定固有频率
    k = 2 * pi * ff/c;
for ii = 1:10
    for jj = 1:10
        m(ii,jj) = 0;
    end
    b(ii,1) = 0;
end
```

计算系数矩阵：

```
    m(1,1) = 1;
    m(2,1) = cos(k * L1);
    m(2,2) = sin(k * L1);
    m(2,3) = alpha1;

    m(3,1) = -k * sin(k * L1);
    m(3,2) = k * cos(k * L1);
    m(3,3) = alpha1^2;
    m(3,4) = alpha1 * k;

    m(4,3) = (1/(L2 - 1/alpha1)) * cos(k * L2);
    m(4,4) = (1/(L2 - 1/alpha1)) * sin(k * L2);
    m(4,5) = -1;

    m(5,3) = (-1/(L2 - 1/alpha1)^2) * cos(k * L2) - (k/(L2 - 1/alpha1)) * sin(k * L2);
    m(5,4) = (-1/(L2 - 1/alpha1)^2) * sin(k * L2) + (k/(L2 - 1/alpha1)) * cos(k * L2);
    m(5,6) = -k;

    m(6,5) = cos(k * L3);
    m(6,6) = sin(k * L3);
    m(6,7) = alpha2;
```

```
m(7,5) = -k*sin(k*L3);
m(7,6) =k*cos(k*L3);
m(7,7) =alpha2^2;
m(7,8) =alpha2*k;

m(8,7) =(1/(L4-1/alpha2))*cos(k*L4);
m(8,8) =(1/(L4-1/alpha2))*sin(k*L4);
m(8,9) = -1;

m(9,7) =(-1/(L4-1/alpha2)^2)*cos(k*L4)-(k/(L4-1/alpha2))*sin(k*L4);
m(9,8) =(-1/(L4-1/alpha2)^2)*sin(k*L4)+(k/(L4-1/alpha2))*cos(k*L4);
m(9,10) = -k;

m(10,9) = -k*sin(k*L5);
m(10,10) =k*cos(k*L5);
```

第一层左边界的位移为1：

```
b(1,1) =1;
```

获得其系数向量：

```
Cc =inv(m)*b;
```

用以上程序可以求出第一层左边界位移为1时,每层的广义反射系数和透射系数。

第五节 取定频率后各层的位移和应力

求出各层的系数以后,即可求出各层的位移和应力。

```
dx =0.0001;  %长度步长 m
n1 =round(L1/dx);
[F1,U1] =Ucal1(n1,k,dx,Cc(1,1),Cc(2,1));   %计算第一层的位移和应力
n2 =round(L2/dx);
[F2,U2] =Ucal1xm(n2,k,dx,Cc(3,1),Cc(4,1),alpha1);   %计算第二层(变截面)
                                                     的位移和应力
n3 =round(L3/dx)
```

```
[F3,U3] = Ucal1(n3,k,dx,Cc(5,1),Cc(6,1)); %计算第三层的位移和应力
n4 = round(L4/dx)
[F4 ,U4] = Ucal1xm(n4,k,dx,Cc(7,1),Cc(8,1),alpha2); %计算第四层(变截面)
                                                      的位移和应力
n5 = round(L5/dx)
[F5,U5] = Ucal1(n5,k,dx,Cc(9,1),Cc(10,1)); %计算第五层的位移和应力
F = [F1, F2,F3,F4,F5]; %将每层的应力合并
U = [U1,U2,U3,U4,U5]; %将每层的位移合并
figure(33)%绘图
dd = plot(F/10,'k'); %绘制整个变幅杆各部分的应力分布图
set(dd,'linewidth',2.5); %设置线粗为2.5
hold on
dd = plot(U,'k:'); %绘制整个变幅杆各部分的位移分布图
set(dd,'linewidth',2.5)
grid on
nl2 = n1 + (1:n2);
hold on
dd = plot(nl2,F2/10,'r'); %单独绘制第二部分(变截面)的应力,用红线
set(dd,'linewidth',3.5); %设置线粗为3.5
hold on
dd = plot(nl2,U2,'k'); %单独绘制第二部分(变截面)的位移,用黑线
set(dd,'linewidth',3.5); %设置线粗为3.5
hold on

nl4 = n1 + n2 + n3 + (1:n4);
hold on
dd = plot(nl4,F4/10,'r'); %单独绘制第四部分(变截面)的应力,用红线
set(dd,'linewidth',2.5)
hold on
dd = plot(nl4,U4,'k'); %单独绘制第四部分(变截面)的位移,用黑线
set(dd,'linewidth',3.5); %设置线粗为3.5
```

以上程序将变幅杆的5部分位移和应力分布均绘出,其中初始位移设置为1,最右端(第5部分末端)的位移即为变幅杆的放大倍数。各个部分的应力分布提示哪里应力集中。欲调整变幅杆各部分的几何尺寸,除了可调整固有频率和位移放大倍数外,还可以调整最大应力分布位置。

第六节　计算结果

计算变截面振动系统的固有频率和位移、应力分布的主要目的是为了分析其振动时各部分内部的应力,确定位移放大倍数。变幅杆的主要功能是放大位移,主要问题是细截面部分应力集中,变幅杆设计的主要任务是调整最大应力分布位置,使其位于粗截面位置,这样便不容易断裂。

1. 位移和应力分布

图 7 - 6 是变截面哑铃形变幅杆的位移和应力分布(n = 2),图中的横坐标是计算的点数(长度步长 dx = 0. 000 1 m 的整倍数),纵坐标是(左端位移为 1 时)不同位置的位移和应力的相对大小,主要刻画整个变幅杆长度内位移、应力在不同位置的分布。与等截面的有限长杆的振动位移和应力分布(图(1 - 1)、图(1 - 4))相比,使用变截面以后,不同位置处的应力分布发生了巨大变化,特别是截面积变化的部分(第二部分和第四部分),其位移变化比较平稳,但是应力(图中粗线所示部分)增加很快,在第二部分的结束位置应力的绝对值达到了极大(图中是 24)。在振动时,该位置应力大,容易断裂。另外一个应力正向极大值位于第五部分,由于其截面积比较大,而不容易断裂。

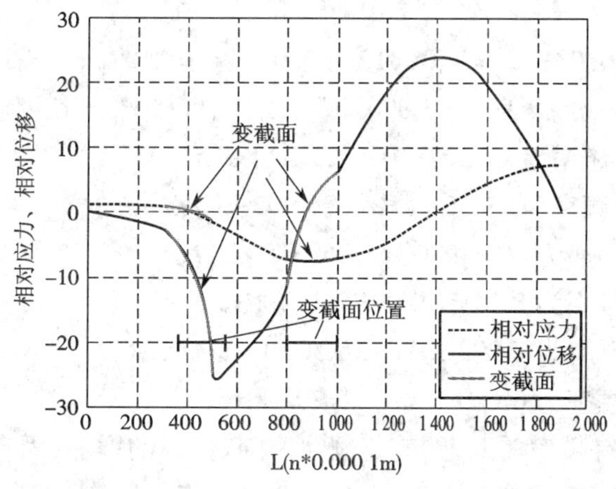

图 7 - 6　变截面哑铃形变幅杆的位移和应力分布

从位移的分布可以看出,经过变幅杆以后,右端位移得到了放大,放大倍数为 7。

同时,从图 7 - 6 还可以获得变幅杆(作为一个整体)振动时其对应的振动模态(图 1 - 4),与一维有限长杆的振动模态相似,振动模态从半个周期开始,图 7 - 6 中的应力和位移分布是一个周期的计算结果(这里取其第二个固有频率进行位移和应力计算)。该振动模态也可以用于声波的反射和透射。一维形状或者截面积的改变,导致了其振动模态发生了变化,这时,不能再简单地用等截面的方法(用正弦函数)对其进行描述。

2. 几何参数的影响

调整图 7 - 3 所示模型各个部分的几何尺寸,可以获得其位移和应力分布的变化,实现对变幅杆的设计。

图 7 - 7 是改变中间最细部分的长度时(L3 = 0. 3 m、0. 2 m、0. 1 m、0. 05 m、0. 02 m),变

幅杆内部的位移和应力的变化。从图中可以看到,随着最细部分长度的增加,第五部分末端的位移增加,其内部的应力也增加。其他部分的尺寸为:L1 =0.03,L2 =0.02,L4 =0.02,L5 =0.09,D1 =0.03,D2 =0.01,D3 =0.01,D4 =0.03。

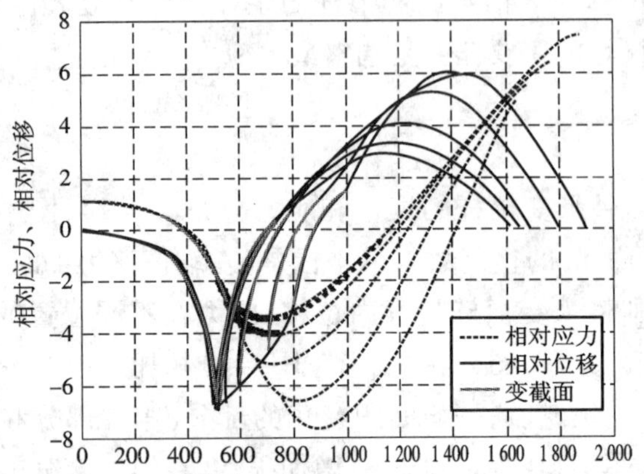

图 7-7　哑铃形变幅杆中间部分 L3 长度改变时的位移和应力分布

3. 固有频率

取几何参数 L1 =0.03,L2 =0.02,L3 =0.03,L4 =0.02,L5 =0.09,D1 =0.03,D2 =0.01,D3 =0.01,D4 =0.03,声速 V=5 000 m/s,改变中间部分的长度获得下列固有频率。

L3 =0.002 m 固有频率为 11 507 kHz　27 322 kHz;

L3 =0.005 m 固有频率为 11 507 kHz　26 907 kHz;

L3 =0.01 m 固有频率为 10 712 kHz　26 907 kHz;

L3 =0.02 m 固有频率为 8 244 kHz　27 322 kHz;

L3 =0.03 m 固有频率为 7 292 kHz　25 503 kHz;

L3 =0.04 m 固有频率为 6 600 kHz　25 202 kHz。

图 7-8 是两个固有频率随 L3 的变化规律。随着 L3 的增加,固有频率降低。

改变第五节的长度 L5 分别为 0.09 m、0.1 m 时计算的位移与应力如图 7-9 所示,从中可以看到,随着 L5 的增加,最大应力减小。另外 L3 =0.04,L5 =0.01 时固有频率为 6 485 Hz 和 23 035 Hz,L5 =0.09 固有频率为 6 600 Hz 和 25 202 Hz。

从以上图中可以看到:随着中间几何尺寸的增加,整个变幅杆的固有频率降低,位移放大系数减小。应力在第一个斜面结束的位置比较大,这里最容易断裂。L5 增加,应力减小,位移放大倍数不变。

图 7-6、图 7-7 和图 7-9 直观地展现了变幅杆五部分的应力和位移分布特征。从中可以看到截面积改变对应力和位移分布的影响,从而获得所对应的固有频率的振动模态。

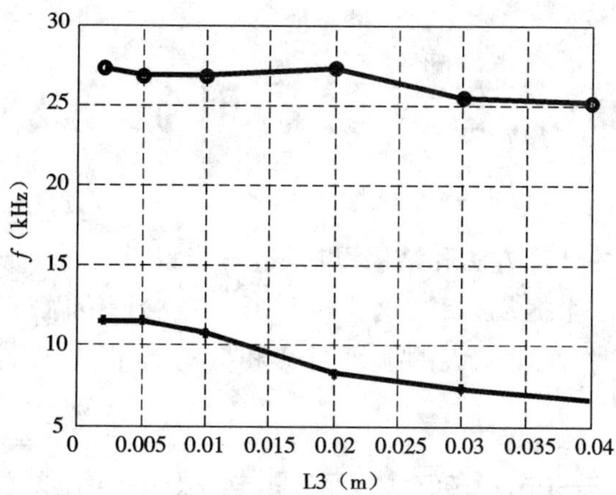

图 7－8　L3 改变时变幅杆固有频率的变化

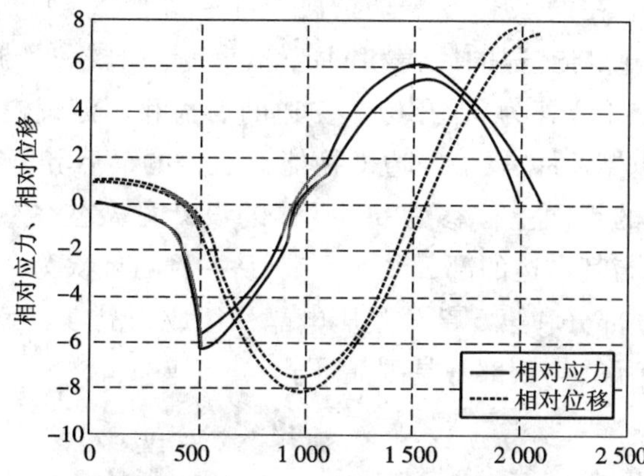

图 7－9　L3 =0. 04,L5 分别为 0. 09 m、0. 1 m 时的位移与应力的对比

思考题

1. 截面积改变,为什么会导致振动位移改变?
2. 最大应力为什么分布在最细部分与变截面的连接处?
3. 变截面中的振动位移分布与杆中的位移与应力分布有哪些主要差别。
4. 变截面如何对固有频率进行影响? 分析其物理过程。

第八章 变截面压电振子的设计

根据变截面变幅杆的计算方法和结果，可以进一步设计变截面压电振子。这种振子可以有多个压电晶堆同时产生振动位移，这些位移通过哑铃形变幅杆连接起来，在保证振子的振动频率比较高的同时，激发出大的振动位移和振动能量，是设计大功率压电振子的有效方法。

第一节 变截面压电振子的结构

该压电振子共有10节，如图8-1(a)所示，最左边是固定螺帽，向右依次是后盖、主晶堆(压电晶片至少4个)。在设计压电振子时，往往将主晶堆分成两部分来考虑。取其中压电晶片的一半作为一部分，与左边的后盖和固定螺帽一起构成一个振动系统，主晶堆的分开位置设置为振动的节点(位移为0的点)。左边的后盖和固定螺帽与一半晶堆组成一个整体单独进行设计(其边界条件是:最左边即换能器后盖的最后界面上的应力为0，最右边与节点连接的压电晶堆的界面上位移为0。具体的设计见栾桂冬《压电换能器与换能器阵》)。主晶堆的另一半与其右边的部分共有8节，从左到右依次为0、1、2、3、4、5、6、7，如图8-1(c)所示。其中第0部分和第6部分是压电晶片组成的晶堆。第0部分是主晶堆的一半，其左端是节点，位移为0;第6部分是副晶堆。

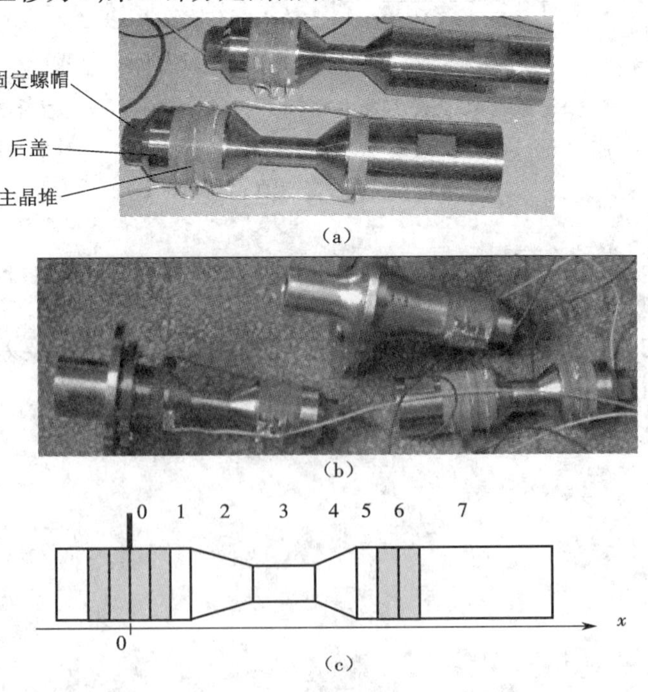

图8-1 双压电晶堆变截面振子及其模型

从第0块(一半的压电晶堆)开始设计,计算向右各部分(共8块)的位移和应力分布。压电晶体与高频电源连接,在电能量的作用下产生振动位移,用第0和第1块之间的界面上位移不连续模拟,假设其位移差为1,第6与第7块之间的位移也不连续,但是其振动位移的极性与主晶堆相反(因为其对应的连线方式与主压电晶堆的电极性相反,各自产生的振动位移的极性符号相反),用 -1 或 -0.5(视晶片的多少确定)模拟主晶堆产生一个振动位移,该位移向左右两个方向传播。但是向右部分的振动到达后盖后,因为后盖的等效波阻抗为无穷大(可通过后盖、螺母和压电晶堆尺寸的设计达到其等效波阻抗为无穷大),压电晶堆向左便没有了振动位移,全部位移都向右传递,经过变幅杆(变截面)后与副晶堆相连。

当左边主晶堆的振动位移通过变截面杆到达副晶堆时,由于变截面杆将振动位移方向进行了改变,负晶堆产生的振动位移必须与主晶堆的振动位移相反(晶堆中的压电晶片要反向连接到电源上),这样,两个晶堆产生的振动位移才能够同相叠加。注意,由于两个晶堆同时工作,接在同一个激发电源上,所以在设计时两个晶堆的电阻抗要尽量一致(尽量使用相同的压电晶片),但是安装时其极化方向要相反。即如果安装节点处主晶堆的压电晶片时其极化的正极接到激发电源的正极,则应该将副晶堆压电晶片的负极接到激发电源的正极,这时,两组压电晶片激发的振动位移方向相反,在副晶堆处同向叠加。位移计算时,假设在副晶堆的压电晶片结束端位移不连续,在位移连续条件中增加一个 -1 或 -0.5,即在保证位移连续的条件下该处新增加了一个位移。该位移和主晶堆产生的位移同时作用,使压电振子振动,即在整个求解过程中,该振子有两个位置产生振动。

第二节　单个压电晶片的等效电路

对于有限长的杆,其振动特征还可以通过两端的振动速度和力这两个变量,用机械等效电路进行描述。该机械振动特征还可以进一步通过压电晶片的等效变压器与激发电路建立起联系。这种方法是梅森第一个完成的,也称为梅森等效电路。

1. 单个有限长杆

图8-2所示为单个有限长杆,其两端的变量分别为振动速度 $\dot{\xi}$ 和力 F,其方向规定为指向杆的内部。

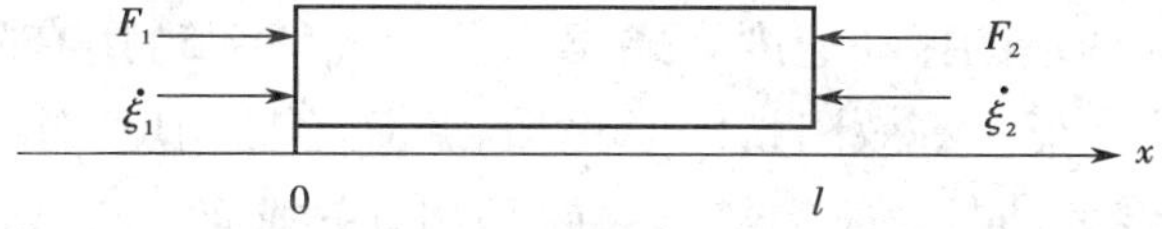

图8-2　有限长杆模型及其变量

对于上述单个有限长杆,其位移表达式为

$$\xi = A\cos(kx) + B\sin(kx) \tag{8-1}$$

设杆两端的位移分别为 ξ_1、ξ_2,则

$$\xi_1 = A$$

$$-\xi_2 = A\cos(kl) + B\sin(kl)$$

解得　$B=-\dfrac{\xi_2+\xi_1\cos(kl)}{\sin(kl)}$

故　$$\xi=A\cos(kx)+B\sin(kx)=\xi_1\cos(kx)-\frac{\xi_2+\xi_1\cos(kl)}{\sin(kl)}\sin(kx)$$
$$=\frac{\xi_1[\sin(kl)\cos(kx)-\cos(kl)\sin(kx)]-\xi_2\sin(kx)}{\sin(kl)}$$
$$=\frac{\xi_1\sin[k(l-x)]-\xi_2\sin(kx)}{\sin(kl)} \tag{8-2}$$

则由

$$F=SE\left(\frac{\partial\xi}{\partial x}\right)=SE\,\frac{-\xi_1k\cos[k(l-x)]-\xi_2k\cos(kx)}{\sin(kl)} \tag{8-3}$$

可得　$$F|_{x=0}=SE\,\frac{-\xi_1k\cos(kl)-\xi_2k}{\sin(kl)}=SEk\,\frac{-\xi_1-\xi_2+\xi_1-\xi_1\cos(kl)}{\sin(kl)}$$
$$=SEk\left\{\frac{-\xi_1-\xi_2}{\sin(kl)}+\frac{\xi_1[1-\cos(kl)]}{\sin(kl)}\right\}=SEk\left[\frac{-\xi_1-\xi_2}{\sin(kl)}+\xi_1\tan\frac{kl}{2}\right]$$
$$F|_{x=l}=SE\,\frac{-\xi_1k\cos[k(l-l)]-\xi_2k\cos(kl)}{\sin(kl)}=SEk\left[\frac{-\xi_1-\xi_2}{\sin(kl)}+\xi_2\tan\frac{kl}{2}\right]$$

用边界两端的振动速度来表示力的变化，即 $\dot{\xi}=j\omega\xi$，则有

$$F_1=-F|_{x=0}=-SEk\,(\mathrm{i}\omega)^{-1}\left[\frac{-\dot{\xi}_1-\dot{\xi}_2}{\sin(kl)}+\dot{\xi}_1\tan\frac{kl}{2}\right]$$
$$=S\rho v^2\,\frac{\omega}{v}\frac{1}{\omega}\left[\frac{\dot{\xi}_1+\dot{\xi}_2}{\mathrm{i}\sin(kl)}+\mathrm{i}\dot{\xi}_1\tan\frac{kl}{2}\right]=S\rho v\left[\frac{\dot{\xi}_1+\dot{\xi}_2}{\mathrm{i}\sin(kl)}+\mathrm{i}\dot{\xi}_1\tan\frac{kl}{2}\right] \tag{8-4}$$
$$F_2=-F|_{x=l}=-SEk\,(\mathrm{i}\omega)^{-1}\left[\frac{-\dot{\xi}_1-\dot{\xi}_2}{\sin(kl)}+\dot{\xi}_2\tan\frac{kl}{2}\right]$$
$$=S\rho v^2\,\frac{\omega}{v}\frac{1}{\omega}\left[\frac{\dot{\xi}_1+\dot{\xi}_2}{\mathrm{i}\sin kl}+\mathrm{i}\dot{\xi}_2\tan\frac{kl}{2}\right]=S\rho v\left[\frac{\dot{\xi}_1+\dot{\xi}_2}{\mathrm{i}\sin(kl)}+\mathrm{i}\dot{\xi}_2\tan\frac{kl}{2}\right] \tag{8-5}$$

式(8-4)和式(8-5)可以写成等效电路的形式，如图8-3所示。其中，F_1、F_2分别为杆两端的外力，$\dot{\xi}_1$、$\dot{\xi}_2$ 为两端的振动速度。式(8-4)和式(8-5)用有限长杆两端的外力和振速表示了其机械振动特征。等效阻抗均是虚数，并且符号相反，分别描述了杆振动时的弹性和惯性特征，因为杆振动时动能和势能之间是相互转换的（不包含杆的物理衰减导致的机械能量减少），或者说式(8-4)、式(8-5)描述杆振动时波动方程的解在两端边界处的表现。当两端的应力为0时便获得了杆在自由状态下的波数 k_n，相应地获得了杆的固有频率。与第一章已知两端应力为0的情况相比，式(8-4)、式(8-5)描述了杆两端应力和位移（振动速度）之间更一般的关系，这些关系是杆振动时所表现出来的，是杆内振动在两端的表现。

2. 单个压电晶片

压电晶片是各向异性材料，其电参数和弹性系数均是张量。对于常用的压电陶瓷，其

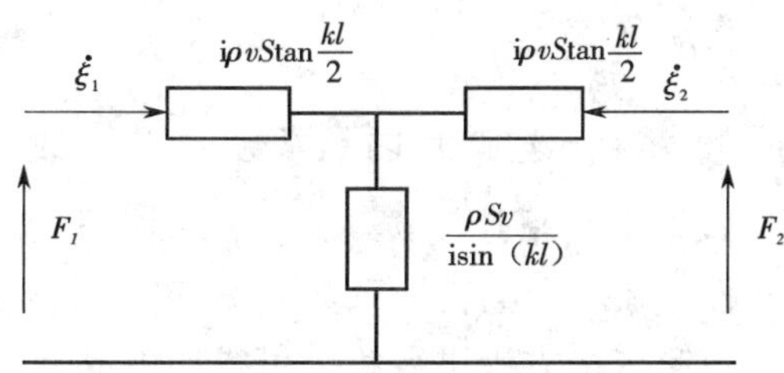

图 8-3　单个一维杆的机械振动等效电路

晶体内部的对称结构为6MM（xy 平面内各向同性，z 方向的参数与 xy 平面的不一致）。当用高压对其极化时，压电晶片内部的磁畴在强电场的作用下重新排列，形成压电晶片的极化方向，压电晶片的极化方向和加电压方向可以一致，也可以不一致，相应地产生的振动位移极性也不一样。压电材料的胡克定律、电位移与电场强度之间的关系与普通弹性介质和电介质不一样，应力除了应变能够产生外，电位移也能够产生；同样，电位移除了电场强度能够产生外，应变也能够产生，即电场可以产生变形，变形可以产生电场。这是压电材料固有的特征，分别称其为逆压电效应和压电效应，相应的应力、应变与电场强度和电位移之间的关系称为压电方程。

对于激发纵向（厚度）振动的压电晶片，其极化方向和加电压的方向一致。在压电晶片的振动方程中有 x、y、z 3 个正方向的振动位移和主应力，一般用 1、2、3 来表示，还有 3 个剪切应变和剪切应力，通常用 4、5、6 来表示。一般的压电晶片其极化方向和加电场方向均为 z 方向（横波片两者垂直），这时只有 z 方向的形变 $S_3 \neq 0, S_1 = S_2 = S_4 = S_5 = S_6 = 0$（其他方向的应变和剪切应变均为 0）。电场沿 z 方向，这时有 z 方向的电位移 $D_3 \neq 0, D_1 = D_2 = 0$（其他两个方向的电位移为 0）。在这种情况下，选择 h 型压电方程（共有 4 种）：

$$\left.\begin{aligned} T_3 &= c_{33}^D S_3 - h_{33} D_3 \\ E_3 &= -h_{33} S_3 + \beta_{33}^S D_3 \end{aligned}\right\} \tag{8-6}$$

该方程中，T_3 是 z 方向的应力，S_3是 z 方向的形变，D_3是 z 方向的电位移，E_3是 z 方向的电场强度。电位移 D_3描述 z 方向的外加电场在压电晶片中形成的电流（流过压电晶片），电场强度 E_3描述外加电场的电场强度。

式（8-6）的第一个方程描述压电晶片的应力 T_3与形变 S_3和电场 D_3两方面产生的应力有关。形变 S_3产生的应力用广义胡克定律的系数 c_{33}^D 刻画，该系数相当于一维杆的杨氏模量。这里，由于是三维固体，故形变分别有 3 个方向 1、2、3（分别对应 x、y、z），c_{33}^D下标 33 的含义是：第三方向 z 产生形变时在第三方向 z 上产生的应力，上标 D 是指电位移 D 恒定时所测量的弹性系数。电位移 D_3产生的应力用压电转换系数 h_{33}刻画，这是压电材料特有的参数。第二个方程表明：电介质的电场强度与电位移有关，见其第二项，其中的系数 β_{33}^S是介电常数的倒数，同样下标 33 是指第三个方向 z 的电位移 D_3 导致的第三个方向 z 的电场强度 E_3，上标 S 是指形变固定时所得到的参数 D_3和 E_3。除此之外，第三方向的电场强度 E_3还由第三方向的形变 S_3产生，其系数仍然是压电转换系数 h_{33}。

对于压电晶片，其运动方程简化为 $\rho \frac{\partial^2 \xi}{\partial t^2} = \frac{\partial T_3}{\partial z}$。将 T_3的表达式代入运动方程得

$$\rho \frac{\partial^2 \xi}{\partial t^2} = \frac{\partial T_3}{\partial z} = c_{33}^D \frac{\partial S_3}{\partial z} - h_{33}\frac{\partial D_3}{\partial z} = c_{33}^D \frac{\partial^2 \xi}{\partial z^2} \tag{8-7}$$

由于电位移 D_3 和电场强度 E_3 在压电晶片内是常数，不随 z 改变，所以应力表达式中第二项为0，这样，就得到波动方程，其传播速度 $v = \sqrt{c_{33}^D/\rho}$，即在电场强度为常数的情况下，运动方程与弹性介质的波动方程一致。压电转换系数 h_{33} 对声波传播速度不产生影响。

设压电晶片的厚度为 l，对第二个方程进行积分可得压电晶片两端的电压 V：

$$V = \int_0^l E_3 \mathrm{d}z = \int_0^l (-h_{33}S_3 + \beta_{33}^S D_3)\mathrm{d}z = h_{33}(\xi_1 + \xi_2) + \beta_{33}^S D_3 l \tag{8-8}$$

其中，ξ_1、ξ_2 分别是压电晶片两端的振动位移。该表达式揭示了电场 V、D_3 与振动位移 ξ_1、ξ_2 之间的关系，即电场产生位移或者振动位移产生电压。

进一步化简可得到电位移 D_3 与所加电压之间的关系：

$$D_3 = \frac{1}{\beta_{33}^S l}[V - h_{33}(\xi_1 + \xi_2)] \tag{8-9}$$

两端分别乘以压电晶片的截面积 S 和压电转换系数 h_{33} 可得

$$h_{33}SD_3 = \frac{h_{33}S}{\beta_{33}^S l}[V - h_{33}(\xi_1 + \xi_2)] = nV - \frac{n^2}{C_0}(\xi_1 + \xi_2) = nV - \frac{n^2}{j\omega C_0}(\dot{\xi}_1 + \dot{\xi}_2) \tag{8-10}$$

上式推导过程中利用了 $C_0 = \frac{S}{\beta_{33}^S l}$（静态电容）和 $n = \frac{h_{33}S}{\beta_{33}^S l}$（压电转换的变压器系数）。

对电位移积分（压电晶片截面 xy 方向的长度分别设为 p、w，$S = pw$）得到流过压电晶片的电荷 Q，其大小为

$$Q = \int_0^p \int_0^w D_3 \mathrm{d}x\mathrm{d}y = S\frac{1}{\beta_{33}^S l}[V - h_{33}(\xi_1 + \xi_2)] \tag{8-11}$$

对于简谐振动 $\mathrm{e}^{\mathrm{i}\omega t}$，位移与速度之间的关系为 $\dot{\xi} = \mathrm{i}\omega\xi$，则电流

$$I = \frac{\mathrm{d}Q}{\mathrm{d}t} = \frac{S}{\beta_{33}^S l}\mathrm{i}\omega\left[V - \frac{h_{33}}{\mathrm{i}\omega}(\dot{\xi}_1 + \dot{\xi}_2)\right] = \mathrm{i}\omega C_0 V - n(\dot{\xi}_1 + \dot{\xi}_2) \tag{8-12}$$

由式（8－6）的第一式知道，作用在压电晶片上的力

$$-F = ST_3 = Sc_{33}^D\frac{\partial \xi}{\partial z} - h_{33}SD_3 \tag{8-13}$$

将式（8－10）、式（8－4）和式（8－5）分别代入式（8－13）式得到

$$F_1 = \left[\frac{S\rho v}{\mathrm{i}\sin(kl)} - \frac{n^2}{\mathrm{i}\omega C_0}\right](\dot{\xi}_1 + \dot{\xi}_2) + \mathrm{i}S\rho v\,\dot{\xi}_1 \tan\frac{kl}{2} + nV \tag{8-14}$$

$$F_2 = \left[\frac{S\rho v}{\mathrm{i}\sin(kl)} - \frac{n^2}{\mathrm{i}\omega C_0}\right](\dot{\xi}_1 + \dot{\xi}_2) + \mathrm{i}S\rho v\,\dot{\xi}_2 \tan\frac{kl}{2} + nV \tag{8-15}$$

将压电晶片振动的解（图8－3）代入式（8－12），最终得到的单个压电晶片厚度方向振动的机电等效电路如图8－4所示。图中，$Z_1 = \mathrm{i}\rho vS\tan\frac{kl}{2}$，$Z_2 = \frac{\rho vS}{\mathrm{i}\sin(kl)}$。串联电容 C_0 由式（8－10）可得。

3. 等效电路

图8－4所示的等效电路是式（8－14）和式（8－15）所示关系式的另外一种表达方

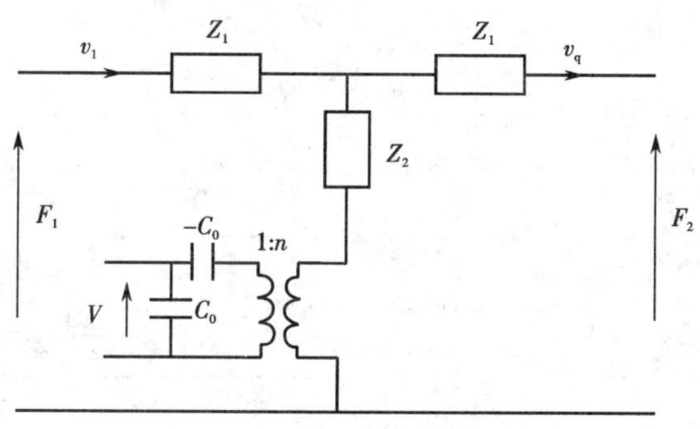

图 8-4 一维压电晶片的等效电路

式——电路表达，对图 8-4 所示等效电路的理解需从等式出发。

式(8-12)描述压电晶片两端加简谐波电压 $Ve^{i\omega t}$时，压电晶片电流 I 对简谐波的响应，该响应由两部分组成。第一部分$\frac{S}{\beta_{33}^S l}\mathrm{i}\omega V=\mathrm{i}\omega C_0 V$是一个平板电容器的响应，压电晶片相当于一个电容，这是所有介质都有的响应，即不论是什么材料都具有该表达式。对于压电晶片来讲，压电晶片本身具有加电场会出现形变的特征，其响应除了电容器应有的响应外，还有振动引起的电流(变压器初级流过的电流)。该式表明，压电晶片的电流由两部分组成，并且这两部分是线性独立的，叠加在一起构成压电晶片中所流过的电流。这一部分是电容的响应，不论压电晶片是否形变，是否振动，该响应均存在，人们称其为静态电容。第二部分$\frac{S}{\beta_{33}^S l}h_{33}(\dot{\xi}_1+\dot{\xi}_2)$是振动速度对压电晶片中所流过的电流的贡献。即当压电晶片振动时，压电晶片内部和两端均有振动位移，该振动位移产生电流或者等效为相应的电流作用到激发电路上，对电响应产生影响。这部分电流是振动时产生的，其等效参数被称为动态参数。动态参数通过等效变压器模型转换为电参数，即变压器右端是机械振动的机械等效阻抗(电路)，变压器左端是电输入端。变压器模型将振动与电路参数联系在了一起，将振动的机械参数转换为电阻抗等参数，实现了与电路的有效连接，为研究振动的电响应，为激发电路的匹配提供了手段。

在描述压电晶片两端机械振动力的表达式中，有两部分的力来自电端，一项是 nV，等效为电输入端所加电压产生的力，另一项是 $-\frac{n^2}{\mathrm{i}\omega C_0}(\dot{\xi}_1+\dot{\xi}_2)$，表示所加电场方向与振动位移方向相同时，由压电晶片沿 z 方向(厚度方向)振动时出现的电场所导致的力。该力的存在导致加在机械振动端的电压降低。

当压电晶片两端自由，应力为 0 时，相当于两端短路，由下式可以将等效电路简化为图 8-5(a)所示的等效电路，进一步使用变压器的等效阻抗得到图 8-5(b)所示的等效电路。

$$\frac{1}{\mathrm{i}\sin(kl)}+\mathrm{i}\frac{1}{2}\tan\frac{kl}{2}=\mathrm{i}\left(\frac{-1}{2\sin\frac{kl}{2}\cos\frac{kl}{2}}+\frac{\sin\frac{kl}{2}}{2\cos\frac{kl}{2}}\right)=\mathrm{i}\frac{-1+\sin^2\frac{kl}{2}}{2\sin\frac{kl}{2}\cos\frac{kl}{2}}$$

$$=\mathrm{i}\frac{-\cos\frac{kl}{2}}{\sin\frac{kl}{2}}=-\mathrm{i}\cot\frac{kl}{2}$$

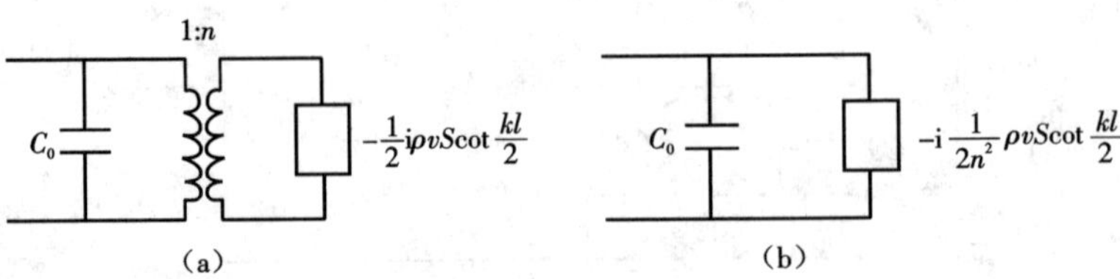

图 8－5 两端自由的压电晶片的等效电路

计算该电路的导纳 Y 有

$$Y=\mathrm{i}\omega C_0+\mathrm{i}\frac{2n^2}{\rho vS}\tan\frac{kl}{2}=\mathrm{i}\omega C_0+\mathrm{i}\frac{2h_{33}^2S^2}{\beta_{33}^2l^2\rho vS}\tan\frac{kl}{2}=\mathrm{i}\omega C_0+\mathrm{i}\frac{h_{33}^2S\omega}{\beta_{33}^2l\rho v^2}\frac{\tan\frac{kl}{2}}{\frac{kl}{2}}$$

利用级数展开公式$\frac{\tan z}{z}=-\sum_j\frac{2}{z^2-\frac{j^2\pi^2}{4}}$可得

$$Y=\mathrm{i}\omega C_0+\mathrm{i}\frac{h_{33}^2S\omega}{\beta_{33}^2l\rho v^2}\frac{\tan\frac{kl}{2}}{\frac{kl}{2}}=\mathrm{i}\omega C_0+\mathrm{i}\frac{h_{33}^2S\omega}{\beta_{33}^2l\rho v^2}\sum_j\frac{-2}{\frac{k^2l^2}{4}-\frac{j^2\pi^2}{4}}$$

$$=\mathrm{i}\omega C_0+\sum_j\frac{1}{\mathrm{i}\frac{\frac{\omega^2}{v^2}l^2}{8}\frac{\beta_{33}^2l\rho v^2}{h_{33}^2S\omega}-\mathrm{i}\frac{j^2\pi^2}{8}\frac{\beta_{33}^2l\rho v^2}{h_{33}^2S\omega}}=\mathrm{i}\omega C_0+\sum_j\frac{1}{\mathrm{i}\omega L_d+\frac{1}{\mathrm{i}\omega C_d}}$$

其中，$L_d=\frac{l^3\beta_{33}^2\rho}{8h_{33}^2S}$，$C_d=\frac{8h_{33}^2S}{j^2\pi^2\beta_{33}^2l\rho v^2}$。

这样，便得到换能器的导纳，它是一系列动态电容和动态电感串联支路与静态电容的并联。其中，静态电容是一个固定的值，通常用来检查压电晶片是否损坏。动态支路的电容和电感则随着固有频率的变化而变化。这些变化可以通过单个压电晶片的导纳圆测量出来。调整频率范围，压电晶片的导纳会有多个固有频率。在每个固有频率处，导纳的实部和虚部会表现出 R-L-C 串联电路的特征，即导纳的实部取极值，虚部变化最快。不同的固有频率处，动态电感和电容的值也不一样。以上推导中没有考虑物理衰减，如考虑其影响，则压电晶片的等效电路变成静态电容与 R-L-C 串联支路的并联（见后面的实际测量结果）。

第三节　晶堆的处理

栾桂冬给出了 q 个压电晶片构成的晶堆在振动时的等效电路，如图 8－6 所示。q 个压电晶片级联以后的等效电路参数为

$$Z_{1p} = i\rho v_e S\tan\left(\frac{1}{2}qk_e l\right)$$

$$Z_{2p} = \frac{\rho vS}{i\sin(kl)} - \frac{n^2}{i\omega C_0} = \frac{\rho v_e S}{i\sin(qk_e l)}$$

其中，$k_e = k/\sqrt{1-k_{33}^2}$，$v_e = 1/\sqrt{\rho s_{33}^E} = v\sqrt{1-k_{33}^2}$（$S_{33}^E = S_{33}^D/(1-k_{33}^2)$））。这是用集中参数表示的压电晶堆的振动特征。

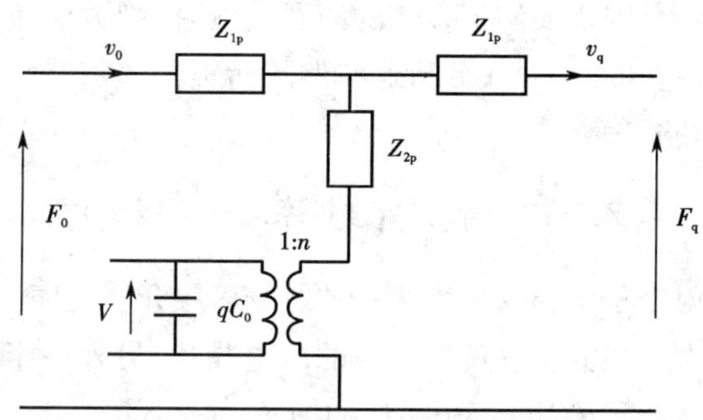

图 8－6　q 个级联以后的等效电路

这个电路提供的启示是，级联以后，压电晶片的机械振动按照这样的规律进行：

$$U = A\cos(qk_e x) + B\sin(qk_e x)$$

$$F = -k_e SE_e A\sin(qk_e x) + k_e SE_e B\cos(qk_e x)$$

$$F = -\omega\rho v_e SA\sin(qk_e x) + \omega\rho v_e SB\cos(qk_e x)$$

用这样的公式计算压电晶片级联以后的位移和应力，与其他部分满足边界条件，便可以得到其谐振频率或者固有频率，因为这是压电晶片级联以后机械振动特征的反映。

压电晶片级联以后构成晶堆，我们在晶堆的中间设置节点（该点的位移为 0），以节点为界，在相同的共振频率下，节点两端的部分可以分别进行处理。

后盖部分和一部分压电晶片级联构成一个整体振动模型（这里的部分压电晶堆被看成一个整体，其参数与晶片个数有关）。这是一个独立的振动系统，其边界条件是，后盖外面是自由状态，应力为 0，晶体片界面即节点处位移为 0，构成求解方程从而得到其固有频率。另外一部分的压电晶片级联以后与前面的耦合层和负载构成一个振动系统。其边界条件为：晶体片界面与节点连接的部分位移为 0，晶片另外一端与其他介质满足位移和应力连续的条件，没有负载时，最后面部分的边界上应力为 0，求出振子另一半的固体频率。设计换能器时，这两个部分的固有频率必须相等，不相等时不能够有效激发振动。

第四节 起始位移的处理

当换能器安装完成，通电进行振动时，设计节点位置的位移为0，振动位移通常从压电晶片级联以后的另外一端输出。由于设计的节点通常位于压电晶堆的中间，即节点两端的压电晶片个数相同，两边的压电晶片对称，因此，整个压电晶片堆产生的振动位移通常向两个方向，并且振动位移的方向相反。

节点处位移为0，节点两端位移必须对称。这样，在进行振子的位移模拟时，通常将晶堆分成两部分，一部分晶堆振动位移消失在后座上，另外一部分晶堆的振动位移通过晶堆的端面传递到振子的前端，人们在这部分压电晶堆结束位置设置位移为1描述晶堆产生的振动，以此为振源对该部分进行求解。

起始振动的模拟是一个困扰人们很多年的问题，上述模拟方法也是一种近似方法。读者可以用高速相机拍摄振动的照片，在分析这些照片所提供的实验结果的基础上对起始振动的模拟方法进行改进和完善。

第五节 固有频率计算程序

以下是一个计算发射振子中含5节变幅杆的一维多层介质程序。

模型设计从节点开始，主晶堆中只有一半的压电晶片，另外一半的压电晶片与后座一起，构成一个共振频率与前面（右边）振子一样的振子。

```
%x=[L1,L2,L3,L4,L5];
v1=5000;  %变幅杆材料
ve=2000;  %晶堆材料参数
v2=5000;  %辐射端的声速
hjt=0.005;  %晶片厚度
nj=3;  %主晶堆中晶片个数的一半
nj1=2;  %副晶堆中晶片个数

L0=nj*hjt;  %主晶堆长度的一半,nj晶片个数
L1=0.003;L2=0.015;L3=0.03;L4=0.015;L5=0.003;
L00=nj1*hjt;  %副晶堆长度
L6=0.11

D1=0.03;D2=0.01;D3=0.01;D4=0.03;
alpha1=(1-D2/D1)/L2;alpha2=(1-D4/D3)/L4;
```

```
%计算参数
N =30000;
df =1;  %单位:Hz
f0 =0;  %单位:Hz
den0 =10.6;  %晶堆的密度
den1 =10.8;  %钢的密度
den2 =10.8;  %辐射端的密度
s0 =1;  %压电晶堆的面积与钢的面积一致取1
s1 =1;  %变幅杆的面积
s2 =1;  %最后端7辐射端的面积
```

1. 矩阵行列式

```
for ii =1:N
f(1,ii) =f0 +(ii -1) * df;  %计算的频率
    om =2 * pi * f(1,ii);  %计算的角频率
    MN =eye(2);  %单位矩阵,用于存放递推以后的矩阵
        k =om/v1;  %边界右面介质的波数
        U00 = Mmsz1(L0,om,den0,ve,s0);  %晶堆右边的系数
        M01 = Mmsz1(0,om,den1,v1,s1);  %第一介质左边的系数
        MN =inv(M01) * U00 * MN;  %矩阵递推,第二介质的系数
        U0 = Mm1(L1,k);  %第一介质右面边界的矩阵
        M0 = Mxm(k,0,alpha1);  %第二介质左面边界的矩阵
        MN =inv(M0) * U0 * MN;  %矩阵递推,第二介质的系数
        U1 = Mxm(k,L2,alpha1);  %第二介质右面边界的矩阵
        M1 = Mm1(0,k);  %第三介质左面边界的矩阵
        MN =inv(M1) * U1 * MN;  %矩阵递推,第三介质的系数
        U2 = Mm1(L3,k);  %第三介质右面边界的矩阵
        M2 = Mxm(k,0,alpha2);  %第四介质左边边界的矩阵
        MN =inv(M2) * U2 * MN;  %矩阵递推,第四介质的系数
        U3 = Mxm(k,L4,alpha2);  %第四介质右边边界的矩阵
        M3 = Mm1(0,k);  %第五介质左边边界的矩阵
        MN =inv(M3) * U3 * MN;  %矩阵递推,第五介质的系数
        U4 = Mmsz1(L5,om,den1,v1,s1);  %第五介质右边边界的矩阵
        M04 = Mmsz1(0,om,den0,ve,s0);  %第六介质左边边界的矩阵
```

```
        MN = inv( M04) * U4 * MN;  % 矩阵递推,第六介质的系数
        U05 = Mmsz1( L00,om,den0,ve,s0);  % 第六介质右边边界的矩阵
        M5 = Mmsz1(0,om,den2,v2,s2);  % 第七介质左边边界的矩阵
        MN = inv( M5) * U05 * MN;  % 矩阵递推,第七介质的系数
        M6 = Mmsz1( L6,om,den2,v2,s2);  % 第七介质右边边界的矩阵
        MN = M6 * MN;  % 第七介质右边的位移和应力

        Mq(1,ii) = MN(2,2);  % 节点处位移为 0 导致 A = 0,所以最后取矩阵元素
                             时取第二列第二个元素,为了计算位移和应力的系
                             数
end
figure (22)
hold on;dd = plot( f/1000,Mq,'k');set( dd,'linewidth',3);grid on;
```

2. 固有频率

从上述程序计算的行列式值 MN(2,2)随频率的变化曲线中,取其 0 值位置获得其固有频率。

```
jj = 1;
for ii = 1:N - 1
    if ( Mq(1,ii) >0 ) & ( Mq(1,ii +1) <0)  % 判断是否为 0,确定固有频率
        fa(1,jj) = ii * df + f0
        jj = jj + 1;
    end
if ( Mq(1,ii) <0 ) & ( Mq(1,ii +1) >0)
        fa(1,jj) = ii * df + f0
        jj = jj + 1;
end
end
for ii = 1:15
    for jj = 1:15
        m(ii,jj) = 0;
    end
    b(ii,1) = 0;
end
```

第六节　位移和应力计算程序

1. 系数计算

给定固有频率 ff 以后，可以计算该固有频率的振动位移和应力在不同位置的分布。计算方法采用 10×10 矩阵的方法进行。

```
ff = fa(1,2);%3950;%11644.2;%ff = 3231.5;%取定固有频率
    k = 2 * pi * ff/v1;
    om = 2 * pi * ff;
```

计算该频率处的系数矩阵元素：

```
    m(1,1) = sin(om/ve * L0);
    m(1,2) = -1;

    m(2,1) = s0 * cos(om/ve * L0);
    m(2,3) = -s1 * om * den1 * v1/(om * den0 * ve);

    m(3,2) = cos(k * L1);
    m(3,3) = sin(k * L1);
    m(3,4) = alpha1;

    m(4,2) = -k * sin(k * L1);
    m(4,3) = k * cos(k * L1);
    m(4,4) = alpha1^2;
    m(4,5) = alpha1 * k;

    m(5,4) = (1/(L2 - 1/alpha1)) * cos(k * L2);
    m(5,5) = (1/(L2 - 1/alpha1)) * sin(k * L2);
    m(5,6) = -1;

    m(6,4) = ( -1/(L2 - 1/alpha1)^2) * cos(k * L2) - (k/(L2 - 1/alpha1)) * sin(k * L2);
    m(6,5) = ( -1/(L2 - 1/alpha1)^2) * sin(k * L2) + (k/(L2 - 1/alpha1)) * cos(k * L2);
    m(6,7) = -k;
```

```
m(7,6) = cos(k * L3);
m(7,7) = sin(k * L3);
m(7,8) = alpha2;

m(8,6) = -k * sin(k * L3);
m(8,7) = k * cos(k * L3);
m(8,8) = alpha2^2;
m(8,9) = alpha2 * k;

m(9,8) = (1/(L4 - 1/alpha2)) * cos(k * L4);
m(9,9) = (1/(L4 - 1/alpha2)) * sin(k * L4);
m(9,10) = -1;

m(10,8) = (-1/(L4 - 1/alpha2)^2) * cos(k * L4) - (k/(L4 - 1/alpha2)) * sin
(k * L4);
m(10,9) = (-1/(L4 - 1/alpha2)^2) * sin(k * L4) + (k/(L4 - 1/alpha2)) * cos
(k * L4);
m(10,11) = -k;

m(11,10) = cos(k * L5);
m(11,11) = sin(k * L5);
m(11,12) = -1;
m(12,10) = -s1 * sin(k * L5);
m(12,11) = s1 * cos(k * L5);
m(12,13) = -s0 * den0 * om * ve/(om * den1 * v1);

m(13,12) = cos(om/ve * L00);
m(13,13) = sin(om/ve * L00);
m(13,14) = -1;

m(14,12) = -s0 * sin(om/ve * L00);
m(14,13) = s0 * cos(om/ve * L00);
m(14,15) = -s2 * om * den2 * v2/(om * den0 * ve);

m(15,14) = -om * sin(om/v2 * L6);
```

```
m(15,15) = om * cos(om/v2 * L6);
```

计算力源作用下的系数：

```
b(1,1) = 1;b(13,1) = -1;
Cc = inv(m) * b;
```

2. 位移和应力计算

获得各层的广义反射系数和透射系数以后，便可以计算每层的位移和应力分布。

```
dx = 0.0001;  %设置长度步长
n0 = round(L0/dx);  %第一节的计算点数
[F0 ,U0] = Ucaal1(n0,om,den0,ve,s0,dx,0,Cc(1,1));  %计算第零节的位移和应力分布
n1 = round(L1/dx);
[F1 ,U1] = Ucal1(n1,k,dx,Cc(2,1),Cc(3,1));  %计算第一节的位移和应力分布
n2 = round(L2/dx);
[F2 ,U2] = Ucal1xm(n2,k,dx,Cc(4,1),Cc(5,1),alpha1);  %计算第二节的位移和应力分布
n3 = round(L3/dx);
[F3,U3] = Ucal1(n3,k,dx,Cc(6,1),Cc(7,1));  %计算第三节的位移和应力分布
n4 = round(L4/dx);
[F4 ,U4] = Ucal1xm(n4,k,dx,Cc(8,1),Cc(9,1),alpha2);  %计算第四节的位移和应力分布
n5 = round(L5/dx);
[F5,U5] = Ucal1(n5,k,dx,Cc(10,1),Cc(11,1));  %计算第五节的位移和应力分布
n6 = round(L00/dx);
[F6,U6] = Ucaal1(n6,om,den0,ve,s0,dx,Cc(12,1),Cc(13,1));  %计算第六节的位移和应力分布
n7 = round(L6/dx);
[F7,U7] = Ucal1(n7,k,dx,Cc(14,1),Cc(15,1));  %计算第七节的位移和应力分布
css = 1/(v1^2 * den1/ve^2/den0);  %这是一个计算应力时的系数,该系数产生于压电参数与变幅杆参数之间的不一致性,主要因变幅杆产生,在变幅杆应力计算时省略了杨氏模量
F = [F0 * css,F1,F2,F3,F4,F5,css * F6,F7];
```

```
U = [U0,U1 +1,U2 +1,U3 +1,U4 +1,U5 +1,U6 +1,U7];   % 位移的产生由边界处位移不连续模拟,该位移不连续导致位移计算结果中出现了位移整体移动的情况,该情况由位移不连续产生,是人为产生的,可以人为地消除
```

对各节位移和应力的计算结果绘图。

```
figure(33)
dd = plot(F/40,'k');
set(dd,'linewidth',2.5)
hold on
dd = plot(U,'k:');
set(dd,'linewidth',2.5)

nl1 = 1:n0;
dd = plot(nl1,U0,'b');
set(dd,'linewidth',3.5)
hold on
nl7 = n0 + n1 + n2 + n3 + n4 + n5 + (1:n6);
dd = plot(nl7,U6 +1,'b');
set(dd,'linewidth',3.5)
hold on

grid on
nl2 = n0 + n1 + (1:n2);
hold on
dd = plot(nl2,F2/40,'r');
set(dd,'linewidth',3.5)
hold on
dd = plot(nl2,U2 +1,'k');
set(dd,'linewidth',3.5)
```

```
hold on

nl4 = n0 + n1 + n2 + n3 + (1:n4);
hold on
dd = plot(nl4,F4/40,'r');
set(dd,'linewidth',2.5)
hold on
dd = plot(nl4,U4 + 1,'k');
set(dd,'linewidth',3.5)
hold on
```

图 8－7 是两个压电晶堆加哑铃形变幅杆模型各部分的振动位移和应力分布。其中直线段是压电晶堆的位移(线性增加或减小),粗线是变截面部分的应力(发生剧烈变化)。左边起始点是位移节点,位移为 0,右边结束点是自由状态,应力为 0。从图上可以看出:应力最大的点分布在最细位置的右边。

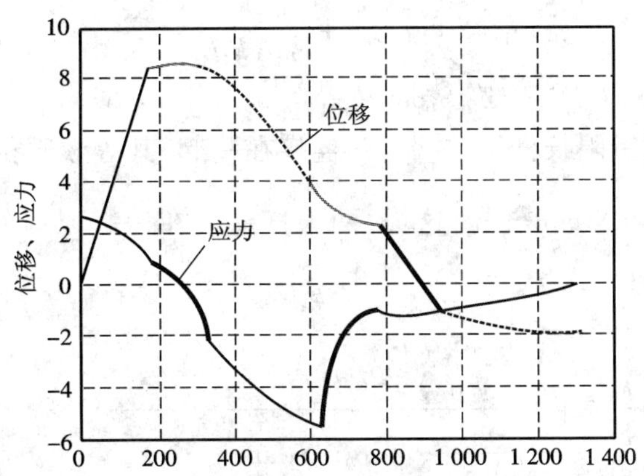

图 8－7　压电振子的振动位移和应力分布

思考题

1. 压力片振动位移的模拟方法有哪些?
2. 节点振动位移为 0,在实际中有什么作用?
3. 应力分布的极大值位置在哪一部比较好?

第九章　厚度振动压电换能器等效电路

压电换能器的等效电路描述方法建立了机械振动与等效电路之间的关系，将机械振动等效为电路。这样便可以利用电路的方法分析机械振动，采用机械阻抗等参数描述力学负载，并通过压电晶片的等效变压器模型将机械参数转换为电路参数，实现与激发电路的匹配，达到最佳的声电激发效果。

第一节　带负载一维杆的机械阻抗

对于图 8－3 所示的一维有限长杆，设其长度为 l_1，面积为 S_1，密度为 ρ_1，该杆的纵波速度为 v_1，在一端（右端）自由情况下，从另外一端看进去的阻抗为（具体推导见本章附录 B）

$$\begin{aligned}Z_s &= i\rho_1 v_1 S_1 \tan\frac{k_1 l_1}{2} + \frac{i\rho_1 v_1 S_1 \tan\dfrac{k_1 l_1}{2}\dfrac{\rho_1 v_1 S_1}{i\sin(k_1 l_1)}}{i\rho_1 v_1 S_1 \tan\dfrac{k_1 l_1}{2} + \dfrac{\rho_1 v_1 S_1}{i\sin(k_1 l_1)}} \\ &= i\rho_1 v_1 S_1 \tan(k_1 l_1) = iZ_{01} S_1 \tan(k_1 l_1)\end{aligned} \tag{9-1}$$

将另外一个长度为 l_2 的有限长杆从左端与其连接在一起，其等效阻抗如图 9－1 所示，其中 $Z_b = \dfrac{\rho_2 v_2 S_2}{i\sin(k_2 l_2)}$，$Z_a = i\rho_2 v_2 S_2 \tan\dfrac{k_2 l_2}{2}$。这样，两根杆连接在一起以后的输入阻抗（即力学负载）为

$$\begin{aligned}Z &= i\rho_2 v_2 S_2 \tan\frac{k_2 l_2}{2} + \frac{\dfrac{\rho_2 v_2 S_2}{i\sin(k_2 l_2)}\left(i\rho_2 v_2 S_2 \tan\dfrac{k_2 l_2}{2} + Z_s\right)}{\dfrac{\rho_2 v_2 S_2}{i\sin(k_2 l_2)} + i\rho_2 v_2 S_2 \tan\dfrac{k_2 l_2}{2} + Z_s} \\ &= iZ_{02}\tan\frac{k_2 l_2}{2} + \frac{\dfrac{Z_{02}}{i\sin(k_2 l_2)}\left(iZ_{02}\tan\dfrac{k_2 l_2}{2} + Z_s\right)}{\dfrac{Z_{02}}{i\sin(k_2 l_2)} + iZ_{02}\tan\dfrac{k_2 l_2}{2} + Z_s} \\ &= iZ_{02}\tan\frac{k_2 l_2}{2} + \frac{\dfrac{Z_{02}}{i\sin(k_2 l_2)}\left(iZ_{02}\tan\dfrac{k_2 l_2}{2} + Z_s\right)}{-iZ_{02}\cot(k_2 l_2) + Z_s}\end{aligned}$$

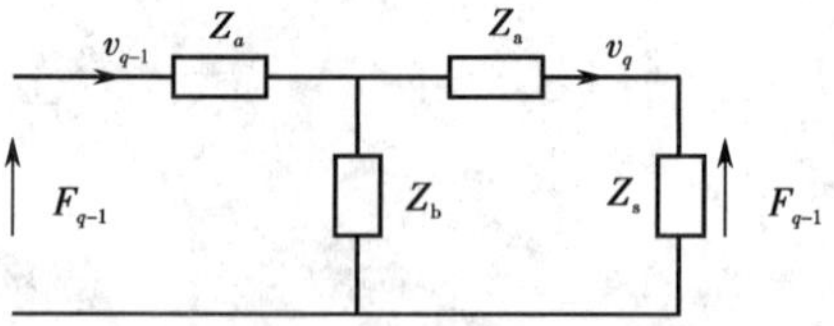

图 9－1　两个有限长杆连在一起后的机械等效电路

$$=\frac{\mathrm{i}Z_{02}\tan\frac{k_2l_2}{2}[-\mathrm{i}Z_{02}\cot(k_2l_2)+Z_s]+\frac{Z_{02}}{\mathrm{i}\sin(k_2l_2)}\left(\mathrm{i}Z_{02}\tan\frac{k_2l_2}{2}+Z_s\right)}{-\mathrm{i}Z_{02}\cot(k_2l_2)+Z_s}$$

对上式进行化简，分子

$$\mathrm{i}\tan\frac{k_2l_2}{2}[-\mathrm{i}Z_{02}\cot(k_2l_2)+Z_s]+\frac{1}{\mathrm{i}\sin(k_2l_2)}\left(\mathrm{i}Z_{02}\tan\frac{k_2l_2}{2}+Z_s\right)$$

$$=Z_s\left[\mathrm{i}\tan\frac{(k_2l_2)}{2}+\frac{1}{\mathrm{i}\sin(k_2l_2)}\right]+Z_{02}\tan\frac{k_2l_2}{2}\left[\cot(k_2l_2)+\frac{1}{\sin(k_2l_2)}\right]=-\mathrm{i}Z_s\cot(k_2l_2)+Z_{02}$$

这样便有

$$Z=Z_{02}\frac{-\mathrm{i}Z_s\cot(k_2l_2)+Z_{02}}{-\mathrm{i}Z_{02}\cot(k_2l_2)+Z_s}=Z_{02}\frac{-\mathrm{i}\cot(k_2l_2)[Z_s+\mathrm{i}Z_{02}\tan(k_2l_2)]}{-\mathrm{i}Z_{02}\cot(k_2l_2)\left[1+\mathrm{i}\frac{Z_s}{Z_{02}}\tan(k_2l_2)\right]}=\frac{Z_s+\mathrm{i}Z_{02}\tan(k_2l_2)}{1+\mathrm{i}\frac{Z_s}{Z_{02}}\tan(k_2l_2)} \tag{9-2}$$

将 $Z_s=\mathrm{i}\rho_1v_1S_1\tan(k_1l_1)=\mathrm{i}Z_{01}\tan(k_1l_1)$ 代入上式得到

$$Z=\frac{\mathrm{i}Z_{01}\tan(k_1l_1)+\mathrm{i}Z_{02}\tan(k_2l_2)}{1+\mathrm{i}\frac{\mathrm{i}Z_{01}}{Z_{02}}\tan(k_1l_1)\tan(k_2l_2)}=\mathrm{i}Z_{02}\frac{\frac{Z_{01}}{Z_{02}}\tan(k_1l_1)+\tan(k_2l_2)}{1-\frac{Z_{01}}{Z_{02}}\tan(k_1l_1)\tan(k_2l_2)}=\mathrm{i}Z_{02}\tan(k_2l_2+\varphi) \tag{9-3}$$

其中：

$$\tan\varphi=\frac{Z_{01}}{Z_{02}}\tan(k_1l_1) \tag{9-4}$$

对于相同材料而言，上式化简为

$$\tan\varphi=\frac{S_1}{S_2}\tan(k_1l_1)=\frac{S_1}{S_2}\tan\frac{2\pi f}{v}l_1$$

阻抗变成

$$Z=\mathrm{i}Z_{01}\tan[k_1(l_2+l_1)] \tag{9-5}$$

由于正切函数为 0 的点分别为 0 和 π 的整数倍，从上式可以计算出阻抗为 0 时有限长杆的长度，也可以计算出阻抗为无穷大时有限长杆的长度。阻抗为 0 时，位移无穷大，发生共振；阻抗为无穷大时，位移为 0，该杆没有振动位移传递。

如果右端接的不是有限长杆，而是负载 Z_s，式(9-2)还可以表示为

$$Z=Z_{02}\frac{-\mathrm{i}Z_s\cot(k_2l_2)+Z_{02}}{-\mathrm{i}Z_{02}\cot(k_2l_2)+Z_s}=Z_{02}\frac{-\mathrm{i}Z_s\frac{\cos(k_2l_2)}{\sin(k_2l_2)}+Z_{02}}{-\mathrm{i}Z_{02}\frac{\cos(k_2l_2)}{\sin(k_2l_2)}+Z_s}=Z_{02}\frac{Z_{02}\sin(k_2l_2)-\mathrm{i}Z_s\cos(k_2l_2)}{Z_s\sin(k_2l_2)-\mathrm{i}Z_{02}\cos(k_2l_2)} \tag{9-6}$$

分子分母同乘以虚数 i 有

$$Z=Z_{02}\frac{\mathrm{i}Z_{02}\sin(k_2l_2)+Z_s\cos(k_2l_2)}{\mathrm{i}Z_s\sin(k_2l_2)+Z_{02}\cos(k_2l_2)} \tag{9-7}$$

这样便得到机械输入阻抗与杆长度、负载以及波阻抗之间的关系。当 $k_2l_2=(2n+1)\pi/2$ 时，$Z=Z_{02}^2/Z_s$，有限长杆起一个阻抗变换作用；当 $k_2l_2=n\pi$ 时，$Z=Z_s$，有限长杆将负载阻抗直接传递到输入端。

在上述推导过程中，将有限长杆两端的力和振动速度作为输出变量，与其他杆在边界处连续。与电路类比，力等价于电压，振动速度等价于电流。有限长电缆接负载以后的等效阻抗与式(9-7)一样(见第十章)。

第二节　压电换能器的等效电路

一般的压电换能器内部结构如图9-2所示。设计时，压电晶片的前后分别有保护膜和后背衬。保护膜前面接待测介质，后背衬后面是空气。该压电换能器的等效电路如图9-3所示。最右边是保护膜前面的待测介质，在这里相当于换能器的力学负载 Z_s，中间是压电晶片的等效电路，左边是后背衬的等效电路。由于后背衬的外面是空气，应力为0，所以，左边短路；右边是负载 Z_s 和保护膜 p。保护膜一端与压电晶片连接，另一端连接在负载上。

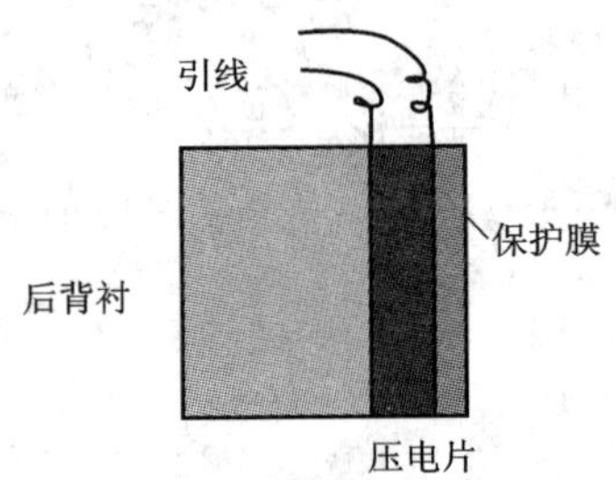

图9-2　压电换能器的内部结构

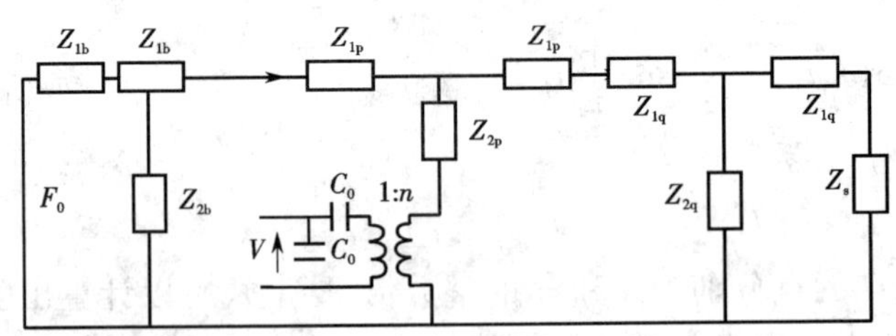

图9-3　压电换能器的等效电路

图中，保护膜的等效阻抗为 Z_{1q}、Z_{2q}，压电晶片的等效阻抗为 Z_{1p}、Z_{2p}，后背衬的等效阻抗为 Z_{1b}、Z_{2b}，

$$Z_{1b}=\mathrm{i}\rho_2v_2S\tan\frac{k_2l_2}{2},\qquad Z_{2b}=\frac{\rho_2v_2S}{\mathrm{i}\sin(k_2l_2)}$$

$$Z_{1p}=\mathrm{i}\rho vS\tan\frac{kl}{2},\qquad Z_{2p}=\frac{\rho vS}{\mathrm{i}\sin(kl)}$$

$$Z_{1q}=\mathrm{i}\rho_1v_1S\tan\frac{k_1l_1}{2},\qquad Z_{2q}=\frac{\rho_1v_1S}{\mathrm{i}\sin(k_1l_1)}$$

第三节　压电换能器的三个谐振

在压电换能器中有三个谐振频率，对应于两个长度，它们对换能器设计来讲非常重要，直接影响换能器的性能。

1. 第一个谐振与后背衬的长度

后背衬的输出通常是空气，其负载为0，等效电路中最左端可以作短路处理。但是，后背衬对压电晶片的整个振动特征还是有影响的。由于其最左端的输出负载为0，其振动特征所表现出来的阻抗 Z_p（相对于压电晶片）可以化简为（具体推导见本章附录B）

$$Z_p = i\rho_2 v_2 S\tan\frac{k_2 l_2}{2} + \frac{i\rho_2 v_2 S\tan\frac{k_2 l_2}{2}\frac{\rho_2 v_2 S}{i\sin(k_2 l_2)}}{i\rho_2 v_2 S\tan\frac{k_2 l_2}{2} + \frac{\rho_2 v_2 S}{i\sin(k_2 l_2)}} = i\rho_2 v_2 S\tan(k_2 l_2) \tag{9-8}$$

该阻抗由正切函数控制，当取 $k_2 l_2 = \frac{\pi}{2}$ 时，其阻抗 Z_p 为无穷大。这时，对于压电晶片来讲，其后背衬端的负载为无穷大。这样，其振动速度为0，即在后背衬内没有振动速度向后背衬传递，这种情况下，压电换能器背面没有振动速度。

由式(9-8)知道，在该谐振频率下，后背衬材料及其长度参数满足下列关系。由 $k_2 = \frac{\omega}{v_2} = \frac{2\pi f}{v_2} = \frac{2\pi}{v_2 T} = \frac{2\pi}{\lambda_2}$ 知，其条件变成 $\frac{2\pi}{\lambda_2}l_2 = \frac{\pi}{2}$，即 $l_2 = \frac{\lambda_2}{4}$。即当后背衬长度为材料波长的四分之一时，由于机械振动的特征，机械负载为无穷大，对压电片来讲，其左端的机械阻抗为无穷大，在后背衬方向便没有机械振动位移和速度。机械振动全部施加于另外一个方向，即施加到负载使其产生振动位移和速度。

而当 $k_2 l_2 = \pi$ 时，左端的负载 Z_p 为0，这时，压电晶片产生的力均加在后背衬上，使其产生比较大的位移和振动速度。此时后背衬的等效电路相当于短路。振动速度全部加在后背衬上，没有振速施加到负载方向。

压电换能器设计通常选择四分之一波长，使压电晶片左端后背衬的等效电路为开路。这时等效电路可以进一步简化，如图9-4所示。

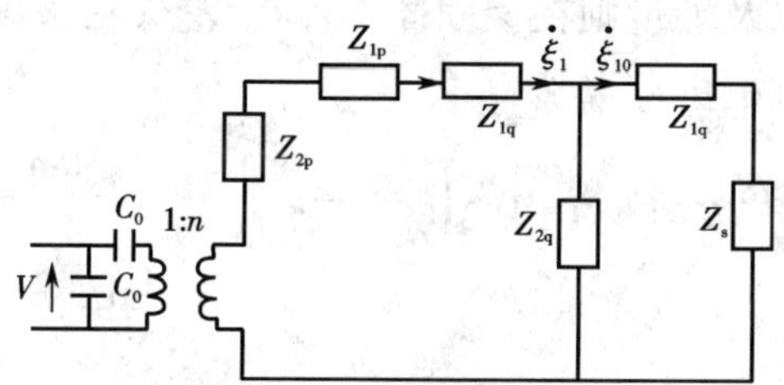

图9-3　1/4波长时压电换能器的等效电路

经过下列式子化简（具体推导见附录C），可以得到压电晶片的机械阻抗 Z。

$$\frac{1}{\mathrm{isin}(kt)}+\mathrm{itan}\,\frac{kt}{2}=\mathrm{i}\left(\frac{-1}{2\sin\frac{kt}{2}\cos\frac{kt}{2}}+\frac{\sin\frac{kt}{2}}{\cos\frac{kt}{2}}\right)=\mathrm{i}\,\frac{-1+2\sin^2\frac{kt}{2}}{2\sin\frac{kt}{2}\cos\frac{kt}{2}}$$

$$=\mathrm{i}\,\frac{-\cos(kt)}{\sin(kt)}=-\mathrm{icot}(kt) \tag{9-9}$$

$$\mathrm{i}\rho_1 v_1 S\tan\frac{k_1 l_1}{2}+\frac{\frac{\rho_1 v_1 S}{\mathrm{isin}(k_1 l_1)}\left(\mathrm{i}\rho_1 v_1 S\tan\frac{k_1 l_1}{2}+Z_s\right)}{\frac{\rho_1 v_1 S}{\mathrm{isin}(k_1 l_1)}+\mathrm{i}\rho_1 v_1 S\tan\frac{k_1 l_1}{2}+Z_s}$$

$$=\mathrm{i}\rho_1 v_1 S\tan\frac{k_1 l_1}{2}+\frac{\frac{\rho_1 v_1 S}{\mathrm{isin}(k_1 l_1)}\left(\mathrm{i}\rho_1 v_1 S\tan\frac{k_1 l_1}{2}+Z_s\right)}{-\mathrm{i}\rho_1 v_1 S\cot(k_1 l_1)+Z_s}$$

$$Z=\mathrm{i}\left\{\frac{n^2}{\omega C_0}-\rho v S\cot(kt)+\rho_1 v_1 S_1\left[1-\left(\frac{Z_s}{\rho_1 v_1 S_1}\right)^2\right]\frac{\tan(k_1 l_1)}{1+\left(\frac{Z_s}{\rho_1 v_1 S_1}\right)^2\tan^2(k_1 l_1)}\right\}$$

$$+Z_s\,\frac{1+\tan^2(k_1 l_1)}{1+\left(\frac{Z_s}{\rho_1 v_1 S}\right)^2\tan^2(k_1 l_1)} \tag{9-10}$$

2. 第二个谐振与保护层的厚度

第二个谐振发生在另外一端(负载端)的总体机械输入阻抗上,即从压电晶片等效电路的变压器次级看进去的阻抗 Z,该阻抗包括压电晶片机械振动的电特性等效的机械阻抗、压电晶片自身的机械振动阻抗、与压电晶片连接的保护层的机械阻抗以及负载或称辐射阻抗。当该负载阻抗的虚部为0时,压电晶片在辐射端(方向上)所产生的振动速度最大。该振动速度包括两部分,一部分是辐射阻抗的振动速度,即通过 Z_s的振动速度;另外一部分是保护膜固体材料的振动速度,即通过 Z_{q2} 的振动速度。这两部分的振动位移叠加以后构成压电晶片的振动速度。从机械结构上看,辐射到外部介质的振动速度必须通过保护膜的固体材料,而通过该固体的这两个振动速度相位有差别,辐射到外部介质的能量离开换能器,而辐射不出去的振动速度以及能量则在该固体中存在,消失在该固体中。

第二个谐振条件是阻抗的虚部 X 为 0,即

$$X=\frac{n^2}{\omega C_0}-\rho v S\cot(kl)+\rho_1 v_1 S_1\left[1-\left(\frac{Z_s}{\rho_1 v_1 S_1}\right)^2\right]\frac{\tan(k_1 l_1)}{1+\left(\frac{Z_s}{\rho_1 v_1 S_1}\right)^2\tan^2(k_1 l_1)}=0$$

故

$$\rho v S\cot(kl)-\frac{n^2}{\omega C_0}=\rho_1 v_1 S_1\left[1-\left(\frac{Z_s}{\rho_1 v_1 S_1}\right)^2\right]\frac{\tan(k_1 l_1)}{1+\left(\frac{Z_s}{\rho_1 v_1 S_1}\right)^2\tan^2(k_1 l_1)} \tag{9-11}$$

其中,l 是压电晶片的厚度,$k=\omega/v$,v 是压电晶片的声速,S 是压电晶片的截面积,ρ 是压电晶片的密度,加下标 1 的是压电晶片与辐射面之间保护膜固体的参数,Z_s是辐射阻抗。

该共振条件给出了压电晶片参数与保护膜固体参数之间的关系。其中压电晶片不同，对应的保护膜固体的机械参数和长度也不同。当压电晶片固定以后，最终能够调节的是保护膜的厚度 l_1。

3. 第三个谐振与保护层的厚度

换能器的第三个谐振条件满足时换能器辐射面的振速最大。

根据并联电路振动速度的计算公式(图 9 - 3)，换能器辐射面的振速

$$\dot{\xi}_{10}=\dot{\xi}_1\frac{\dfrac{\rho_1 v_1 S}{\mathrm{isin}(k_1 l_1)}}{\dfrac{\rho_1 v_1 S}{\mathrm{isin}(k_1 l_1)}+\mathrm{i}\rho_1 v_1 S\tan\dfrac{k_1 l_1}{2}+Z_s}$$

$$\dot{\xi}_{10}=\dot{\xi}_1\frac{\rho_1 v_1 S}{\rho_1 v_1 S\cos(k_1 l_1)+\mathrm{i}Z_s\sin(k_1 l_1)}=\frac{nv}{R_2+\mathrm{i}X_2}\frac{\rho_1 v_1 S}{\rho_1 v_1 S\cos(k_1 l_1)+\mathrm{i}Z_s\sin(k_1 l_1)}=\frac{\rho_1 v_1 SnV}{R_1+\mathrm{i}X_1} \tag{9-12}$$

其中，R_2 和 X_2 是 Z_{1q} 与 Z_s 串联以后再与 Z_{2q} 并联以后的复数阻抗。

$$R_1=\rho_1 v_1 SR_2\cos(k_1 l_1)-Z_s X_2\sin(k_1 l_1) \tag{9-13}$$

$$X_1=\rho_1 v_1 SX_2\cos(k_1 l_1)+R_2 Z_s\sin(k_1 l_1) \tag{9-14}$$

当 $X_1=0$ 时，ξ_{10} 最大，辐射面谐振，第三个谐振条件为

$$\rho_1 v_1 SX\cos(k_1 l_1)+RZ_s\sin(k_1 l_1)=0 \tag{9-15}$$

该谐振条件满足时，大多数振动能量能够辐射到换能器外面，或者说辐射到换能器外面的能量最大。当前面的条件满足，即 $X=0$ 时，条件变成 $\sin(k_1 l_1)=0$，只与材料和厚度有关，与其他参数无关。

在推导 $X=0$ 谐振的过程中，使用了保护膜长度 l_1 这个参数。在满足 $X=0$ 的条件后，这里又用到这个参数使辐射面谐振。这两个条件很可能不能够同时满足，因此，发射换能器的设计实际是在这两个条件之间进行必要的折中。注意：$X=0$ 是使辐射到待测介质方向的振动速度最大，$X_1=0$ 是使辐射到机械负载上振动速度最大。两者具有共同的性质。

以上是对普通压电发射换能器的推导，普通接收换能器也由后背衬、单压电晶片与外盖组成，推导过程与此类似。

第四节　压电接收换能器

当换能器用于接收时，其等效电路如图 9 - 4 所示。其右端有压力进入压电换能器，压电换能器产生振动速度 $\dot{\xi}_{01}$，该振动速度经过分流以后，进入压电晶片的振动速度为 $\dot{\xi}_1$，通过分析该振动速度可得到换能器的设计方法。

以下求接收换能器的开路输出电压(电端)。接收换能器从右端保护层中接收到压力信号 p 以后，首先在保护层中产生振动速度，然后，该振动速度通过边界条件进入压电晶片。设压电换能器表面接收的振动速度为 $\dot{\xi}_{01}$，则

$$\dot{\xi}_{01}=F/Z$$

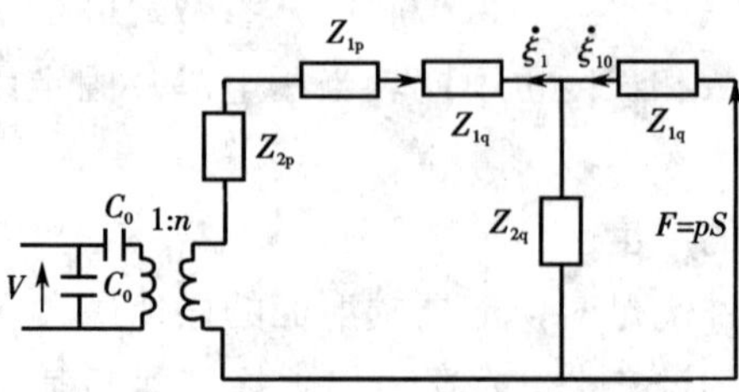

图 9-4 压电接收换能器的等效电路

$$Z = \mathrm{i}\rho_1 v_1 S\tan\frac{k_1 l_1}{2} + \frac{\dfrac{\rho_1 v_1 S}{\mathrm{isin}(k_1 l_1)}\left[\dfrac{\rho v S}{\mathrm{isin}(kl)} + \mathrm{i}\rho v S\tan\dfrac{kl}{2} + \mathrm{i}\rho_1 v_1 S\tan\dfrac{k_1 l_1}{2}\right]}{\dfrac{\rho_1 v_1 S}{\mathrm{isin}(k_1 l_1)} + \dfrac{\rho v S}{\mathrm{isin}(kl)} + \mathrm{i}\rho v S\tan\dfrac{kl}{2} + \mathrm{i}\rho_1 v_1 S\tan\dfrac{k_1 l_1}{2}}$$

$$= -\mathrm{i}\rho_1 v_1 S\cot(k_1 l_1) + \frac{-\left[\dfrac{\rho_1 v_1 S}{\mathrm{isin}(k_1 l_1)}\right]^2}{-\mathrm{i}\rho v S\cot(kl) - \mathrm{i}\rho_1 v_1 S\cot(k_1 l_1)}$$

$$= \frac{-(\rho_1 v_1 S)^2\left[\cot^2(k_1 l_1) - \dfrac{1}{\sin^2(k_1 l_1)}\right] - \rho_1 v_1 S^2\cot(k_1 l_1)\rho v\cot(kl)}{-\mathrm{i}\rho v S\cot(kl) - \mathrm{i}\rho_1 v_1 S\cot(k_1 l_1)}$$

$$= \frac{(\rho_1 v_1 S)^2 - \rho_1 v_1 S^2\rho v\cot(k_1 l_1)\cot(kl)}{-\mathrm{i}\rho v S\cot(kl) - \mathrm{i}\rho_1 v_1 S\cot(k_1 l_1)} \qquad (9-16)$$

$$\dot{\xi}_{01} = \frac{pS}{Z} = \frac{pS[-\mathrm{i}\rho v S\cot(kl) - \mathrm{i}\rho_1 v_1 S\cot(k_1 l_1)]}{(\rho_1 l_1 S)^2 - \rho_1 v_1 S^2\rho v\cot(kl)\cot(k_1 l_1)} \qquad (9-17)$$

进入压电晶片的振动速度为

$$\dot{\xi}_1 = \dot{\xi}_{01}\frac{\dfrac{\rho_1 v_1 S}{\mathrm{isin}(k_1 l_1)}}{\dfrac{\rho_1 v_1 S}{\mathrm{isin}(k_1 l_1)} + \dfrac{\rho v S}{\mathrm{isin}(kl)} + \mathrm{i}\rho v S\tan\dfrac{kl}{2} + \mathrm{i}\rho_1 v_1 S\tan\dfrac{k_1 l_1}{2}}$$

$$= \dot{\xi}_{01}\frac{1}{\mathrm{isin}(k_1 l_1)}\frac{\rho_1 v_1 S}{-\mathrm{i}\rho_1 v_1 S\cot(k_1 l_1) - \mathrm{i}\rho v S\cot(kl)}$$

$$= \dot{\xi}_{01}\frac{\rho_1 v_1 S}{\sin(k_1 l_1)[\rho_1 v_1 S\cot(k_1 l_1) + \rho v S\cot(kl)]}$$

$$= \frac{-\mathrm{i}pS^2\rho_1 v_1}{\sin(k_1 l_1)[(\rho_1 v_1 S)^2 - \rho_1 v_1 S^2\rho v\cot(kl)\cot(k_1 l_1)]}$$

通过 C_0 的电流为

$$I = n\dot{\xi}_1$$

则开路输出电压为

$$V = \frac{I}{\mathrm{i}\omega C_0} = \frac{np}{\omega C_0\sin(k_1 l_1)[\rho v\cot(kl)\cot(k_1 l_1) - \rho_1 v_1]} \qquad (9-18)$$

这样就得到压电换能器开路时的电压。谐振条件可以令上式的分母等于0，得到

$$\rho v\cot(kl)\cot(k_1l_1)=\rho_1v_1 \tag{9-19}$$

故

$$\frac{\rho v}{\rho_1v_1}\cot(kl)=\tan(k_1l_1) \tag{9-20}$$

注意：以上推导时，将所有层的面积均视为相同，均为 S。当压电晶片的截面积 S 与换能器最终的截面积 S_f 不相同时，上述谐振条件中还有相应的面积比，即

$$\frac{\rho vS}{\rho_1v_1S_f}\cot(kl)=\tan(k_1l_1) \tag{9-21}$$

当 $\tan(k_1l_1)=0$ 时，

$$l_1=\frac{n}{2}\lambda_1(n=0,1,2,\cdots) \tag{9-22}$$

即保护层很薄（相当于 $n=0$），或者是1/2波长的整数倍时，其谐振条件简化为

$$\cot(kl)=0 \tag{9-23}$$

故

$$l=(2n+1)\frac{\lambda}{4}(n=0,1,2,\cdots) \tag{9-24}$$

当 $n=0$ 时，$l=\lambda/4$，这就是所谓的四分之一波长振子，即当压电晶片厚度为四分之一波长时，接收灵敏度最高，转换的电压幅度最大。

当频率很低时，$\sin\alpha\to\alpha$，$\cot\alpha\to1/\alpha$，则有

$$V=\frac{np}{\omega C_0\sin(k_1l_1)[\rho v\cot(kl)\cot(k_1l_1)-\rho_1v_1]}=\frac{np}{\omega C_0k_1l_1\left(\rho v\frac{1}{kl}\frac{1}{k_1l_1}-\rho_1v_1\right)}$$

$$=\frac{npl}{C_0\left(\rho v^2-\rho_1v_1\omega l\frac{\omega}{v_1}l_1\right)}=\frac{npl}{C_0(\rho v^2-\rho_1l_1l\omega^2)} \tag{9-25}$$

当考虑压电晶片截面积 S 与保护层截面积 S_f 的差别以后，有

$$V=\frac{nplS_f}{C_0(S\rho v^2-S_1\rho_1l_1l\omega^2)}\approx\frac{nplS_f}{C_0S\rho v^2} \tag{9-26}$$

从上式可以看出：接收换能器的开路响应电压与换能器保护层的截面积、压电晶片的厚度和机电转换系数成正比。

第五节　压电振子设计

功率超声换能器使用的压电振子有前后盖。设计时，通常假设其两端的应力为0，辐射端的振动位移或者速度最大。

换能器振动时，压电晶片的前后盖与压电晶片构成一个振子，该振子的谐振频率与压电晶片的机械性能、电学性能和前后盖的机械性能有关。图9-5是前后盖两端自由时的等效电路。由于两端的应力为0，按照短路进行处理。与图9-2相比，少了一个负载阻抗 Z_s。相应的阻抗计算公式为：$Z_{1b}=\mathrm{i}\rho_2v_2S\tan\frac{k_2l_2}{2}$，$Z_{2b}=\frac{\rho_2v_2S}{\mathrm{i}\sin(k_2l_2)}$，$Z_{1p}=\mathrm{i}\rho vS\tan\frac{kl}{2}$，$Z_{2p}=\frac{\rho vS}{\mathrm{i}\sin(kl)}$，

$Z_{1q}=\mathrm{i}\rho_1 v_1 S\tan\frac{k_1 l_1}{2}, Z_{2q}=\frac{\rho_1 v_1 S}{\mathrm{isin}(k_1 l_1)}$。

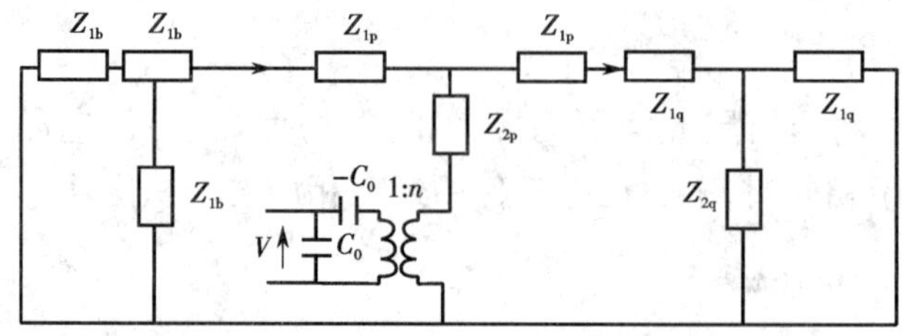

图 9-5 压电振子的机械等效电路

由公式 $\mathrm{i}\rho_2 v_2 S_2\tan\frac{k_2 l_2}{2}+\frac{\mathrm{i}\rho_2 v_2 S_2\tan\frac{k_2 l_2}{2}\frac{\rho_2 v_2 S_2}{\mathrm{isin}(k_2 l_2)}}{\mathrm{i}\rho_2 v_2 S_2\tan\frac{k_2 l_2}{2}+\frac{\rho_2 v_2 S_2}{\mathrm{isin}(k_2 l_2)}}=\mathrm{i}\rho_2 v_2 S_2\tan(k_2 l_2)$ 知道，当前后两端均自由时，其阻抗都可以分别表示为 $\mathrm{i}\rho_1 v_1 S_1\tan(k_1 l_1)$、$\mathrm{i}\rho_2 v_2 S_2\tan(k_2 l_2)$，等效电路可以简化为图 9-6 所示。其中，电端的压电晶片个数为 q 个，这 q 个压电晶片导致电端的串联电容合并到了 Z'_{1p} 和 Z'_{2p} 当中(具体推导见附录 D)。

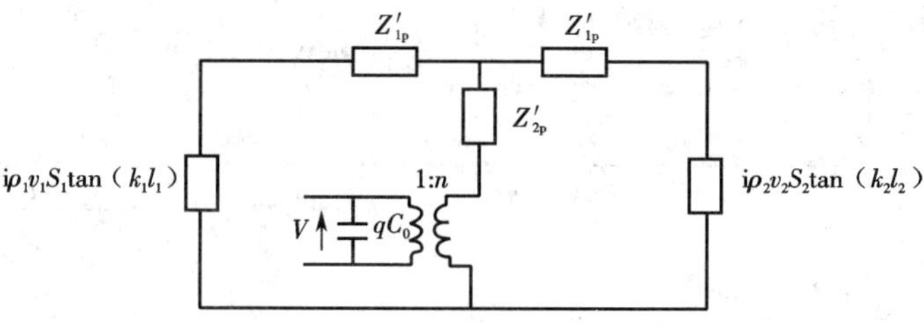

图 9-6 简化等效电路

由特征阻抗的定义得

$$Z_0=\left\{\frac{(\rho v_e S)^2}{2}\left[2+\frac{(k_e l)^2}{2}\right]\right\}^{\frac{1}{2}}\approx\rho v_e S(\text{条件是 } k_e l/2\ll 2)$$

这样，最终获得 q 个压电晶片级联以后的等效电路为

$$\left.\begin{aligned}Z'_{1p}&=\mathrm{i}\rho v_e S\tan\frac{qk_e l}{2}\\Z'_{2p}&=\frac{\rho v_e S}{\mathrm{isin}(qk_e l)}\end{aligned}\right\}\tag{9-27}$$

最终的等效阻抗为两端盖子的等效阻抗分别与 Z_{1p} 串联以后再并联，之后再与 Z_{2p} 串联，其值为

$$Z=Z_{2p}+\frac{[Z_{1p}+\mathrm{i}\rho_1 v_1 S_1\tan(k_1 l_1)][Z_{1p}+\mathrm{i}\rho_2 v_2 S_2\tan(k_2 l_2)]}{2Z_{1p}+\mathrm{i}\rho_1 v_1 S_1\tan(k_1 l_1)+\mathrm{i}\rho_1 v_1 S_1\tan(k_2 l_2)}\tag{9-28}$$

这是一个纯虚数的阻抗，令其等于 0，得到

$$\frac{\rho v_e S}{\sin(qk_e l)}=\frac{\left[\rho v_e S\tan\frac{qk_e l}{2}+\rho_1 v_1 S_1\tan(k_1 l_1)\right]\left[\rho v_e S\tan\frac{qk_e l}{2}+\rho_2 v_2 S_2\tan(k_2 l_2)\right]}{2\rho v_e S\tan\frac{qk_e l}{2}+\rho_1 v_1 S_1\tan(k_1 l_1)+\rho_2 v_2 S_2\tan(k_2 l_2)} \tag{9-29}$$

该式给出了确定给定频率、给定压电晶片参数以及一个盖的长度，求另外一个盖长度的公式。

判断上述条件满足的方法是，用上述方法设计出的换能器在其给定的谐振频率处导纳有峰值，导纳的实部应该大于 30 mS。

当右端是梯形变幅杆时，增加的小面积的那一端的面积为 S_{01}，密度为 ρ_{01}，声速为 v_{01}，则有 $\tan\varphi=\frac{S_{01}\rho_{01}v_{01}}{S_2\rho_2 v_2}\tan(k_{01}l_{01})$，当材料相同时有 $\tan\varphi=\frac{S_{01}}{S_2}\tan(k_2 l_{01})$，这时，振动系统的设计就是要阻抗的虚部为 0，式(9－29)变成

$$\frac{\rho v_e S}{\sin(qk_e l)}=\frac{\left[\rho v_e S\tan\frac{qk_e l}{2}+\rho_1 v_1 S_1\tan(k_1 l_1)\right]\left[\rho v_e S\tan\frac{qk_e l}{2}+\rho_2 v_2 S_2\tan(k_2 l_2+\varphi)\right]}{2\rho v_e S\tan\frac{qk_e l}{2}+\rho_1 v_1 S_1\tan(k_1 l_1)+\rho_2 v_2 S_2\tan(k_2 l_2+\varphi)}$$

在上式中，右端的 l_1 很小，并联时其起的作用将比较大，因此应该选择波阻抗大的材料。

对于多个压电晶片，可以根据节点位置分开设计。在节点位置，位移等于 0，振动速度等于 0，相当于阻抗为无穷大。一般情况下，将节点设计在多个压电晶片的接触面上，将压电晶片分成两部分，一部分与后盖构成一个振动系统，另一部分与辐射体构成一个振动系统。后盖通常是圆柱形的，这样其谐振频率的设计比较简单。

由式(9－8)知道，后盖可以等效成一个机械阻抗 Z_p，其表达式为

$$Z_p=\mathrm{i}\rho_2 v_2 S\tan\frac{k_2 l_2}{2}+\frac{\mathrm{i}\rho_2 v_2 S\tan\frac{k_2 l_2}{2}\,\frac{\rho_2 v_2 S}{\mathrm{i}\sin(k_2 l_2)}}{\mathrm{i}\rho_2 v_2 S\tan\frac{k_2 l_2}{2}+\frac{\rho_2 v_2 S}{\mathrm{i}\sin(k_2 l_2)}}=\mathrm{i}\rho_2 v_2 S\tan(k_2 l_2)$$

多个压电晶片组成的晶堆构成另外一个整体构件，其机械振动特征用式(9－27)描述，这样，总的机械阻抗为

$$Z=\mathrm{i}\rho_e v_e S_e\left[\frac{1}{\mathrm{i}\sin(k_e l)}+\mathrm{i}\tan\frac{k_e l}{2}\right]+\mathrm{i}\rho_2 v_2 S\tan(k_2 l_2)=-\mathrm{i}\rho_e v_e S_e\cot(k_e l)+\mathrm{i}\rho_2 v_2 S\tan(k_2 l_2)$$

频率设计要求总阻抗的虚部为 0，则有

$$\rho_e v_e S_e\cot(k_e l)=\rho_2 v_2 S\tan(k_2 l_2) \tag{9-30}$$

这样，我们便可以对后盖进行单独设计。

附录 有关公式的推导

附录 A

$$\frac{1}{\mathrm{isin}(kl)}+\mathrm{i}\,\frac{1}{2}\tan\frac{kl}{2}=\mathrm{i}\left(\frac{-1}{2\sin\frac{kl}{2}\cos\frac{kl}{2}}+\frac{\sin\frac{kl}{2}}{2\cos\frac{kl}{2}}\right)=\mathrm{i}\,\frac{-1+\sin^2\frac{kl}{2}}{2\sin\frac{kl}{2}\cos\frac{kl}{2}}=\mathrm{i}\,\frac{-\cos\frac{kl}{2}}{\sin\frac{kl}{2}}=-\mathrm{i}\cot\frac{kl}{2}$$

附录 B

$$\mathrm{i}\rho_2v_2S_2\left(\tan\frac{k_2l_2}{2}+\frac{\tan\frac{k_2l_2}{2}\frac{1}{\sin(k_2l_2)}}{-\tan\frac{k_2l_2}{2}+\frac{1}{\sin(k_2l_2)}}\right)=\mathrm{i}\rho_2v_2S_2\left[\tan\frac{k_2l_2}{2}+\frac{\frac{\sin\frac{k_2l_2}{2}}{\cos\frac{k_2l_2}{2}}\frac{1}{2\sin\frac{k_2l_2}{2}\cos\frac{k_2l_2}{2}}}{-\frac{\sin\frac{k_2l_2}{2}}{\cos\frac{k_2l_2}{2}}+\frac{1}{2\sin\frac{k_2l_2}{2}\cos\frac{k_2l_2}{2}}}\right]$$

$$=\mathrm{i}\rho_2v_2S_2\left[\tan\frac{k_2l_2}{2}+\frac{\frac{1}{2\cos^2\frac{k_2l_2}{2}}}{\frac{-2\sin^2\frac{k_2l_2}{2}+1}{2\sin\frac{k_2l_2}{2}\cos\frac{k_2l_2}{2}}}\right]=\mathrm{i}\rho_2v_2S_2\left[\tan\frac{k_2l_2}{2}+\frac{\sin(k_2l_2)}{2\cos^2\frac{k_2l_2}{2}\cos(k_2l_2)}\right]$$

$$=\mathrm{i}\rho_2v_2S_2\tan(k_2l_2)\left[\frac{\sin\frac{k_2l_2}{2}\cos(k_2l_2)}{\cos\frac{k_2l_2}{2}\sin(k_2l_2)}+\frac{1}{2\cos^2\frac{k_2l_2}{2}}\right]$$

$$=\mathrm{i}\rho_2v_2S_2\tan(k_2l_2)\left[\frac{\sin\frac{k_2l_2}{2}\cos(k_2l_2)}{\cos\frac{k_2l_2}{2}2\sin\frac{k_2l_2}{2}\cos\frac{k_2l_2}{2}}+\frac{1}{2\cos^2\frac{k_2l_2}{2}}\right]=\mathrm{i}\rho_2v_2S_2\tan(k_2l_2)\left[\frac{\cos(k_2l_2)+1}{2\cos^2\frac{k_2l_2}{2}}\right]$$

$$=\mathrm{i}\rho_2v_2S_2\tan(k_2l_2)$$

附录 C

$$\mathrm{i}\rho_1v_1S_1\tan\frac{k_1l_1}{2}+\frac{\frac{\rho_1v_1S_1}{\mathrm{isin}(k_1l_1)}\left(\mathrm{i}\rho_1v_1S_1\tan\frac{k_1l_1}{2}+Z_s\right)}{\frac{\rho_1v_1S_1}{\mathrm{isin}(k_1l_1)}+\mathrm{i}\rho_1v_1S_1\tan\frac{k_1l_1}{2}+Z_s}$$

$$=\frac{\frac{\rho_1v_1S_1}{\mathrm{isin}(k_1l_1)}\left(\mathrm{i}\rho_1v_1S_1\tan\frac{k_1l_1}{2}+Z_s\right)}{-\mathrm{i}\rho_1v_1S_1\cot(k_1l_1)+Z_s}=\frac{\frac{\rho_1v_1S_1}{\mathrm{isin}(k_1l_1)}\left(\mathrm{i}\tan\frac{k_1l_1}{2}+\frac{Z_s}{\rho_1v_1S_1}\right)}{-\mathrm{i}\cot(k_1l_1)+\frac{Z_s}{\rho_1v_1S_1}}$$

$$=\frac{\frac{\rho_1 v_1 S_1}{\mathrm{i}\sin(k_1 l_1)}\left(\mathrm{i}\tan\frac{k_1 l_1}{2}+\frac{Z_s}{\rho_1 v_1 S_1}\right)\left[\mathrm{i}\cot(k_1 l_1)+\frac{Z_s}{\rho_1 v_1 S_1}\right]}{\left[-\mathrm{i}\cot(k_1 l_1)+\frac{Z_s}{\rho_1 v_1 S_1}\right]\left[\mathrm{i}\cot(k_1 l_1)+\frac{Z_s}{\rho_1 v_1 S_1}\right]}$$

$$=\frac{\frac{\rho_1 v_1 S_1}{\mathrm{i}\sin(k_1 l_1)}\left\{-\tan\frac{k_1 l_1}{2}\cot(k_1 l_1)+\left(\frac{Z_s}{\rho_1 v_1 S_1}\right)^2+\mathrm{i}\frac{Z_s}{\rho_1 v_1 S_1}\left[\tan\frac{k_1 l_1}{2}+\cot(k_1 l_1)\right]\right\}}{\left(\frac{Z_s}{\rho_1 v_1 S_1}\right)^2+\cot^2(k_1 l_1)}$$

$$=\frac{\frac{\rho_1 v_1 S_1\tan^2(k_1 l_1)}{\mathrm{i}\sin(k_1 l_1)}\left\{-\tan\frac{k_1 l_1}{2}\cot(k_1 l_1)+\left(\frac{Z_s}{\rho_1 v_1 S_1}\right)^2+\mathrm{i}\frac{Z_s}{\rho_1 v_1 S_1}\left[\frac{1}{\sin(k_1 l_1)}-\cot(k_1 l_1)+\cot(k_1 l_1)\right]\right\}}{1+\left(\frac{Z_s}{\rho_1 v_1 S_1}\right)^2\tan^2(k_1 l_1)}$$

将虚部乘进去后分子为

$$\frac{\rho_1 v_1 S_1\tan^2(k_1 l_1)}{\mathrm{i}\sin(k_1 l_1)}\mathrm{i}\frac{Z_s}{\rho_1 v_1 S_1}\frac{1}{\sin(k_1 l_1)}=\frac{Z_s}{\cos^2(k_1 l_1)}$$

利用公式 $1+\tan^2(k_1 l_1)=\frac{1}{\cos^2(k_1 l_1)}$ 得

$$R=\frac{Z_s[1+\tan^2(k_1 l_1)]}{1+\left(\frac{Z_s}{\rho_1 v_1 S_1}\right)^2\tan^2(k_1 l_1)}$$

虚部部分:

$$\left(\mathrm{i}\rho_1 v_1 S_1\tan\frac{k_1 l_1}{2}\right)\left[1+\left(\frac{Z_s}{\rho_1 v_1 S_1}\right)^2\tan^2(k_1 l_1)\right]+\left[\frac{\rho_1 v_1 S_1\tan^2(k_1 l_1)}{\mathrm{i}\sin(k_1 l_1)}\right]\left[\left(\frac{Z_s}{\rho_1 v_1 S_1}\right)^2-\tan\frac{k_1 l_1}{2}\cot(k_1 l_1)\right]$$

$$=\mathrm{i}\rho_1 v_1 S_1\left\{\left(\frac{Z_s}{\rho_1 v_1 S_1}\right)^2\left[\tan\frac{k_1 l_1}{2}\tan^2(k_1 l_1)-\frac{\tan^2(k_1 l_1)}{\sin(k_1 l_1)}\right]+\tan\frac{k_1 l_1}{2}\left[1+\frac{\tan(k_1 l_1)}{\sin(k_1 l_1)}\right]\right\}$$

$$=\mathrm{i}\rho_1 v_1 S_1\left\{\left(\frac{Z_s}{\rho_1 v_1 S_1}\right)^2\tan^2(k_1 l_1)\left[\tan\frac{k_1 l_1}{2}-\frac{1}{\sin(k_1 l_1)}\right]+\left[\frac{1}{\sin(k_1 l_1)}-\cot(k_1 l_1)\right]\times\left[1+\frac{1}{\cos(k_1 l_1)}\right]\right\}$$

$$=\mathrm{i}\rho_1 v_1 S_1\left\{\left(\frac{Z_s}{\rho_1 v_1 S_1}\right)^2\tan^2(k_1 l_1)\left[\frac{1}{\sin(k_1 l_1)}-\cot(k_1 l_1)-\frac{1}{\sin(k_1 l_1)}\right]+\left[\frac{1-\cos(k_1 l_1)}{\sin(k_1 l_1)}\right]\left[\frac{1+\cos(k_1 l_1)}{\cos(k_1 l_1)}\right]\right\}$$

$$=\mathrm{i}\rho_1 v_1 S_1\left[-\left(\frac{Z_s}{\rho_1 v_1 S_1}\right)^2\tan(k_1 l_1)+\frac{\sin^2(k_1 l_1)}{\sin(k_1 l_1)\cos(k_1 l_1)}\right]=\mathrm{i}\rho_1 v_1 S_1\tan(k_1 l_1)\left[1-\left(\frac{Z_s}{\rho_1 v_1 S_1}\right)^2\right]$$

附录 D　多个压电晶片的级联

当多个相同或者一致的压电晶片共同使用时，其等效电路可以用传递矩阵进行处理。

1. T 形网络的传递矩阵

对于 T 形网络，如图 D1 所示，其基本方程可以表示为

$$F_{q-1} = (Z_1 + Z_2)v_{q-1} - Z_2 v_q$$
$$-F_q = -Z_2 v_{q-1} + (Z_1 + Z_2)v_q$$

将第二个表达式的 v_{q-1} 解出，有

$$v_{q-1} = \frac{1}{Z_2}F_q + \left(1 + \frac{Z_1}{Z_2}\right)v_q$$

代入第一式得到

$$F_{q-1} = \left(1 + \frac{Z_1}{Z_2}\right)F_q + Z_1\left(2 + \frac{Z_1}{Z_2}\right)v_q$$

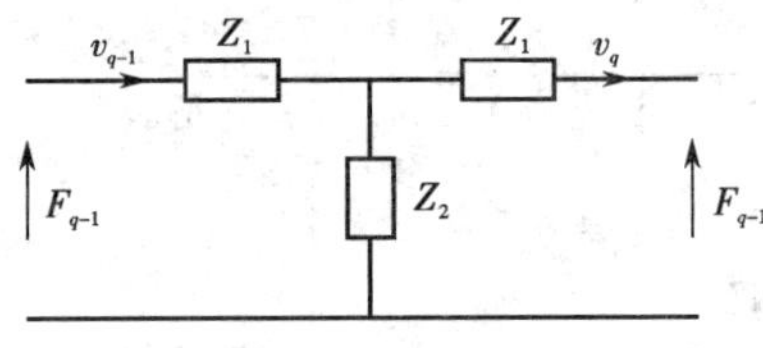

图 D1　单个 T 形网络

将以上两式写成矩阵后有

$$\begin{pmatrix} F_{q-1} \\ v_{q-1} \end{pmatrix} = M \begin{pmatrix} F_q \\ v_q \end{pmatrix}$$

其中，$M = \begin{pmatrix} 1 + \frac{Z_1}{Z_2} & Z_1\left(2 + \frac{Z_1}{Z_2}\right) \\ \frac{1}{Z_2} & 1 + \frac{Z_1}{Z_2} \end{pmatrix}$。

如果共有 q 个相同的压电晶片机械串联，如下图所示，则其矩阵可以表示为

$$\begin{pmatrix} F_0 \\ v_0 \end{pmatrix} = M^q \begin{pmatrix} F_q \\ v_q \end{pmatrix}$$

令　$\gamma = \text{arch}\left(1 + \frac{Z_1}{Z_2}\right)$，则 $\text{ch}\,\gamma = 1 + \frac{Z_1}{Z_2}$，利用公式 $\text{ch}^2\gamma - \text{sh}^2\gamma = 1$ 有

$$\text{sh}^2\gamma = \text{ch}^2\gamma - 1 = \left(1 + \frac{Z_1}{Z_2}\right)^2 - 1 = \frac{Z_1}{Z_2}\left(2 + \frac{Z_1}{Z_2}\right)$$

则　$$\text{sh}\gamma = \left[\frac{Z_1}{Z_2}\left(2 + \frac{Z_1}{Z_2}\right)\right]^{\frac{1}{2}}$$

令 $Z_0 = \left[Z_1 Z_2\left(2 + \frac{Z_1}{Z_2}\right)\right]^{\frac{1}{2}}$ 为特征阻抗，则

$$Z_0\text{sh}\gamma=\left[Z_1Z_2\left(2+\frac{Z_1}{Z_2}\right)\frac{Z_1}{Z_2}\left(2+\frac{Z_1}{Z_2}\right)\right]^{\frac{1}{2}}=Z_1\left(2+\frac{Z_1}{Z_2}\right)$$

$$\frac{1}{Z_0}\text{sh}\gamma=\left\{\frac{Z_1}{Z_2}\left(2+\frac{Z_1}{Z_2}\right)\Big/\left[Z_1Z_2\left(2+\frac{Z_1}{Z_2}\right)\right]\right\}^{\frac{1}{2}}=\frac{1}{Z_2}$$

代入矩阵 M 得

$$M=\begin{pmatrix}\text{ch}\gamma & Z_0\text{sh}\gamma\\ \frac{1}{Z_0}\text{sh}\gamma & \text{ch}\gamma\end{pmatrix}$$

q 个相同四端网络级联(见图 D2)的特征阻抗与单个四端网络的特征阻抗 Z_0 相同,级联网络的传输常数是单个四端网络传输常数 γ 的 q 倍。

$$M^2=\begin{pmatrix}\text{ch}\gamma & Z_0\text{sh}\gamma\\ \frac{1}{Z_0}\text{sh}\gamma & \text{ch}\gamma\end{pmatrix}\begin{pmatrix}\text{ch}\gamma & Z_0\text{sh}\gamma\\ \frac{1}{Z_0}\text{sh}\gamma & \text{ch}\gamma\end{pmatrix}=\begin{pmatrix}\text{ch}^2\gamma+\text{sh}^2\gamma & 2Z_0\text{sh}\gamma\text{ch}\gamma\\ \frac{2}{Z_0}\text{sh}\gamma\text{ch}\gamma & \text{sh}^2\gamma+\text{ch}^2\gamma\end{pmatrix}=\begin{pmatrix}\text{ch}2\gamma & Z_0\text{sh}2\gamma\\ \frac{1}{Z_0}\text{sh}2\gamma & \text{ch}2\gamma\end{pmatrix}$$

$$M^q=\begin{pmatrix}\text{ch}(q\gamma) & Z_0\text{sh}(q\gamma)\\ \frac{1}{Z_0}\text{sh}(q\gamma) & \text{ch}(q\gamma)\end{pmatrix},q=1,2,\cdots$$

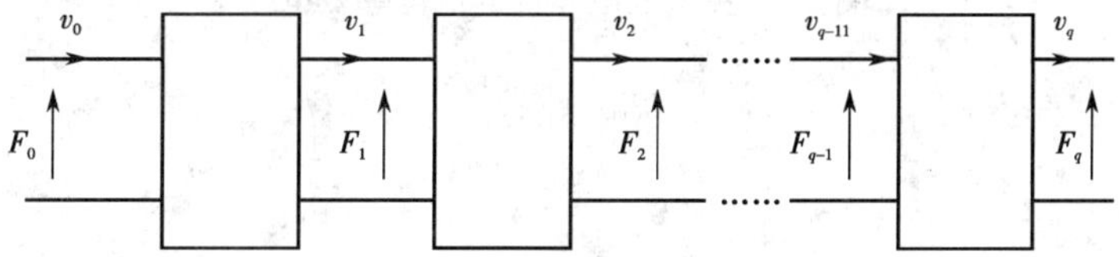

图 D2　T 形网络级联

$$\begin{pmatrix}F_0\\ v_0\end{pmatrix}=\begin{pmatrix}\text{ch}(q\gamma) & Z_0\text{sh}(q\gamma)\\ \frac{1}{Z_0}\text{sh}(q\gamma) & \text{ch}(q\gamma)\end{pmatrix}\begin{pmatrix}F_q\\ v_q\end{pmatrix}$$

2. q 个片级联后的等效电路

若将 q 个相同的四端网络级联的等效网络用 T 形网络来表示,即

$$M^q=\begin{pmatrix}1+\frac{Z_{1q}}{Z_{2q}} & Z_{1q}\left(2+\frac{Z_{1q}}{Z_{2q}}\right)\\ \frac{1}{Z_{2q}} & 1+\frac{Z_{1q}}{Z_{2q}}\end{pmatrix}$$

则有

$$\text{ch}(q\gamma)=1+\frac{Z_{1q}}{Z_{2q}},$$

$$Z_0\text{sh}(q\gamma)=Z_{1q}\left(2+\frac{Z_{1q}}{Z_{2q}}\right),$$

$$\frac{1}{Z_{2q}}=\frac{1}{Z_0}\mathrm{sh}(q\gamma)$$

这样，从最后一个式子得到 $Z_{2q}=\dfrac{Z_0}{\mathrm{sh}(q\gamma)}$，从第一个式子得到

$$\mathrm{ch}(q\gamma)-1=Z_{1q}\frac{\mathrm{sh}(q\gamma)}{Z_0},\qquad Z_{1q}=Z_0\frac{\mathrm{ch}(q\gamma)-1}{\mathrm{sh}(q\gamma)}=Z_0\mathrm{th}\frac{q\gamma}{2}$$

$$\mathrm{ch}\gamma-1=\frac{\mathrm{e}^{\gamma}+\mathrm{e}^{-\gamma}}{2}-1=\frac{\mathrm{e}^{\gamma}-2+\mathrm{e}^{-\gamma}}{2}=\frac{(\mathrm{e}^{\gamma/2}-\mathrm{e}^{-\gamma/12})^2}{2}=2\mathrm{sh}^2\frac{\gamma}{2}$$

$$\mathrm{sh}\gamma=2\mathrm{sh}\frac{\gamma}{2}\mathrm{ch}\frac{\gamma}{2}$$

3. 多个压电晶片级联的机电等效电路

多个压电晶片厚度方向振动的机电等效电路如图 *D*3 所示。

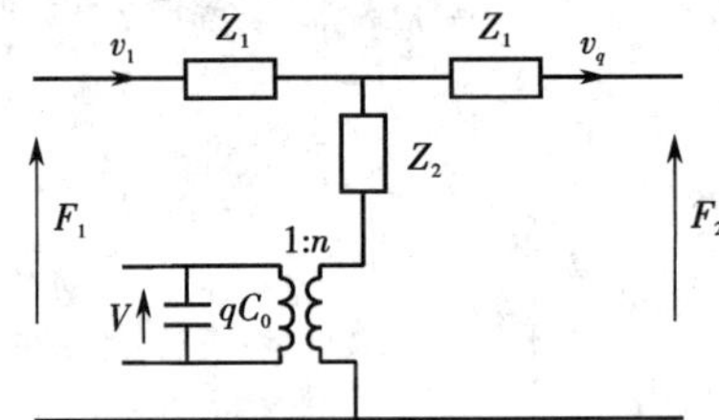

图 D3　多个压电晶片的机电等效电路

第十章　一维传输线的阻抗

一维传输线所满足的方程也是波动方程，当其长度有限时，电磁波在其中的传播有一系列的固有频率，并且电压和电流在传输线上的分布也满足相应的模式。电学教科书将这些分布中的极大值和极小值分别称为波峰与波谷（类似于驻波）。本章引用传统教科书对该部分的介绍，即采用分布参数电路和等效阻抗的描述方法，目的是建立一维波动过程的另外一种集中参数描述方法。读者可以将该方法与力学中波动的描述方法进行类比，构建集中参数的一维波动描述方法；也可以将力学中的波动描述方法推广到一维传输线，研究电磁波在一维传输线中的波动传播过程以及固有频率对传播特征的影响。

第一节　单位长度上的电感和电容

当交变高频电流在导线或者电缆中流动，或者大的交变电流在导线上流动、传输大的高频电功率时，导线上不同位置的电压和电流会有差别。在不考虑介质物理衰减损耗的情况下，单位（元）长度 δx 的电缆可以等效为图 10－1 所示的分布参数模型。其中，单位长度的电感主要描述导线上流过高频或大电流时，电流产生的磁场所储存的能量，以磁能量的形式表现；单位长度上的电容主要描述导线通过高频或者大电流时，导线之间的电场所储存的能量，以电能量的形式表现。高频交变电流在导线中流动时，这两种物理场共同存在、相互作用。这里，用等效阻抗对其进行研究。

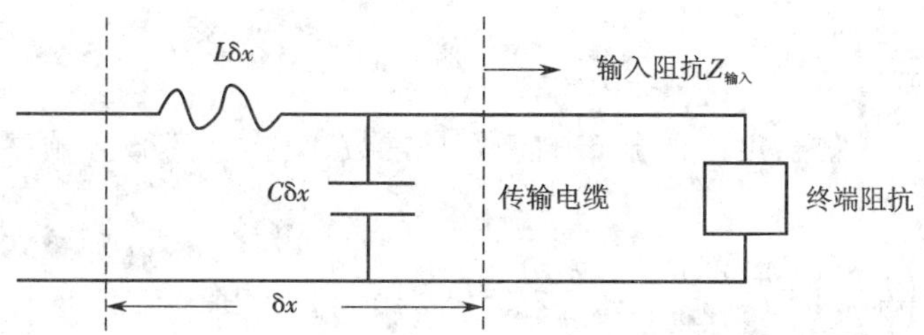

图 10－1　单位长度电缆的等效阻抗模型

单位长度电缆上的电压和电流均是变化的，即不同位置的电压和电流不一样，任意两点之间的电压有差别，电流也有差别。取任一单元体 δx 进行研究。在单元体内，两端的电压差即为该单元体上的电压，两端的电流差即为该单元体上的电流。两端的电压差主要来自于分布电感，或者说因为分布电感的存在（分布电感上电流有变化）两端才有电压差；电流差主要来自于分布电容，因为分布电容可以流（漏）过电流，两端的电流才有差别。

单元体上电压的变化用分布电感及其电流变化率描述。注意，分布电感的电流不能够突变，其上的电压导致电流变化，或者说其电流的变化率与其电压成线性关系。大功率传输时由于传输电缆上电流很大，其电流变化导致的电压变化比较大。高频交变电流传输时，因为电流变化比较快，所导致的电压变化也比较大。

在传输交流电能量时，传输电缆上不同位置的电压是不同的。但是，电压随着距离的变化不会出现突变，即电压的变化在传输电缆上是连续的，取其一阶近似，得

$$U(x+\delta x,t)-U(x,t)=\frac{\partial U}{\partial x}\partial x$$

该电压降由传输电缆的分布电感所承受，

$$\frac{\partial U}{\partial x}\partial x=L\partial x\,\frac{\partial I}{\partial t}$$

同样，该单元体上电流 I 也有变化，该变化主要由分布电容所引起，电流通过缆芯之间的绝缘介质进行了分流，但是，电流随距离的变化也不会出现突变，即电流的变化在传输电缆上也是连续的，取其一阶近似，得

$$I(x+\partial x,t)-I(x,t)=\frac{\partial I}{\partial x}\partial x$$

该电流的差异由传输电缆的分布电容所承受，

$$\frac{\partial I}{\partial x}\partial x=C\partial x\,\frac{\partial U}{\partial t}$$

由上述两个式子可以得到下面的方程式：

$$\frac{\partial U}{\partial x}=L\,\frac{\partial I}{\partial t} \tag{10-1}$$

$$\frac{\partial I}{\partial x}=C\,\frac{\partial U}{\partial t} \tag{10-2}$$

这就是通常的电报方程，是传输线上电流和电压连续的情况下得到的。将式(10－1)对 x 求导得到

$$\frac{\partial^2 U}{\partial x^2}=L\,\frac{\partial}{\partial x}\left(L\,\frac{\partial I}{\partial t}\right)$$

电缆介质各点均匀，单位长度上的分布电感 L 是常数，交换上述微分顺序并将式(10－2)代入得到

$$\frac{\partial^2 U}{\partial x^2}=\frac{\partial}{\partial x}\left(L\,\frac{\partial I}{\partial t}\right)=L\,\frac{\partial}{\partial x}\frac{\partial I}{\partial t}=L\,\frac{\partial}{\partial t}\frac{\partial I}{\partial x}=L\,\frac{\partial}{\partial t}\left(C\,\frac{\partial U}{\partial t}\right)=LC\,\frac{\partial^2 U}{\partial t^2} \tag{10-3}$$

这是一个波动方程，其传播速度为 $1/\sqrt{LC}$，与缆芯材料和绝缘材料有关。该方程表明，电缆中的电压以速度 $1/\sqrt{LC}$ 在电缆中传播。

用同样方法，消除电压可得到电流所满足的波动方程。将式(10－2)对 x 求导，在 C 为常数的情况下，有

$$\frac{\partial^2 I}{\partial x^2}=\frac{\partial}{\partial x}\left(C\,\frac{\partial U}{\partial t}\right)=C\,\frac{\partial}{\partial x}\,\frac{\partial U}{\partial t}=C\,\frac{\partial}{\partial t}\,\frac{\partial U}{\partial x}$$

将式(10－1)代入，得

$$\frac{\partial^2 I}{\partial x^2}=C\,\frac{\partial}{\partial t}\,\frac{\partial U}{\partial x}=C\,\frac{\partial}{\partial t}L\,\frac{\partial I}{\partial t}=CL\,\frac{\partial^2 I}{\partial t^2} \tag{10-4}$$

这也是一个波动方程，电流的传播速度与电压的相同。该结果说明：在传输线中，电压和电

流同时以相同的速度传播，两者相互作用在一起：电流变化引起电压改变，同样，电压变化引起电流改变。

上式的推导与第一章有很多相似之处，均充分利用了函数（位移和应力、电压和电流）的连续，电容、电感的电压和电流的导数关系（相当于胡克力与牛顿力相等以及牛顿第二定律），所获得的波动方程的系数中，只与单位长度上的电感和电容有关（只与密度和杨氏模量有关）。两端短路对应于电压（应力）为0，开路对应于电流（位移或振动速度）为0。

第二节　平行导线

由普通物理学或电磁场知识知道，平行导线单位长度上的电容近似

$$C=\frac{\pi\varepsilon\varepsilon_0}{\ln\frac{2d}{a}}$$

其中，a 是导线半径，$2d$ 是两个导线圆心之间的距离，ε 是导线之间介质的相对介电常数。

电感值用一个环流圈计算，两导线组成一个回路，其电感值

$$L=\frac{\mu\mu_0}{\pi}\ln\frac{2d}{a}$$

其中，μ 是相对磁导率。对于这些平行线，其电磁波速度为 $v=\frac{1}{\sqrt{LC}}=\frac{1}{\sqrt{\varepsilon\varepsilon_0\mu\mu_0}}=\frac{c}{\varepsilon\mu}$，等于两导线之间绝缘介质的电磁波传播速度，其中，$c$ 是空气中的电磁波传播速度。由导线的特征阻抗计算公式得到其特征阻抗

$$Z_0=\sqrt{\frac{L}{C}}=\left(\frac{\mu\mu_0}{\pi^2\varepsilon\varepsilon_0}\right)^{\frac{1}{2}}\ln\frac{2d}{a}=\frac{200}{\sqrt{\varepsilon}}\ln\frac{2d}{a}$$

第三节　铠装电缆

同样，由普通物理学知识知道，铠装同轴电缆单位长度上的电容值

$$C=\frac{2\pi\varepsilon\varepsilon_0}{\ln\frac{b}{a}}$$

其中，b 是外铠的外半径，a 是中心铜芯的半径。

铠装同轴电缆单位长度上的电感值

$$L=\frac{\mu\mu_0}{2\pi}\ln\frac{b}{a}$$

同轴电缆的传播速度 $v=\frac{1}{\sqrt{LC}}=\frac{1}{\sqrt{\varepsilon\varepsilon_0\mu\mu_0}}=\frac{c}{\varepsilon\mu}$，等于绝缘介质的电磁波传播速度。通常情况下，同轴电缆的两个导体之间的绝缘材料采用的是相对磁导率非常接近于1的固体材料，这样可以得到其特征阻抗

$$Z_0=\sqrt{\frac{L}{C}}=\left(\frac{\mu\mu_0}{4\pi^2\varepsilon\varepsilon_0}\right)^{\frac{1}{2}}\ln\frac{b}{a}=\frac{60}{\sqrt{\varepsilon}}\ln\frac{b}{a}$$

其中，$\mu_0 = 4\pi \times 10^{-7}$ H/m，$\varepsilon_0 = (8.854\ 185 \pm 0.000\ 006) \times 10^{-12}$ F/m。当取绝缘材料的相对介电常数为 2.3 的聚乙烯时，$b/a = 3.5$ 时，$Z_0 = 50\ \Omega$。对于 $a = 3$ mm，$b = 6$ mm 的电缆来讲，其 $Z_0 = 26\ \Omega$。图 10－2 是取半径 $a = 3$ mm，绝缘材料的相对介电常数为 2.3 时，绝缘层外半径 b 改变时其特征阻抗的变化曲线。PFA 佛塑料的介电常数为 2.1 到 2.24，聚乙烯和聚丙烯的介电常数为 2.24。

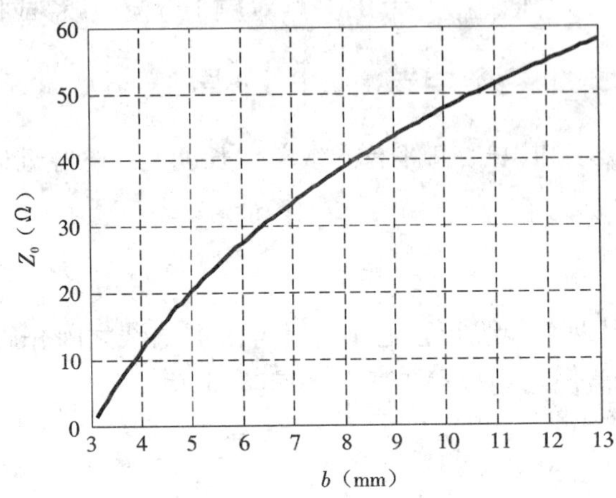

图 10－2　相对介电常数为 2.3，内半径为 3 mm 的铠装电缆特征阻抗 Z_0 随外半径 b 的变化曲线

取铠装电缆的内半径为 3 mm，改变绝缘材料的相对介电常数由 1.8、2.0、2.2、2.4 至 2.6 时得到图 10－3 所示的特征阻抗曲线。取相对介电常数为 1.8，改变电缆内径 a 计算得到图 10－4，从图中可以看出：当内半径从 0.5 mm 增加到 5 mm 时，其特征阻抗减小得比较多。改变相对介电常数重新计算，得到图 10－5，介电常数增加，其特征阻抗减小。

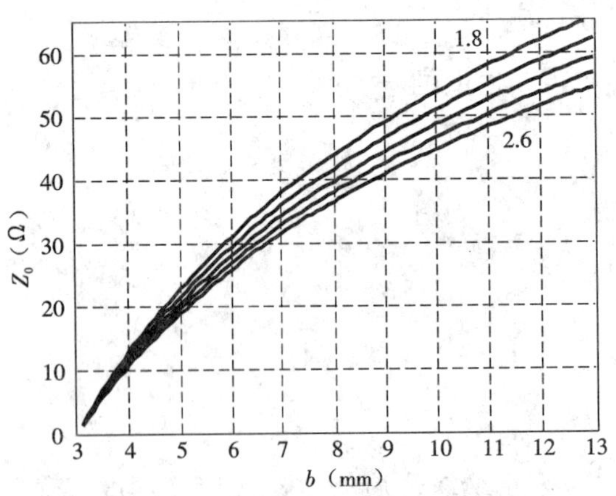

图 10－3　介电常数为 1.8～2.6 时特征阻抗随 b 的变化

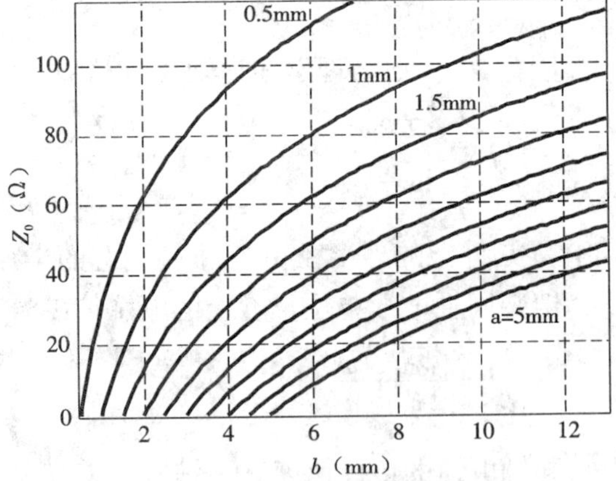

图 10－4　介电常数为 1.8 时，特征阻抗随 a 的变化规律

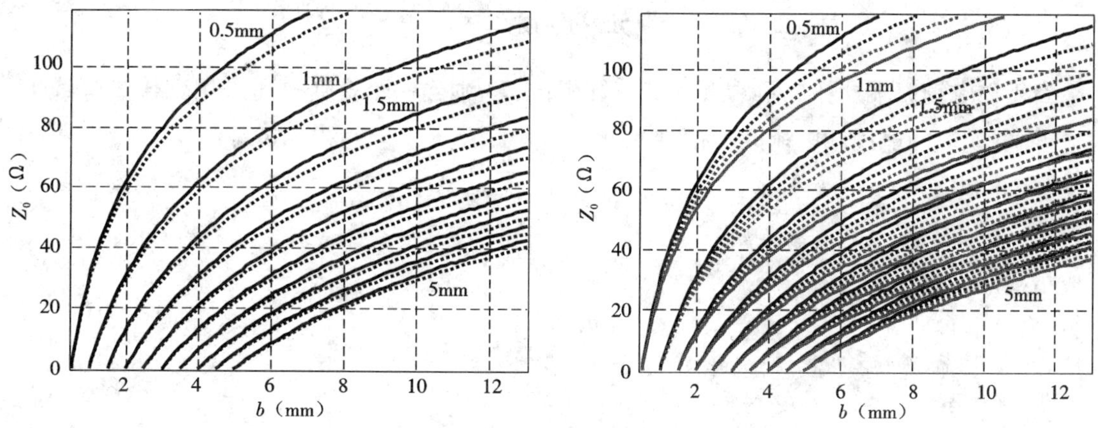

图 10－5　介电常数为 1.8 时(上实线)、2.0(上虚线)、2.2(下虚线)、2.4(下实线)，特征阻抗随 b 的变化规律

第四节　特征阻抗的作用

对于图 10－1 所示的传输电缆模型，如果最终端的负载满足一定的条件，则传输电缆能够有效地传输电能量。图 10－6 是接上终端阻抗 R 以后的电路。电缆和负载总的等效阻抗

$$Z = \mathrm{i}\omega L\delta x + \frac{1}{\mathrm{i}\omega C\delta x + 1/R} = \mathrm{i}\omega L\delta x + \frac{R}{\mathrm{i}\omega CR\delta x + 1} = \mathrm{i}\omega L\delta x + R\frac{1}{1-(-\mathrm{i}\omega CR\delta x)}$$

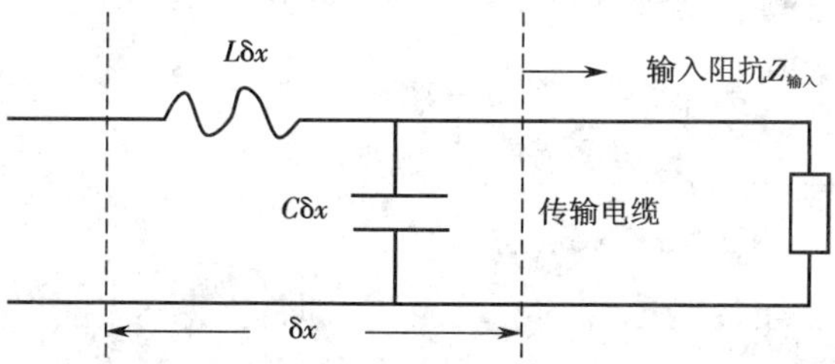

$L\delta x$
输入阻抗$Z_{输入}$
$C\delta x$
传输电缆
终端阻抗R
δx

图 10－6　单位长度电缆的等效阻抗与终端阻抗等效过程

将上述公式的最后一项展开(因为有 δx，与 1 相比是无穷小)得到

$$Z = \mathrm{i}\omega L\delta x + R[1 - \mathrm{i}\omega CR\delta x - (\omega CR\delta x)^2 - \cdots] = R + \mathrm{i}\omega\delta x(L - CR^2) - (\omega CR\delta x)^2\cdots$$

其中一阶近似项中，当 $L - CR^2 = 0$ 时，忽略高次项，则阻抗 $Z \approx R$，该结果表明：在不考虑介质衰减时，如果接在电缆另外一端的阻抗为 $\sqrt{L/C}$，则相当于没有电缆电容和电感的影响，即传输电缆将所有的电能量传输给负载 R。称这样的效果为负载与传输电缆匹配，$\sqrt{L/C}$ 为特征阻抗，即特征阻抗描述传输电缆的匹配特征：当负载等于特征阻抗时，传输电缆将电能量全部传输给负载，传输电缆上没有能量反射(只是传输能量时对信号进行了延迟)。

第五节 特征阻抗与反射系数

当传输电缆终端所接的负载等于其特征阻抗 Z_0，则当一个交变电压作用到传输电缆上时，传输电缆上的电压和电流同相位：

$$V = V_0\cos(\omega t - kx)$$

$$I = V_0\sqrt{C/L}\cos(\omega t - kx)$$

写成指数形式为

$$V = V_0 e^{i(\omega t - kx)}$$

$$I = \frac{V_0}{Z_0}e^{i(\omega t - kx)}$$

这是一种从电源到负载传播的电磁波，它完全被终端电阻器 R（等于 Z_0）所吸收，传输电缆上没有向相反方向传播的电磁波。如果传输电缆终端上接的是一个不同于其特征阻抗 Z_0 的阻抗 Z，上式便不再满足。

设终端处为坐标原点 $x=0$，因为 Z 与 Z_0不相等，在 $x=0$ 处有反射电压和电流向电源方向传播：$KAe^{i\omega + kx}$，这样，传输电缆上总的电压

$$V(x,t) = Ae^{i(\omega t - kx)} + KAe^{i(\omega t + kx)}$$

在 $x=0$ 处电流也有反射，其反射系数为 $-K$，则

$$I(x,t) = \frac{1}{Z_0}[Ae^{i(\omega t - kx)} - KAe^{i(\omega t + kx)}]$$

上述两项来源于电磁学，相当于一维波动传播过程中的位移和应力。这样，在传输电缆的终端 $x=0$ 处有

$$V(0,t) = Ae^{i\omega t} + KAe^{i\omega t}(1+K)$$

$$I(0,t) = \frac{1}{Z_0}[Ae^{i(\omega t - kx)} - KAe^{i(\omega t + kx)}] = \frac{A}{Z_0}e^{i\omega t}(1-K)$$

在此处，电压与电流之比应该等于传输电缆的终端阻抗，即将上两式相除得

$$\frac{V}{I} = Z = Z_0 = \frac{1+K}{1-K}$$

这样就得到反射系数

$$K = \frac{Z - Z_0}{Z + Z_0}$$

反射系数 K 说明了高频电能量在传输电缆终端的反射情况。特征阻抗 Z_0与阻抗 Z 相差越大，则电能量在终端处反射越多；两者越接近，反射越小。当两者完全相等时，则没有反射，能量全部加到负载上。

第六节　传输电缆上的能量和传输的能量

传输电缆上传输的简谐波电能量是行波的能量，与终端阻抗有关。当终端电阻为特征阻抗时，能量全部被负载吸收。当终端短路负载为0时，负载电压为0，虽然有电流，但是终端电流和电压的乘积为0，没有能量吸收；当终端开路时，虽然终端有电压，但是终端上的电流为0，同理，终端上也没有电能量吸收。上述短路和开路均构成全反射情况：能量全部被反射，这时在电缆上形成驻波。终端短路时，短路处为电压驻波的节点，其上电压为0；开路时，终端为电压驻波的腹点，其电压很大。在这两种情况下，电缆上不同位置有不同的电压值，这些电压在绝缘层内形成电流，消耗电能量。节点和腹点的间距均为 πk，当频率为20 kHz 时，取速度 $v=1.935\ 2\times10^{8}$ m/s（相对介电常数 $\varepsilon=2.4$）则有

$$k=\frac{2\pi f}{v}=\pi\frac{2\times20\ 000}{1.9352\times100\ 000\ 000}=2.067\times10^{-4}\pi$$

间距为

$$l=\frac{\pi}{k}=\frac{\pi}{2.067\pi\times10^{-4}}=4\ 328\ \text{m}$$

通常情况下，电缆长度小于一个波长的长度。

当传输电缆终止于一个纯电抗时，传输电缆上也有电磁波反射，而且反射波与正向入射波具有相同的幅度，传输电缆上也会形成驻波，但是，传输电缆上不会有功率传输。在传输电缆的终端，电压与电流相差90°，不同相，两者相乘以后有时候为正有时候为负，能量在传输电缆与电抗器件之间来回交换，电抗器件不消耗电能量，所以没有完成电能量的传输。

设电压与电流之间的相位差为 δ，则反射系数 $K=e^{i\delta}$，该值改变了驻波节点的位置：

$$Ae^{-ikx_n}+KAe^{ikx_n}=0$$

$$K=e^{i\delta}=-e^{-2ikx_n}$$

$$x_n=-\frac{\delta+(2n+1)\pi}{2k}$$

当终端为接近纯电抗负载（阻抗具有小的实部，大的虚部）时，在起始端配接相反的电抗，改变入射电压和电流的相位。当传输的电能量到达终端时，与终端的电抗作用，再次改变电压和电流的相位使其接近，这时会有比较大的电能量进入负载的阻抗（实部），被负载吸收。在此过程中，电缆如果有实部的电导，则电导也会吸收能量，其吸收的能量与电缆的电导有关。

第七节　失配传输电缆上的输入阻抗

通常情况下，电缆的特征阻抗与换能器的阻抗是不一致的。负载不论是压电换能器（具有容性特征）还是电感线圈（感性负载），其阻抗均是复数；考虑电缆的物理衰减以后，电缆的特征阻抗也是复数，电缆和负载匹配（$Z=Z_0$），要求两个复数的实部和虚部均分别相等，这是很困难的。这两个复数阻抗相差比较大，不能够满足匹配条件。这样，大功率高频电能量在电缆中传播时，在负载与电缆的连接处会发生反射和透射，反射波能量被返回到电缆中，在电缆中反向传播，到达电缆与电源的连接处时也会再次发生反射和透射。这些

反射波因多次在电缆两端被反射，在电缆中传播时相互叠加，最终形成与频率和电缆长度有关的传输特征。电缆长度固定时，传输特征随频率变化。本节用电缆在电源端的输入阻抗 Z_{in}研究该传输特征。

失配传输电缆上的输入阻抗可以通过输入端的电压和电流进行计算。设电缆长度为 l，输入端位于 $x=-1$ 处。这一点的电压和电流分别为

$$V(-1,t)=A\mathrm{e}^{\mathrm{i}(\omega t+kl)}+KA\mathrm{e}^{\mathrm{i}(\omega t-kl)}$$

$$I(-1,t)=\frac{1}{Z_0}\left[A\mathrm{e}^{\mathrm{i}(\omega t+kl)}-KA\mathrm{e}^{\mathrm{i}(\omega t-kl)}\right]$$

输入阻抗为

$$Z_{in}=\frac{V(-1,t)}{I(-1,t)}=Z_0\frac{\mathrm{e}^{\mathrm{i}kl}+K\mathrm{e}^{-\mathrm{i}kl}}{\mathrm{e}^{\mathrm{i}kl}-K\mathrm{e}^{-\mathrm{i}kl}}$$

将反射系数$\frac{Z-Z_0}{Z+Z_0}$代入得到

$$Z_{in}=Z_0\frac{Z\cos(kl)+\mathrm{i}Z_0\sin(kl)}{Z_0\cos(kl)+\mathrm{i}Z\sin(kl)}$$

其中，k 是波数，等于 $2\pi f/v$。从上述公式可以看到，电缆的输入阻抗与频率 f、绝缘材料的电磁波传播速度 v 以及电缆长度 l 有关，还与负载阻抗 Z 和电缆的特征阻抗 Z_0有关。

当 $Z=Z_0$时，$Z_{in}=Z_0$，这时，电缆对电磁波的传播没有影响。

当 $\cos(kl)=0$ 时，$Z_{in}=Z_0^2/Z$，这时电缆相当于阻抗变换器。

当 $\sin(kl)=0$ 时，$Z_{in}=Z$，这时电缆对电磁波的传播也没有影响。

上述两种情况分别对应于两个特殊的情况。$\cos(kl)=0$ 对应于电缆的长度是波长的 1/4，即当电缆的长度是波长的四分之一时，$Z_{in}=Z_0^2/Z$。电缆起到一个阻抗变换的作用，将负载 Z 变换为 $Z_{in}=Z_0^2/Z$，如果 Z_{in}与电源的内阻 Z_g相等，则实现最大功率传递。四分之一波长的电缆类似于变压器，起到一个阻抗变换的作用。变压器两边的变比分别为：$Z_g/Z_0=Z_0/Z$。通常可以用特征阻抗 $Z_0=\sqrt{Z_gZ}$、长度为波长的四分之一的传输电缆将负载 Z 与电源连接起来，实现阻抗匹配，也称四分之一波长匹配。

对于大功率电能量传输来讲，电源的内阻通常比较小，如果负载的动态电阻也比较小，电缆的特征阻抗 Z_0将大于负载阻抗 Z，四分之一波长电缆的作用便将输入阻抗变大，使电缆的输入电阻大于电源的内阻，输入到电缆中的电流减小，电能量也减小，无法用 1/4 波长实现匹配。这时，四分之一波长往往是电缆输入阻抗最大的位置，是最不匹配的长度。如果负载的动态电阻大于电缆的特征阻抗，则四分之一波长电缆的作用便将输入阻抗变小，使电缆的输入电阻接近电源的内阻，使阻抗匹配，传输效率提高。

让 $\sin(kl)=0$，则 $Z_{in}=Z$，这时 $kl=\pi$，电缆长度等于半个波长。这时，输入阻抗与换能器阻抗相同，在不考虑电缆电导的情况下，相当于电缆没有作用，电源直接作用于探头，这时，电缆实现最佳匹配。

取介质的相对磁导率 $\mu=1$，铠装电缆绝缘材料的相对介电常数 ε 为 2.4，取电缆的特征阻抗 $Z_0=50\ \Omega$；电缆长度 $l=3\ 200$ m，负载电阻从 2 Ω 变化到 51 Ω 时计算的输入阻抗 R_x 如图 10-7 所示。

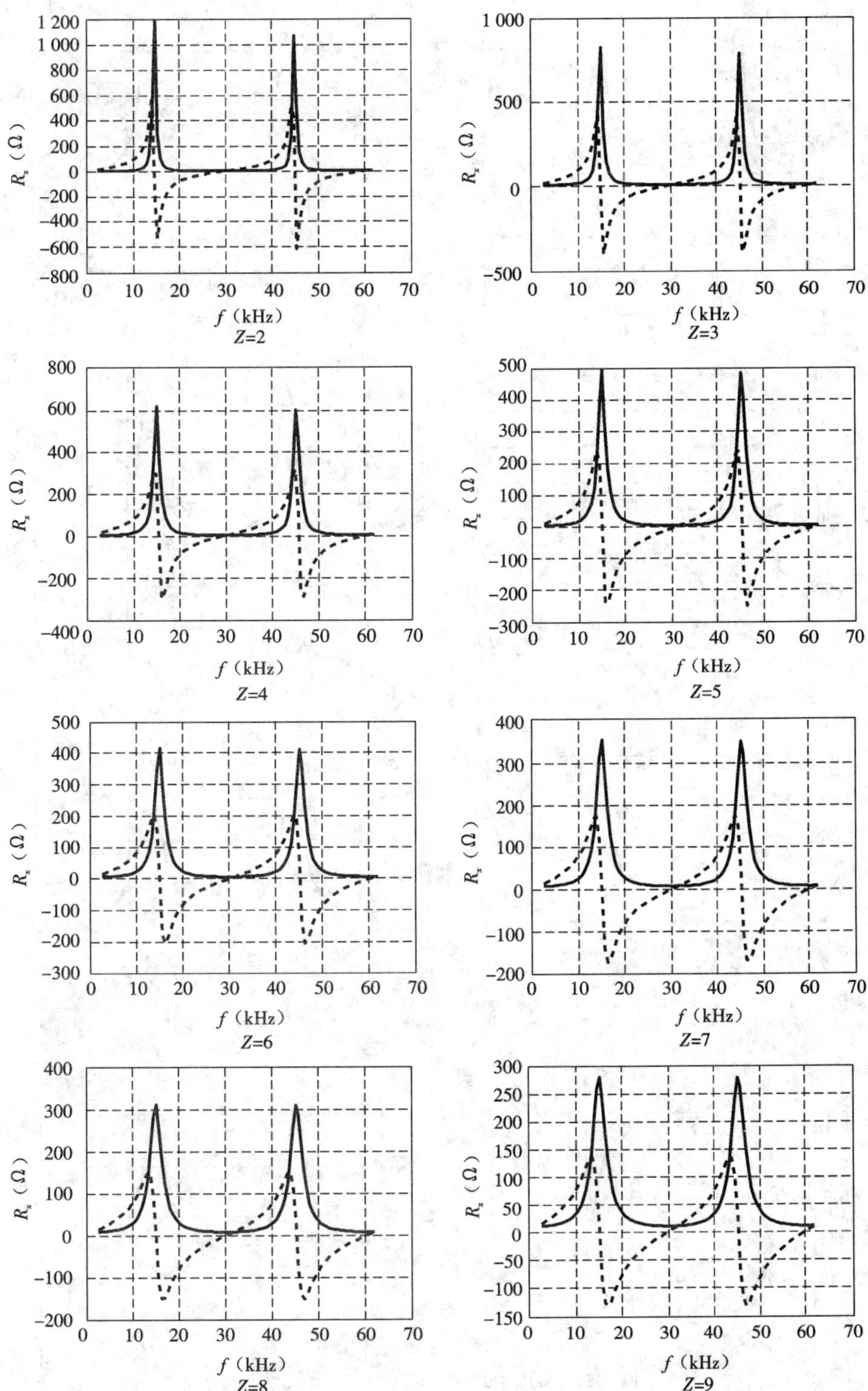

图 10－7　虚部为 0 的负载阻抗 Z 变化时，电缆的输入阻抗随频率的变化

（图中，实线为 R_x 实部，虚线为 R_x 虚部）

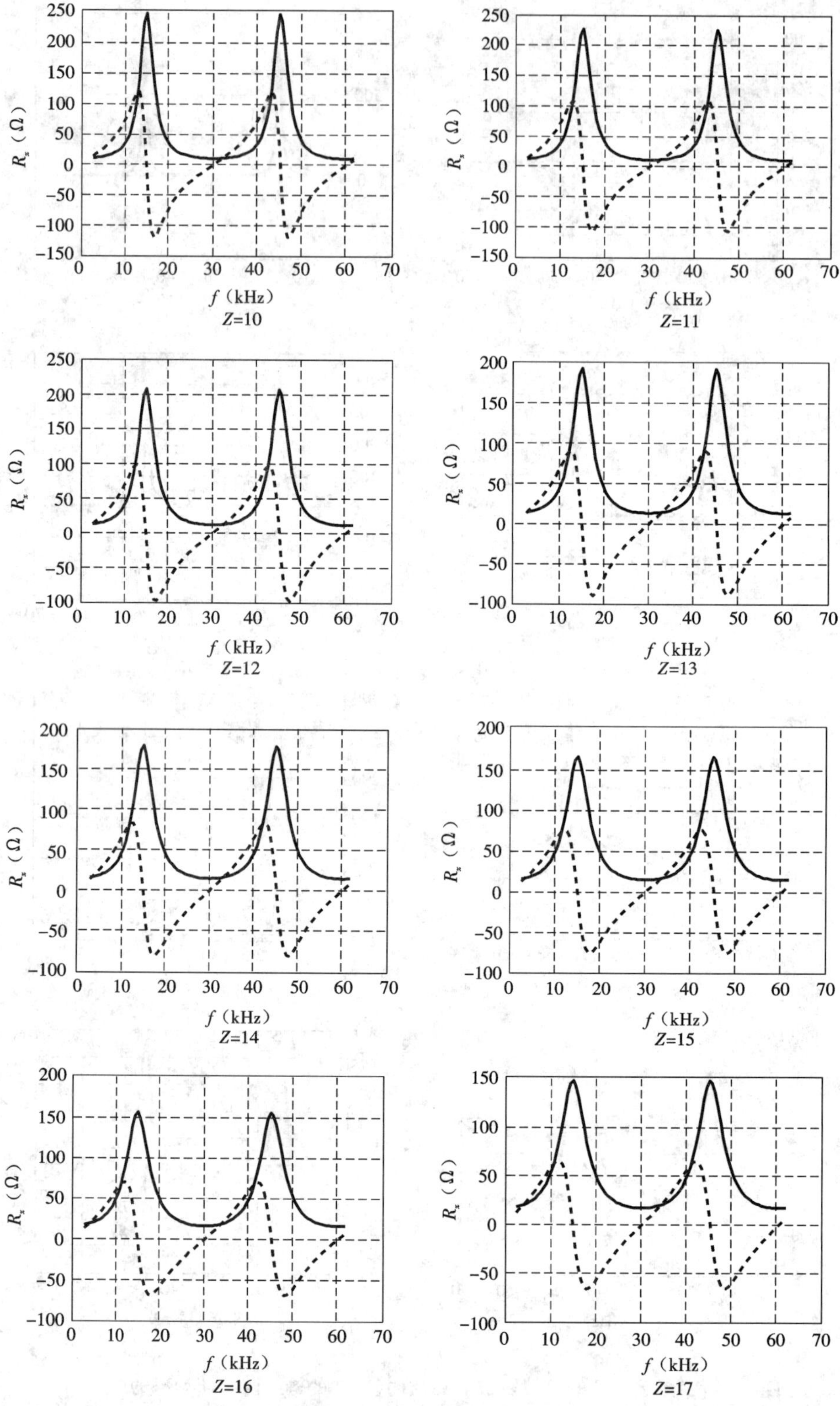

图 10－7　虚部为 0 的负载阻抗 Z 变化时，电缆的输入阻抗随频率的变化　（续）

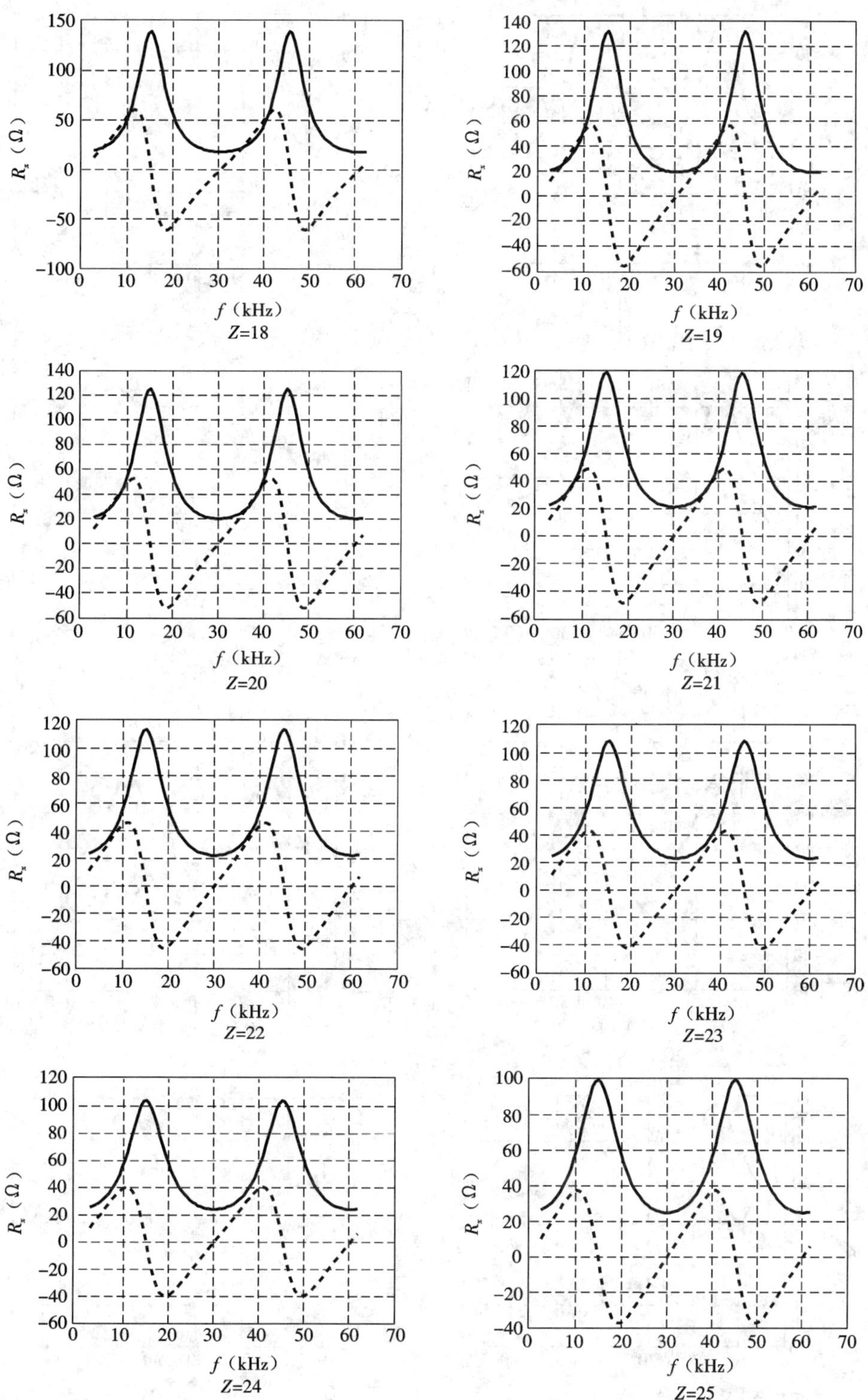

图 10－7　虚部为 0 的负载阻抗 Z 变化时，电缆的输入阻抗随频率的变化　（续）

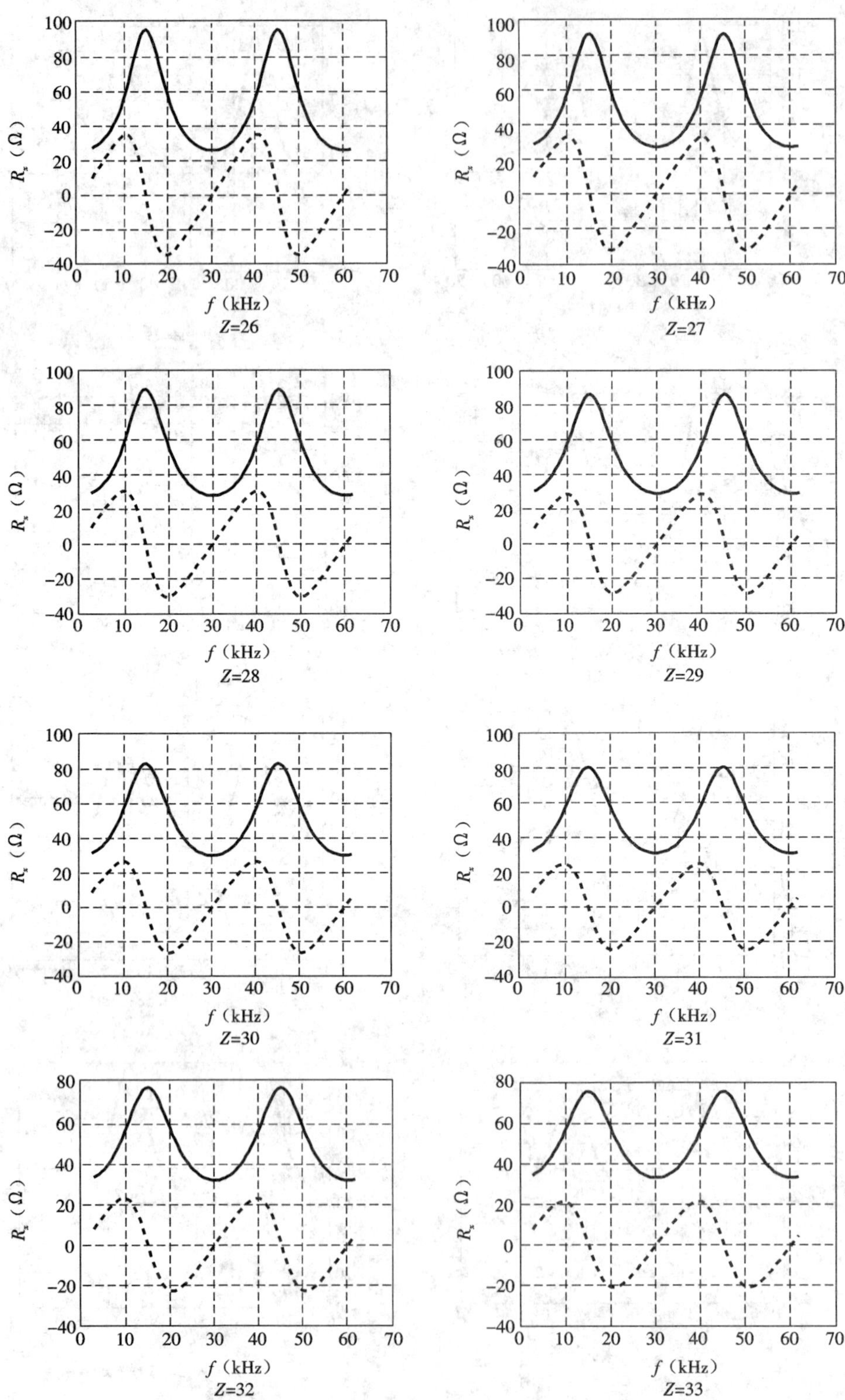

图 10-7　虚部为 0 的负载阻抗 Z 变化时，电缆的输入阻抗随频率的变化　（续）

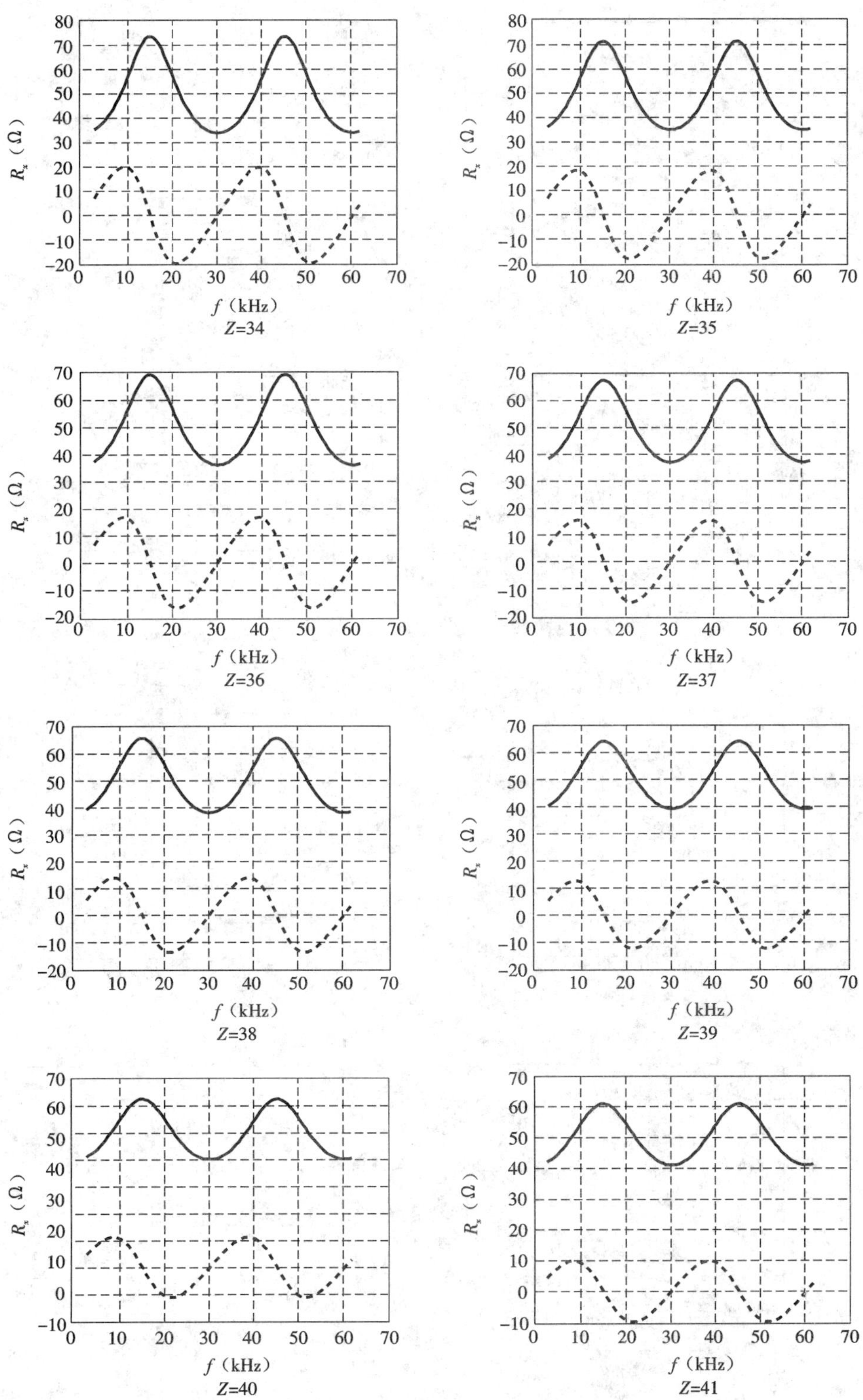

图 10－7　虚部为 0 的负载阻抗 Z 变化时，电缆的输入阻抗随频率的变化　（续）

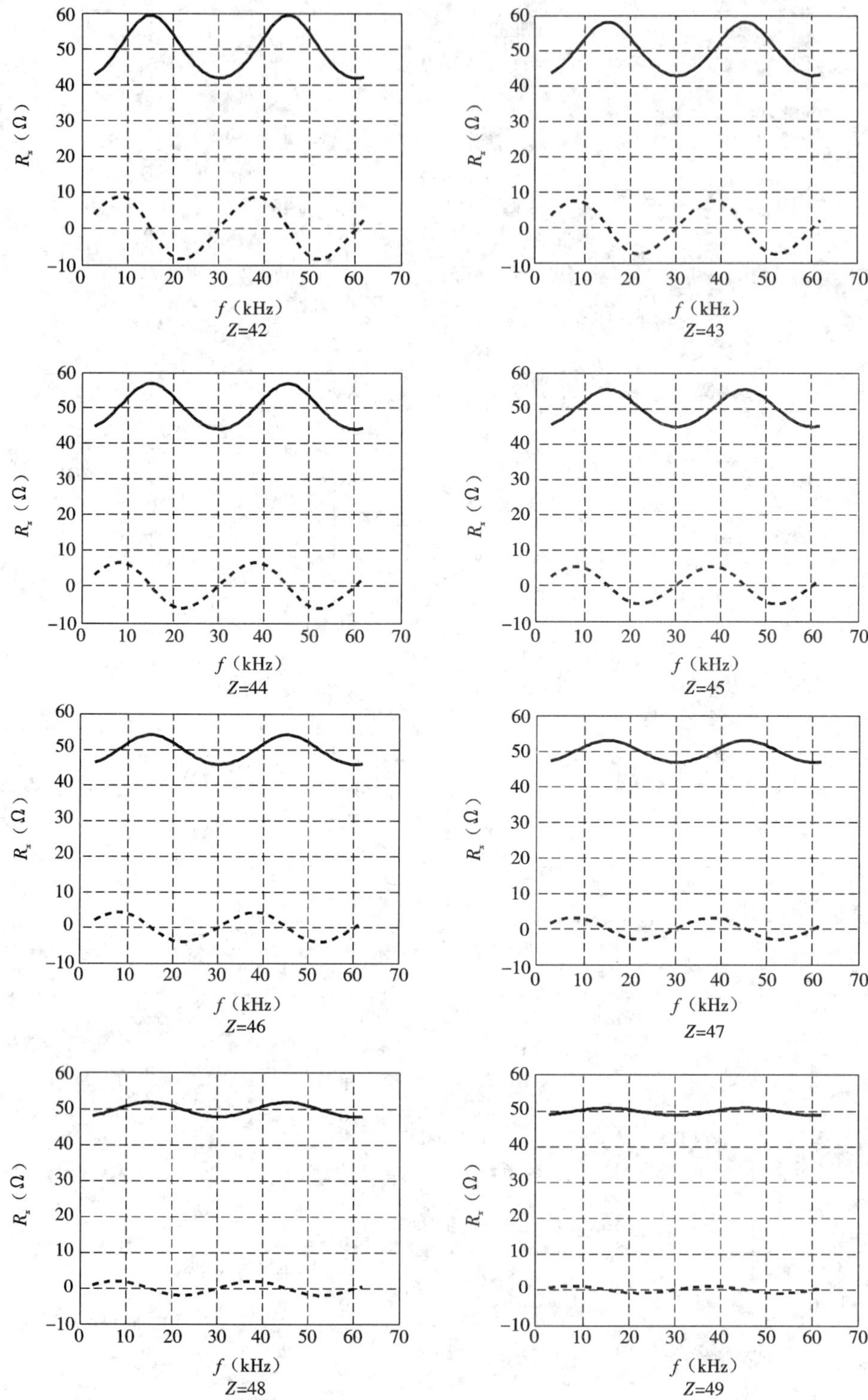

图 10－7 虚部为 0 的负载阻抗 Z 变化时，电缆的输入阻抗随频率的变化 （续）

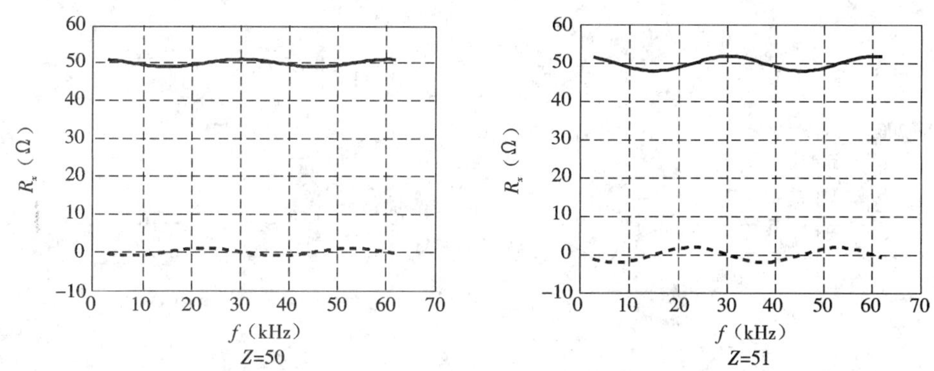

图 10－7　虚部为 0 的负载阻抗 Z 变化时，电缆的输入阻抗随频率的变化　（续）

从上述计算结果可以看出：在无损耗（即不考虑电缆衰减）的情况下，特征阻抗与终端输入阻抗的差别是影响匹配效果的关键因素。电缆的作用可以导致负载上几乎没有电流，例如，图 10－7 中阻抗的极大值位置，其输入阻抗为 $Z_{in}=Z_0/Z$，当 $Z=2\ \Omega$ 时，输入阻抗为 1 250 Ω。这时，输入到电缆中的电流接近于 0，根本没有激发负载。

电缆匹配与频率也有极其重要的关系。在负载阻抗和电缆确定的情况下，电缆所传输的大功率电能量的频率不同，匹配效果相差也很大，例如：在 30 kHz 时，电缆输入阻抗的虚部为 0，实部为 Z，电缆几乎没有对电能量产生任何衰减作用。但是，当频率为 15 kHz 时，虽然虚部为 0，但是实部有极大值，这时电缆对电能量起着阻碍作用。其他频率处，因为有虚部存在，电缆在传递电功率时，对波形的相位进行了移动，电流和电压不再同相位。其结果导致电缆与负载之间以及电缆与电源之间进行能量交换，这些能量是虚功率，并没有加到负载上。当阻抗实部和虚部的模均比较大时，流过负载的电流的模比较小，激发功率小；另外，在电缆、换能器和电源之间能量交换的过程中电缆也消耗电功率。

图 10－7 还展示了固有频率处的共振形成条件。负载与特征阻抗差别越大，越容易形成共振；负载与特征阻抗差别越小，越不容易形成共振。共振时阻抗很小，电流很大，与有限长杆的声传播特征相似。

第八节　负载阻抗有虚部时传输电缆的输入阻抗

当电缆一端的负载阻抗含有电容（压电超声换能器）或者电感（电机）时，负载阻抗有虚部，这时，其电缆另一端的输入阻抗会有一定的变化。仍然取电缆的特征阻抗为 50 Ω，电缆长 3 200 m，负载阻抗的实部为 5 Ω，分别取负载阻抗的虚部为 1 Ω、2 Ω、3 Ω、4 Ω、5 Ω、6 Ω、7 Ω、8 Ω 时计算的传输电缆的输入阻抗如图 10－8 所示。随着负载阻抗虚部的增加，传输电缆输入阻抗实部和虚部的数值和形状变化很小，只是其固有频率（即峰值的位置）发生了改变，虚部越大，频率越低。即随着虚部的增加，最大峰值的频率向低频处移动。

将负载阻抗为 $Z=5+8i$（虚线）和 $Z=5-8i$（实线）时计算的输入阻抗的实部（左图）和虚部（右图）绘制在一起进行比较，得到图 10－9。从图中可以看出：负载阻抗的虚部为负数时，传输电缆输入阻抗的极大值位于频率比较高的位置，负载阻抗的虚部为正时，极大值位

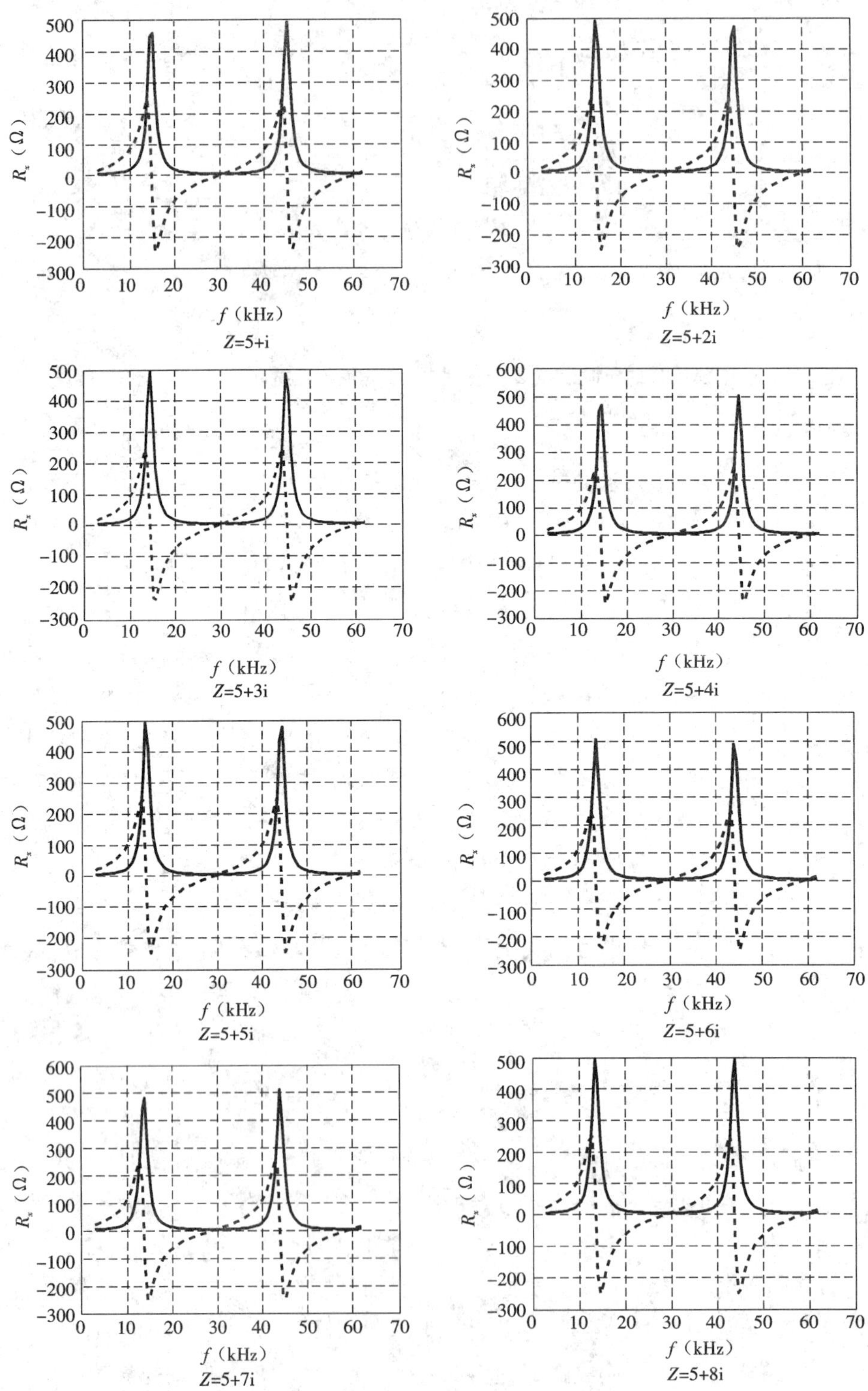

图 10－8　负载阻抗 Z 的虚部改变时，电缆的输入阻抗随频率的变化

（图中，实线为 R_x 实部，虚线为 R_x 虚部）

于频率比较低的位置。

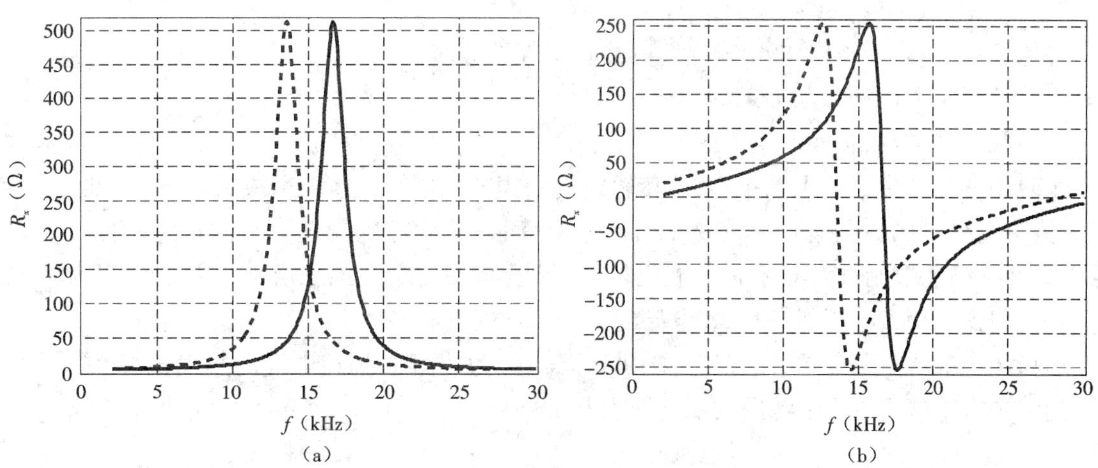

图 10－9　负载阻抗 Z 的虚部从 $-8i$ Ω（实线）改变为 $8i$ Ω（虚线）时，电缆的输入阻抗随频率的变化

(a) R_x 实部；(b) R_x 虚部

第九节　匹配电感对传输电缆输入阻抗的影响

电源端（地面）匹配电感对传输电缆输入阻抗的实部没有影响，对虚部有影响。仍然取 $Z_0=50$，$Z=5-10i$，$l=3\ 200$ m 进行计算，图 10－10 是匹配电感分别为 0.001 mH 和 1 mH 时，从电源输出端看进去的电缆输入阻抗。电缆输入阻抗的虚部发生了变化：以 20 kHz 为例进行分析，当地面匹配电感为 0.001 mH（虚线）时，传输电缆的输入阻抗的虚部为 −150 Ω（容性负载），当地面匹配电感为 1 mH 时（长虚线），虚部接近于 0。此时，用同样的电压，向传输电缆和负载输出的电流将比较大。

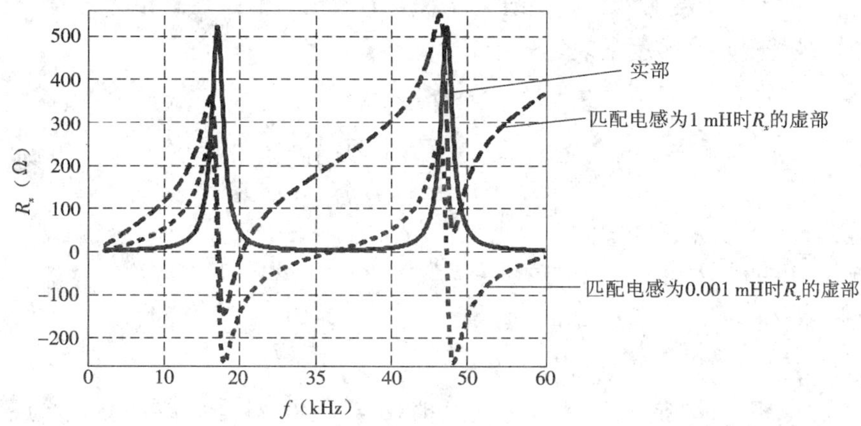

图 10－10　位于地面的匹配电感为 0.001 mH 和 1 mH 时，传输电缆的输入阻抗

第十节　有损耗情况

在下列条件下,必须考虑传输电缆的物理损耗即衰减:

(1)信号沿着电缆传输很远的距离;

(2)频率非常高,损耗随频率的升高而增大;

(3)传输电缆传送的电功率很大,传输电缆中损耗的电功率将耗散成热量。

传输电缆上的高频电功率衰减来自两个方面:导线的导电铜芯、导线与外皮之间的绝缘层。导线铜芯中流过大电流时其电阻发热;导线与外皮之间绝缘层电阻并非无穷大,当导线中的电流很大、电压很高时,其电导的影响便不能够忽略。

图 10－11 是考虑衰减后的模型,R 是单位长度上的电阻,描述电缆的热损耗,G 是单位长度上的电导,描述电缆绝缘层的漏电流引起的损耗。

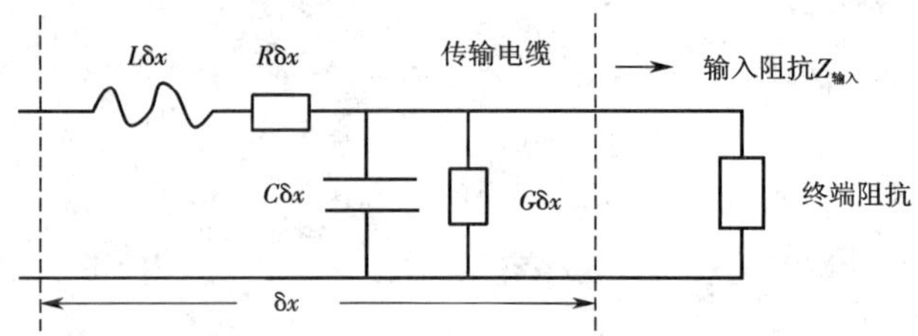

图 10－11　单位长度电缆的等效阻抗模型(有损耗)

对于有损耗的传输电缆,其传输特征的分析方法与无损耗时相似,只是原来单位电感上的电抗 $\mathrm{i}\omega L$ 要换成 $\mathrm{i}\omega L+R$,单位电容的导纳 $\mathrm{i}\omega C$ 要换成 $\mathrm{i}\omega L+G$。无损耗传输电缆上的特征阻抗 $Z_0=\sqrt{L/C}=\sqrt{\dfrac{\mathrm{i}\omega L}{\mathrm{i}\omega C}}$,有损耗传输电缆的特征阻抗 $Z_0=\sqrt{\dfrac{R+\mathrm{i}\omega L}{G+\mathrm{i}\omega C}}$。后者是一个复数,在高频时,接近于无损耗时的特征阻抗 $Z_0=\sqrt{L/C}$。也恰恰是在高频时,衰减比较厉害。

有衰减时,描述电功率传播的表达式中

$$V(x,t)=V_0\mathrm{e}^{\mathrm{i}(\omega t-kx)}$$

其波数 $k\left(k=\dfrac{\omega}{v}=\omega\sqrt{LC},\mathrm{i}k=\mathrm{i}\omega\sqrt{LC}=\sqrt{(\mathrm{i}\omega L)(\mathrm{i}\omega C)}\right)$发生了变化。将有衰减时的参数代入得到

$$\mathrm{i}k=\sqrt{(\mathrm{i}\omega L+R)(\mathrm{i}\omega C+G)}=\alpha+\mathrm{i}k_1$$

相应地,电压的表达式为

$$V(x,t)=V_0\mathrm{e}^{-\alpha x}\mathrm{e}^{\mathrm{i}(\omega t-k_1x)}$$

这是一个随距离衰减的电压。当频率为 0 时,$\alpha=\sqrt{RG}$,G 是单位长度绝缘层的电导,其倒数即内外导体之间的电阻,通常情况下为 $3\times10^{11}\ \Omega$。R 是中心导体单位长度上的电阻:直径为 1 mm 的铜线,串联电阻约为每米 0.1 Ω。同轴电缆的衰减长度大约在 10^6 m 以上。

在 $R\ll\mathrm{i}\omega L,G\ll\mathrm{i}\omega C$ 时,用级数展开,取一级近似得到

$$\alpha+\mathrm{i}k_1=\sqrt{(\mathrm{i}\omega L+R)(\mathrm{i}\omega C+G)}=\sqrt{(\mathrm{i}\omega L)(\mathrm{i}\omega C)+\mathrm{i}\omega LG+\mathrm{i}\omega CR+GR}$$

级数展开得到

$$\alpha + \mathrm{i}k_1 \approx \mathrm{i}\omega\sqrt{LC} + \frac{\mathrm{i}\omega LG + \mathrm{i}\omega CR}{2\sqrt{\mathrm{i}\omega L\mathrm{i}\omega C}}$$

$$= \mathrm{i}\omega\sqrt{LC} + \omega\sqrt{LC}\left(\frac{G}{2\omega C} + \frac{R}{2\omega L}\right) = \mathrm{i}\omega\sqrt{LC} + \frac{R}{2Z_0} + \frac{1}{2}GZ_0$$

利用同轴电缆的 R、G 和特征阻抗 50 Ω，由上式计算的衰减长度为 1 000 m。实际上，由于 R 和 G 均随频率升高，衰减长度要比 1 000 m 小得多。

采用上面的参数，计算铜芯直径分别为 6 mm、5 mm、4 mm 时电压幅度衰减系数随传输电缆长度的变化规律，结果如图 10－12 所示。从图中可以看到：当传输电缆长度为 3 200 m 时，4 mm 直径的电压衰减最大。电压衰减导致的电功率的衰减如图 10－13 所示。

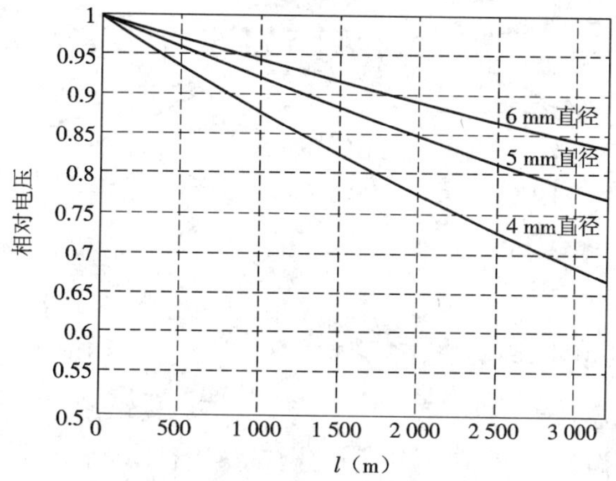

图 10－12　传输电缆直径不同时其传输电压幅度随传输电缆长度的衰减规律

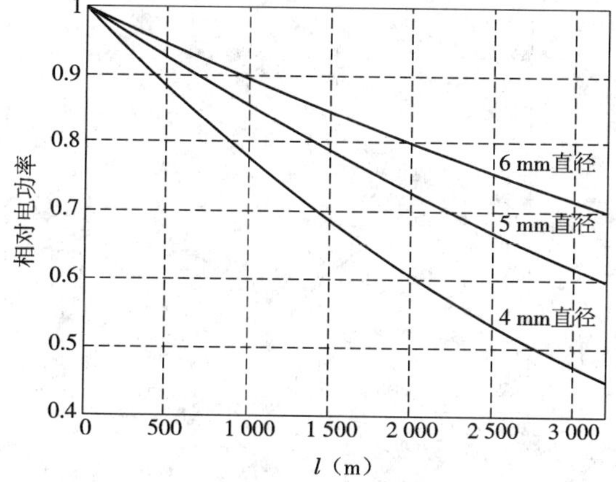

图 10－13　传输电缆直径不同时其传输电功率随传输电缆长度的衰减规律

第十一节　四分之一波长阻抗匹配

本节给出四分之一波长的具体计算结果。

图 10－14 是频率改变时，介电常数分别为 2.2、2.3 和 2.4 时的四分之一波长与频率的关系。当频率是 23 kHz 时，四分之一波长的电缆是 2 100 m，半个波长是 4 200 m。在半个波长的长度上，电缆的实部最小，虚部为 0，如图 10－8 中 30 kHz 位置所示。

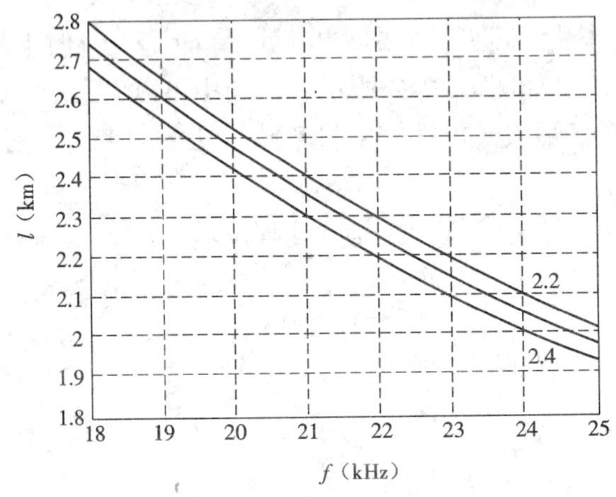

图 10－14　传输电缆绝缘材料的介电常数不同时，四分之一波长随频率的变化规律

分别取介电常数为 2、2.3 和 2.5 计算半个波长得到图 10－15，将该图放大得到图 10－16。可以看出：当频率位于 20 kHz 时，半个波长需要的电缆长度为 4 700 ~ 5 000 m，频率为 21 kHz 时，电缆长度为 4 500 ~ 4 800 m，频率为 22 kHz 时，电缆长度为 4 300 ~ 4 600 m。

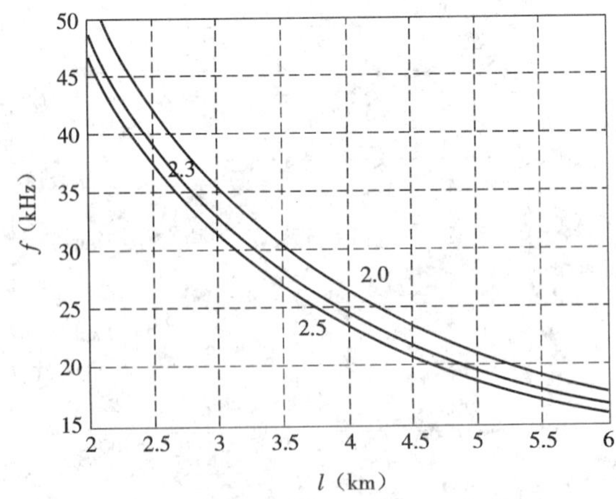

图 10－15　不同介电常数时半个波长所对应的频率

取绝缘层的介电常数为 2.4，电缆的特征阻抗为 30 Ω，负载的动态电阻为 4.5 Ω，静态电容为 0.212 μF，谐振频率为 22.2 kHz 时计算的电缆输入阻抗随长度和频率的变化关系如图 10－17 所示。其中灰度表示阻抗大小，黑色的部分表示阻抗大，越黑阻抗越大。输入导

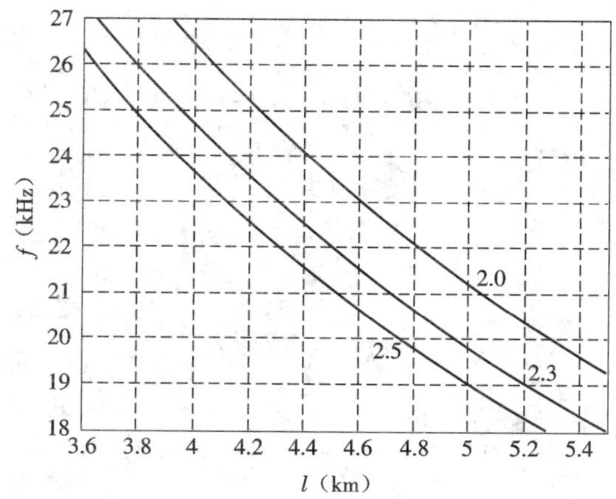

图 10－16　不同介电常数时半个波长所对应的频率

纳随长度和频率的变化关系如图 10－18 所示，同样，越黑表示导纳越大。

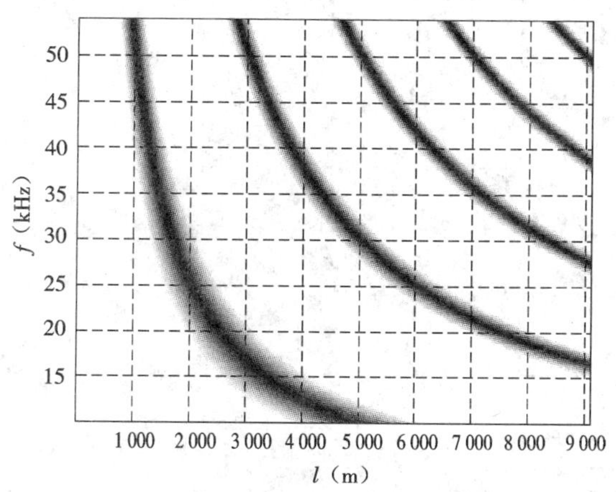

图 10－17　电缆输入阻抗随频率和长度的变化关系

图 10－18 中的黑色分布从纵坐标开始，即在纵坐标附近，电缆很短，电缆的导电特征明显。随着频率的增加，纵坐标上的黑色区域减小；随着长度的增加，黑色区域很快减小，电缆的输入阻抗开始增加。图 10－17 中的阻抗在纵坐标附近则没有黑色区域，这表明，在电缆比较短时，阻抗比较小。

导纳的黑色区域对应着二分之一波长；阻抗的黑色区域对应着四分之一波长。两者在图上是交替出现的，即在两个导纳的黑色分布中间有一个阻抗的黑色分布；同样，在两个阻抗的黑色区域之间也必然有一个导纳的黑色分布区域。

取定频率为 20 kHz，从图 10－17 和 10－18 中得到图 10－19。图 10－19(a)是阻抗实部(实线)和虚部(虚线)随电缆长度的变化规律，图(b)是导纳的实部(实线)和虚部(虚线)随长度的变化规律。从图中可以看到：在阻抗最小的长度 5 km 附近，导纳取得极大值。阻抗的极大值与导纳的极大值是交替出现的。

其他参数不变，取电缆特征阻抗分别为 20 Ω、30 Ω，频率为 20 kHz 时得到图 10－20 所

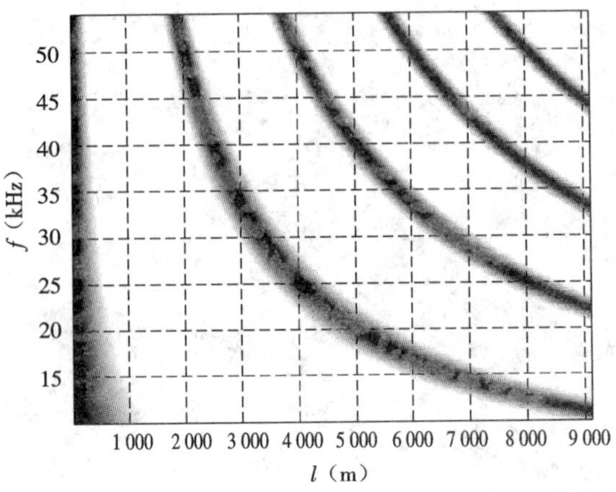

图 10-18 电缆输入导纳随频率和长度的变化关系

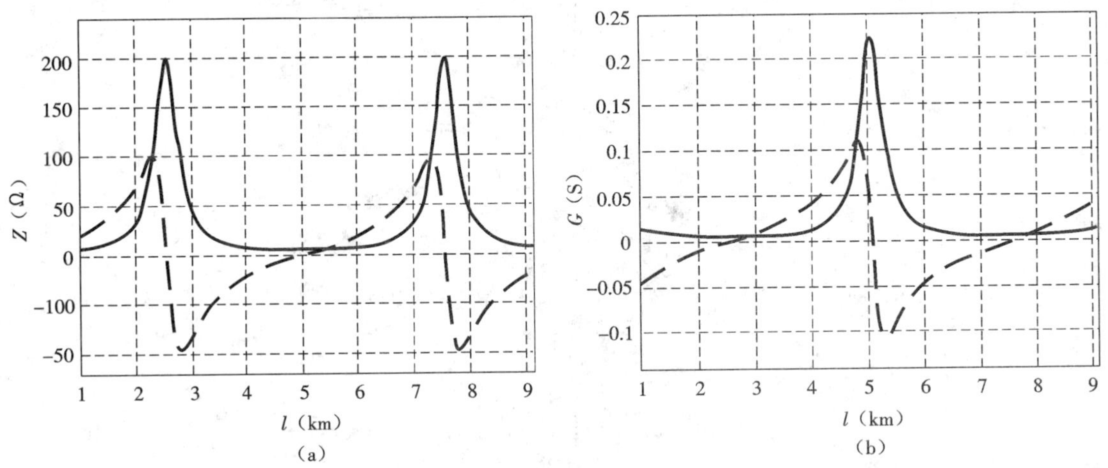

图 10-19 频率为 20 kHz 时,阻抗和导纳随长度的变化规律(电缆特征阻抗为 30 Ω)

(a)输入阻抗 (b)输入导纳

示的电缆输入导纳和阻抗随电缆长度的变化规律。实线是电缆特征阻抗为 30 Ω 时的计算结果,虚线是 20 Ω 时的计算结果。从图中可以看到:两者的曲线形状有差别,但是其极大值、极小值对应的频率没有改变。导纳的极小值位于 2. 5 km,极大值位于 5. 1 km 位置。特征阻抗增加,阻抗的极大值增加,而导纳的极大值不变。特征阻抗为 30 Ω 的导纳曲线峰值比较尖锐。该结果说明,能够通过电缆传输的电能量的长度范围比较窄,不能够通过电缆传输或者电缆传输效率比较低的长度范围比较宽。该结果与第二章的一维杆固有频率处的广义反射系数和透射系数的规律相似。

同样,取电缆长度 3. 5 km,电缆特征阻抗分别为 20 Ω、30 Ω 时得到图 10-21 所示的电缆输入阻抗和导纳随频率的变化曲线,与图 10-20 所示的结果相似。电缆特征阻抗为 30 Ω 时其导纳曲线比较尖锐,能够通过电缆传输的电能量的频率范围比较窄。

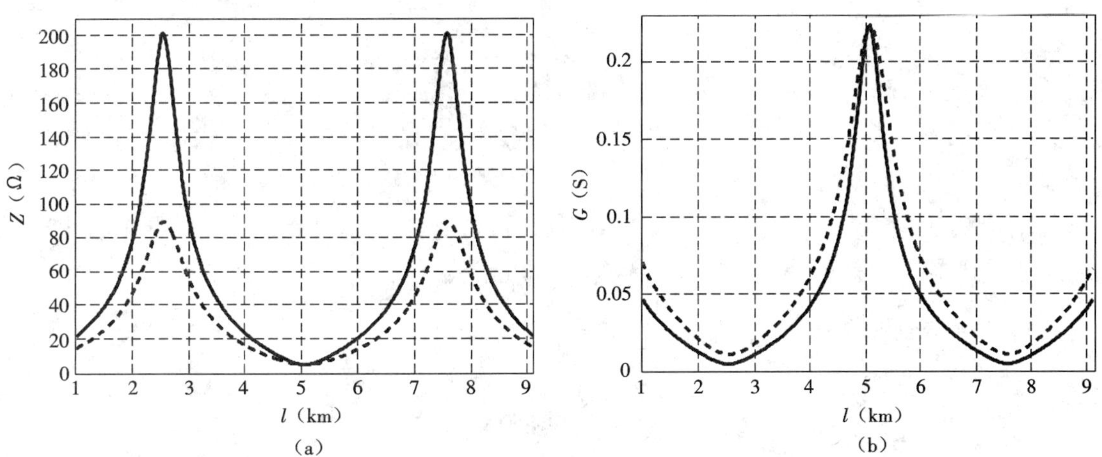

图 10－20　电缆特征阻抗分别为 20 Ω、30 Ω 时阻抗和导纳随电缆长度的变化规律

(*a*)输入阻抗　(*b*)输入导纳

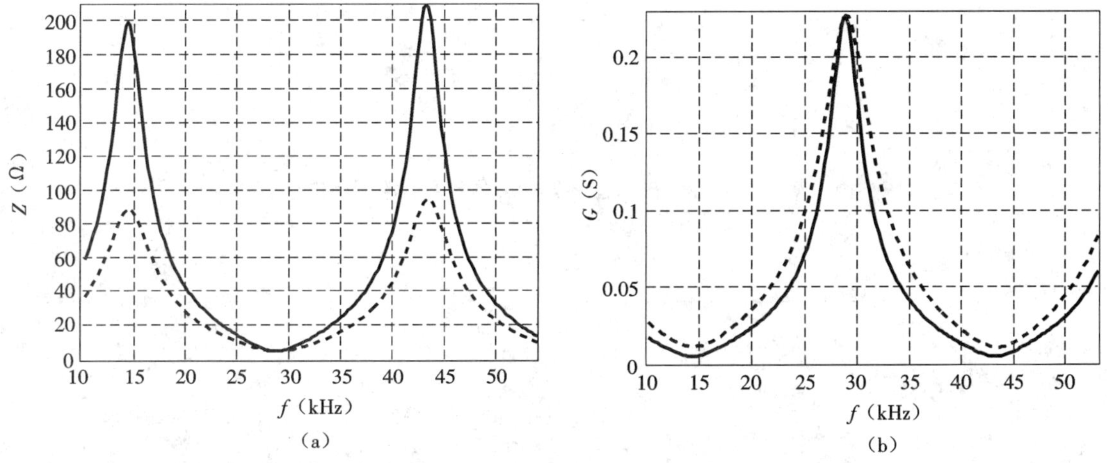

图 10－21　电缆特征阻抗分别为 20 Ω、30 Ω 时阻抗和导纳随频率的变化规律(电缆长度为 3.5 km)

(a)输入阻抗　(b)输入导纳

第十二节　电缆实验

将长约 3.2 km 的超声波大功率电缆缠绕在滚筒上，一端分别开路、短路，测量另外一端的导纳，得到图 10－22。其中导纳极大所对应的频率分别为 8.5 kHz 和 18.5 kHz。这是由边界条件所造成的。开路时端口的阻抗为无穷大，导纳为 0，相当于电磁波幅度的波峰；短路时端口的阻抗为 0，相当于电磁波的 0 点。延长所测量的频率范围如图 10－23(a)所示，从图中可以看到，随着频率的增加，导纳曲线出现多个极大值，与图 10－8、图 10－21 所计算的结果相似，分别对应着其半个波长的位置。由于实际电缆有导体，所以导纳曲线的峰值随着频率的增加而减小。将换能器(容性负载)接到电缆上以后得到图 10－23(b)，与 图 10－23(a)相比，其导纳极大值的位置向低频方向移动，在第二个极大值位置出现了新的峰值。导纳极大值向低频方向移动是由换能器容性特征造成的；第二个极大值是由换能器的谐振频率即导纳圆造成的。图 10－23（b）是电缆和换能器所构成系统的整体导纳测量结果，是换能器的容性特征、导纳圆与电缆的分布参数共同作用的结果。将实际测量的换能器（水中）的导纳与接电缆以后测量的导纳绘制在一起得到图 10－24。从图中可以看到：接上电缆以后，在换能器的谐振频率 22 kHz 处，整体导纳的实部曲线并不取极大值，而是变化最快的，虚部取极小值。或者说，接上电缆以后，换能器与电缆构成的系统的导纳极大值并不在换能器的谐振频率处，而是向下或者向上进行了偏移。

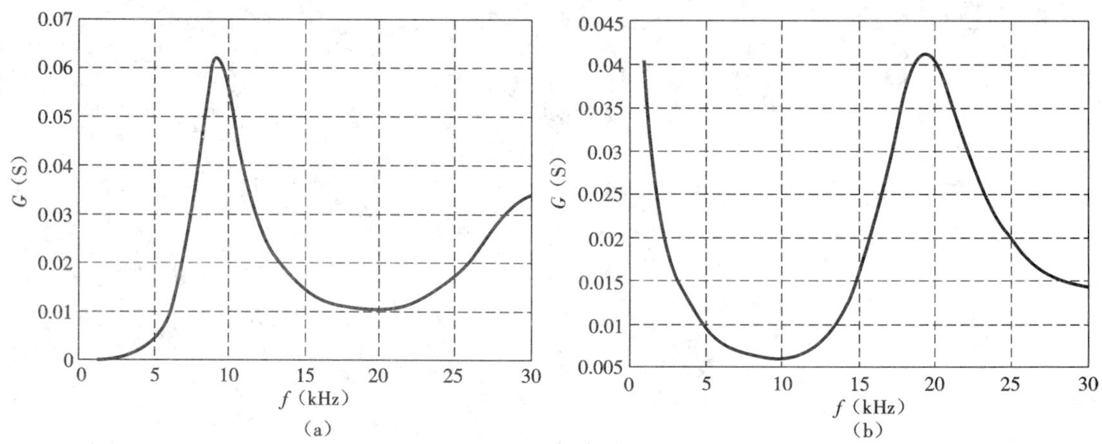

图 10－22　电缆一端开路、短路时所测量的导纳随频率的变化曲线

（a）电缆开路　（b）电缆一端短路

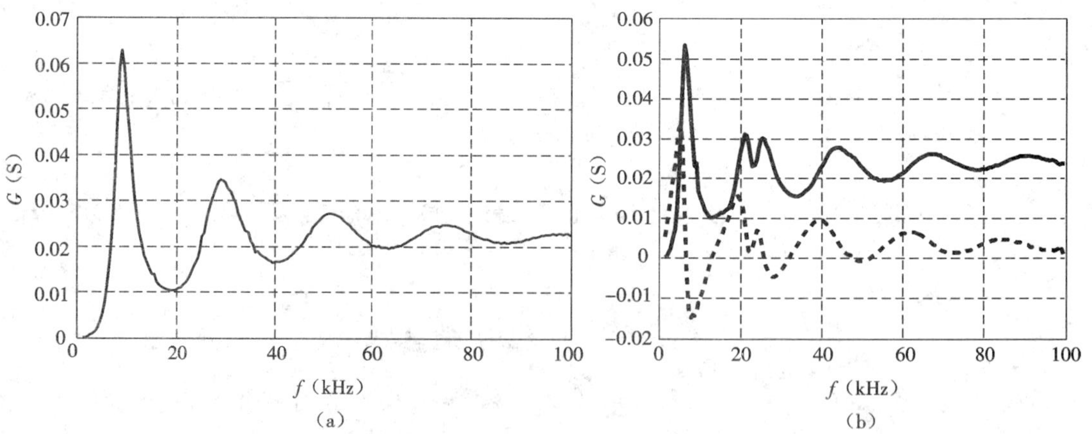

图 10－23　电缆一端开路、接探头所测量的导纳随频率的变化曲线

（a）电缆一端开路　（b）电缆接探头（探头浸入水中）

由上述可形成下列 5 点认识。

（1）不同频率的电磁波能量在电缆中传输时受到不同的影响。在输入阻抗上表现为：输入阻抗或者导纳的实部随频率的变化曲线中出现多个峰值，在阻抗出现峰值的位置其导纳小，传播特征比较差；在导纳出现峰值的位置，其导纳比较大，与电源连接后，输入到电缆

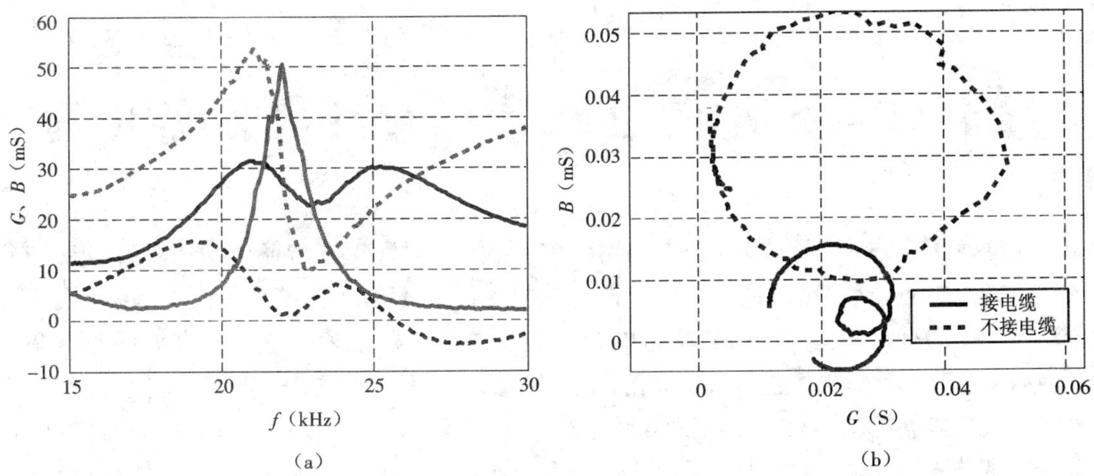

图 10－24　探头完全浸在水中时测量的 22 kHz 附近的导纳及其导纳圆

(a)探头完全浸没在水中与接电缆时导纳的实部和虚部　(b)探头在水中(15～30 kHz)

的电流比较大。由于大功率电源的输出端是 IGBT,内阻比较小,所以电缆的输入电导越大,与电源的内阻越接近,输出到电缆的电功率越大。

(2)电缆与换能器连接后,电缆的导纳曲线的极大值位置发生移动,这是受换能器静态电容影响的结果。

(3)电缆与换能器连接后,在换能器和电缆构成的整个系统中,导纳实部曲线有两个峰,但是换能器的谐振频率处并不出现峰值。

(4)探头谐振频率处的导纳越大,进入电缆的电流越大,传递给换能器的电功率也越大。

(5)将换能器的谐振频率设计在电缆导纳的极大值位置有利于实现高频电功率的传输。

由于换能器的容性对电缆导纳曲线的极大值位置有影响,设计电缆长度时需要同时考虑换能器的谐振频率和电缆导纳的极大值位置,使接上换能器的整体系统的导纳最大值位置与换能器的谐振频率一致或者接近。

思考题

1. 一维传输线与一维杆的振动有什么一致性和区别?
2. 在一维杆与传输线上共振条件各是什么?
3. 有限长杆传输振动的描述方式与传输线一致吗?
4. 1/4 波长有什么主要特征?
5. 1/2 波长有什么主要特征?
6. 输入阻抗的峰值对系统设计有什么作用?
7. 大功率传输时,电缆的最佳长度如何获得?
8. 大功率传输时,电缆是否有最差长度?
9. 大功率传输时,电缆长度确定是否有最佳频率和最差频率?

第十一章 压电换能器动态参数测量仪器

压电换能器振动时所表现出来的特征和参数分别称为动态特征和动态参数。动态参数是换能器机械振动特征的描述,是与换能器导纳随频率的测量结果等效的,包括换能器振动系统的固有频率、动态电感、动态电容和动态电阻以及描述换能器自身损耗的并联电导。动态电感和动态电容主要刻画换能器的弹性和质量特征,与固有频率相关,动态电阻主要刻画换能器机械振动时表现出来的负载特征,并联电导主要刻画换能器振动过程中自身的发热,描述压电材料内部的损耗。这些参数是换能器压电材料选择、谐振频率设计以及给换能器匹配电感、配套激发电路的基础。这些动态参数需要通过所测量的导纳圆获得。

本章主要介绍换能器导纳圆的测量原理和技术。导纳圆测量原理分模拟和数字两种,模拟测量方法由硬件完成相位差(模拟乘法器)和幅度(幅度检测电路)比的测量,采集这些值的直流信号,由计算机完成导纳圆的计算;数字方法则直接采集所测量的两个原始正弦波形,由计算机软件完成原始信号的相位差和幅度比以及导纳圆的计算。数字方法需要用到数字信号处理的各种有效方法,我们设计完成了快速傅里叶变换法、相关系数法和过零点等三种相位差处理方法。读者可以自己在理解的基础上,增加多种相位和幅度处理方法,以提高导纳圆测量的精度。

导纳和阻抗虚部的测量在其他测量领域也有重要应用。读者可以灵活运用这些方法,解决具体的实际测量问题,开发出新的基于电参数和弹性参数的测量系统和仪器。

第一节 压电换能器等效电路及其导纳圆

压电换能器的阻抗(或导纳)通常是指在换能器的电端测得的等效电阻抗(或电导纳),它随频率改变,是一个复数 Z_T,单位为欧姆(Ω),导纳 Y_T 的单位为西门子(S)。

通常用串联电路的形式表示该阻抗:

$$Z_T = R_T + iX_T$$

用并联电路的形式表示导纳:

$$Y_T = G_T + iB_T$$

其中,R_T 是换能器的电阻,X_T 是电抗,单位为 Ω;G_T 是换能器的电导;B_T 是电纳,单位为 S。

如果忽略电损耗,压电换能器的静态(未激励振动时的状态)等效电路就是一个纯电容。当换能器振动辐射声能量时,还存在动态阻抗。动态阻抗是由换能器振动时压电陶瓷的变形和声传播介质对其变形的反作用产生的。动态阻抗可以用等效动态电阻、动态电感和动态电容表示。在换能器的任何一个固有频率附近(其他固有频率相距比较远),压电换能器导纳或者阻抗随频率的变化关系可以近似成一个集中参数系统,其等效电路如图 11-1 所示,其中 C_0 是静态电容,L_1、C_1、R_1 分别为动态电阻、动态电容和动态电感(前面的

章节中用 L_d、C_d 和 R_d 表示)。

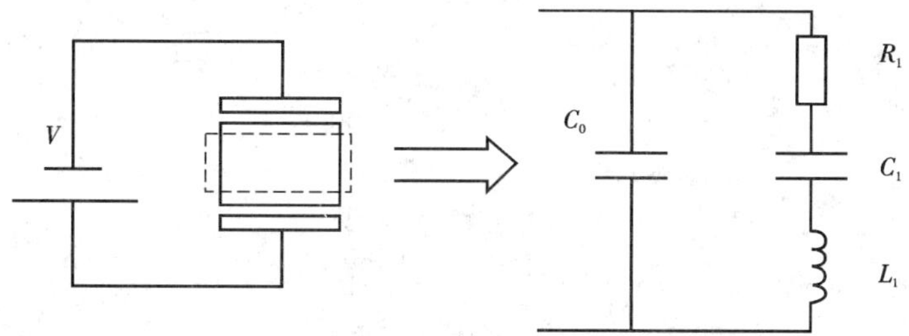

图 11-1　压电换能器等效电路

假定压电换能器的总导纳为 Y,并联支路和串联支路(或称为静态导纳和动态导纳)分别为 Y_0 和 Y_1,忽略换能器的电损耗,则

$$\left.\begin{aligned} &Y = Y_0 + Y_1 \\ &Y_0 = iB_0 = i\omega C_0 \\ &Y_1 = G_1 + iB_1 \end{aligned}\right\} \tag{11-1}$$

其中,B_0 是静态电纳,G_1 和 B_1 是动态支路的电导和电纳,ω 是角频率,且

$$\left.\begin{aligned} G_1 &= \frac{R_1}{R_1^2 + \left(\omega L_1 - \frac{1}{\omega C_1}\right)^2} \\ B_1 &= \frac{-\left(\omega L_1 - \frac{1}{\omega C_1}\right)}{R_1^2 + \left(\omega L_1 - \frac{1}{\omega C_1}\right)^2} \end{aligned}\right\} \tag{11-2}$$

将式(11-2)代入式(11-1)得

$$\begin{aligned} Y &= Y_0 + Y_1 \\ &= \frac{R_1}{R_1^2 + \left(\omega L_1 - \frac{1}{\omega C_1}\right)^2} + i\left[\omega C_0 - \frac{\left(\omega L_1 - \frac{1}{\omega C_1}\right)}{R_1^2 + \left(\omega L_1 - \frac{1}{\omega C_1}\right)^2}\right] \end{aligned} \tag{11-3}$$

动态导纳 Y_1 和总导纳 Y 随频率变化。取横坐标为电导,纵坐标为电纳,当频率变化时,Y_1 的轨迹为一个圆,如图 11-2 中以 AB 为直径的圆所示。将式(11-2)中的 ω 消去,则得到圆的方程:

$$\left(G_1 - \frac{1}{2R_1}\right)^2 + B_1^2 = \left(\frac{1}{2R_1}\right)^2 \tag{11-4}$$

其圆心为 $\left(\frac{1}{2R_1}, 0\right)$,半径为 $\frac{1}{2R_1}$。

当 $B_1 = 0$ 时,满足上述方程的解为 $G_1 = 0$ 与 $G_1 = 1/R_1$。实际上,对于压电换能器,$R_1 \neq 0$,从式(11-2)可知 $G_1 \neq 0$,所以只有 $1/R_1$ 为满足上述方程的解。从式(11-2)可知,这时要求

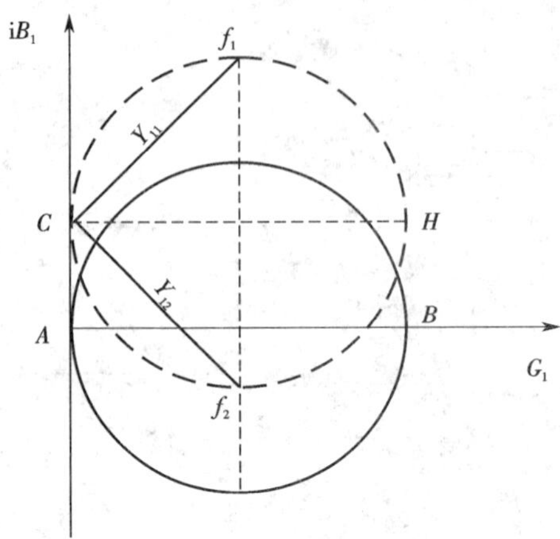

图 11－2　压电换能器等效电路的导纳圆图

$$\omega L_1-\frac{1}{\omega C_1}=0$$

即 $\omega=\omega_s=1/\sqrt{L_1C_1}$，因此图 11－2 中 $(1/R_1,0)$ 点的频率即是 ω_s，称为串联谐振频率或机械固有频率。

从式(11－2)还可知，当 $\omega<\omega_s$ 时，$B_1>0$，当 $\omega>\omega_s$ 时，$B_1<0$，所以 Y_1 端点的轨迹随频率增加按顺时针方向变化。假定换能器动态支路的品质因数较大，Y_1 的端点旋转一周时，Y_0 的端点随频率变化很小，可近似认为 $Y_0=\mathrm{i}\omega C_0$ 为一常数，于是，把 Y_1 在复平面上的轨迹圆沿纵轴平移 $\omega_s C_0$，即可得到压电换能器导纳 Y 的端点随频率变化的轨迹，即所谓的导纳圆，如图 11－2 中的虚线所示。注意：以上结论只在导纳圆的直径 $1/R_1$ 比 ωC_0 大得多时才正确。

第二节　压电换能器等效电路参数计算

由上面分析可知，只要测出了导纳圆图，由其直径 D 可得

$$R_1=\frac{1}{D}$$

从图 11－2 中的 C 点引直径 CH，H 点的频率即串联谐振频率或机械固有频率 f_s。过圆心作垂直于电导轴的直线，交圆周于两点，这两点的频率假定分别为 f_1 和 f_2。在 f_1 点除静态电纳 $\mathrm{i}\omega C_0$ 外，动态的电导和电纳数值相等、符号相同。

令 $Y_1|_{f_1}=Y_{11}=G_1+\mathrm{i}B_1$，则 $G_1=B_1$，由式(11－2)可知

$$G_1=B_1=\frac{-X_1}{R_1^2+X_1^2}=\frac{R_1}{R_1^2+X_1^2}$$

其中，

$$X_1=\omega_1L_1-\frac{1}{\omega_1C_1}=-R_1(\omega_1=2\pi f_1) \tag{11－5}$$

同理，可分析 f_2 点，只是这里动态电导和电纳的符号相反，大小仍相等。

令 $Y_1|_{f_2}=Y_{12}=G_2+\mathrm{i}B_2$，则

$$G_2=-B_2=\frac{R_1}{R_1^2+X_2^2}=\frac{X_2}{R_1^2+X_2^2}$$

其中，

$$X_2=\omega_2 L_1-\frac{1}{\omega_2 C_1}=R_1(\omega_2=2\pi f_2) \tag{11-6}$$

将式(11－6)代入式(11－5)，消去 C_1 可得

$$(\omega_2^2-\omega_1^2)L_1=(\omega_2+\omega_1)R_1$$

即

$$L_1=\frac{R_1}{\omega_2-\omega_1} \tag{11-7}$$

而 $C_1=\dfrac{1}{\omega_s^2 L_1}$，其中 $\omega_s=2\pi f_s$，机械品质因数

$$Q_m=\frac{\omega_s L_1}{R_1}=\frac{1}{\omega_s C_1 R_1}=\frac{1}{R_1}\sqrt{\frac{L_1}{C_1}} \tag{11-8}$$

将式(11－7)代入式(11－8)，则

$$Q_m=\frac{\omega_s}{\omega_2-\omega_1}=\frac{f_s}{f_2-f_1}$$

由式(11－5)和式(11－6)消去 R_1 得到

$$\frac{1}{\omega_2\omega_1}=L_1C_1=\frac{1}{\omega_s^2}$$

所以

$$f_s=\sqrt{f_1f_2}$$

$$Q_m=\frac{\sqrt{f_1f_2}}{f_2-f_1}$$

对于 C_0，当 Y 的端点旋转一周时，Y_0 的端点随频率的变化很小，因此 C_0 可以由导纳圆沿电纳轴的平移距离决定：

$$C_0\approx\overline{AC}/\omega_s$$

上面分析中未考虑换能器的电损耗，如果考虑的话，等效电路中需要并联一个损耗电阻 R_0，等效电路如图 11－3 所示，此时导纳圆将不可能与电纳轴相切，而是有一定的距离，即整个圆向电导增大的方向平移 $1/R_0$。因此，R_0 可由导纳圆平移距离来测定。

第三节　导纳圆测量原理

压电晶体或压电换能器的测量方法和原理是：给压电晶体施加一个频率可变的正弦波，使其产生振动，由于压电晶体振动时对外表现出电感和电容特征，其阻抗或导纳随频率是变化的。在压电晶体振动模态的谐振频率附近阻抗和导纳曲线变化剧烈。当正弦波的频率与压电晶体振动模态的固有频率相等时，导纳的实部取极大值，虚部随频率变化最快。并且随着频率的改变，在振动模态固有频率的附近，压电晶体导纳的实部和虚部在其复数

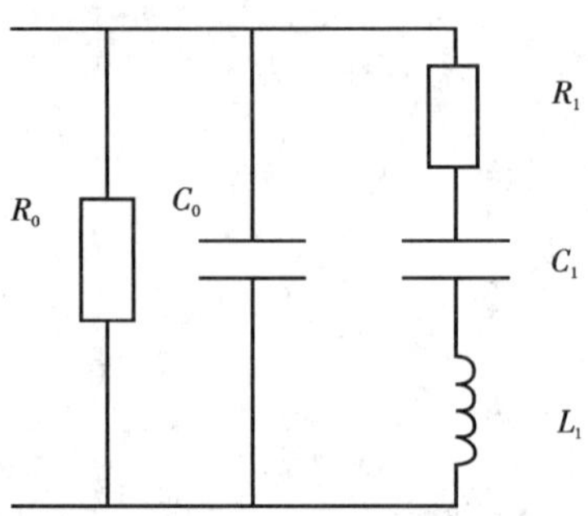

图 11-3 考虑电损耗的压电换能器的等效电路

平面上构成一个圆,称其为导纳圆。如果压电晶体有多个振动模态,则复平面上有多个导纳圆,压电晶体的静态电容不同时,导纳圆在复平面上的位置上下有差别。

图 11-4 为测量压电换能器导纳圆的电路原理图,其中 $\dot{U}_s$ 是电源,产生频率可控的正弦波,R 为电源的内阻,R_m 为精密测量电阻。压电换能器的导纳为

$$Y = \frac{U_B/R_m}{U_A - U_B} = \frac{1}{R}\frac{U_B}{U_A - U_B}$$

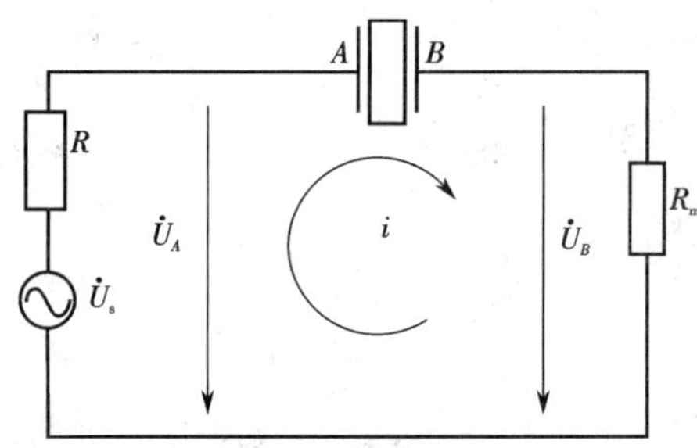

图 11-4 导纳测量原理图

对于频率为 ω 的正弦波输入,设压电换能器两端测量点的电压相量分别为

$$\dot{U}_A = U_{Am}e^{i\omega t}$$

$$\dot{U}_B = U_{Am}e^{i\omega t + i\varphi}$$

则相应的导纳为

$$Y = \frac{1}{R_m}\frac{1}{\left(\frac{U_{Am}}{U_{Bm}}e^{-i\varphi} - 1\right)}$$

将复数展开得

$$Y = \frac{1}{aR_m}\left(\frac{U_{Am}}{U_{Bm}}\cos\varphi - 1\right) + i\frac{1}{aR_m}\frac{U_{Am}}{U_{Bm}}\sin\varphi = G + iB \tag{11-9}$$

其中,

$$a = \left(\frac{U_{Am}}{U_{Bm}}\cos\varphi - 1\right)^2 + \left(\frac{U_{Am}}{U_{Bm}}\sin\varphi\right)^2 \tag{11-10}$$

由式(11-9)和式(11-10)中可以看出,压电换能器的导纳是复数,只要测出不同频率时的 U_{Am}、U_{Bm} 和 $\cos\varphi$ 值,便可得到压电换能器的导纳值。模拟测量方法中,用正弦波幅值检测电路获得直流的 U_{Am}、U_{Bm},用模拟乘法器获得 $\cos\varphi$。

第四节 相位差计算的数字信号处理方法

数字测量方法将原始测量波形 U_A 和 U_B 同时采集,即利用采集芯片 AD 采集压电换能器两端的正弦波电压后,借助于数字信号处理方法计算所测量正弦波的幅度比和相位差。与模拟方法相比,数字方法有效地抑制了器件温漂、噪声干扰的影响,测量结果更准确。我们先后尝试了快速傅里叶变换法、数字相关法、直线近似法和最大值法。

1. 快速离散傅里叶变换方法

设连续时间信号 $x(t)$ 的持续时间为 T_1,要求的频谱谱线间距为 f_1,所需考虑的最高频率为 f_m。由于采样信号为正弦信号,只有一个频率,所以最高频率 f_m 等于正弦波信号的频率 f_0。$x(t)$ 延拓成周期函数的周期应满足 $T_1=\dfrac{1}{f_1}$。

由采样定理可确定采样频率 $f_s\geqslant 2f_m$,或记为采样时间间隔 $T_s\leqslant 1/(2f_m)$。于是采样点的数目 $N=\dfrac{T_1}{T_s}$。N 值应为整数,并且为使 FFT 算法实施方便,最好取 2 的整数幂。这样实际取的 N 值可能大于上式计算值。根据最后确定的 N 值计算实际所取的 T_s 值。离散序列 $x(n)$ 应是 $x(t)$ 延拓成以 T_1 为周期的信号后,再以 T_s 为间隔对实际的正弦波形进行采样。

$$X(k)=\sum_{n=0}^{N-1}x(n)\mathrm{e}^{-\mathrm{i}\frac{2\pi}{N}nk}=\mathrm{Re}[X(k)]+\mathrm{Im}[X(k)]\,(k=0,1,2,\cdots,N-1)$$

所测频率为 f 的正弦波的相位为 θ,则

$$\tan\theta=\frac{\mathrm{Im}[X(k)]}{\mathrm{Re}[X(k)]}$$

$$k=\frac{f_0 n}{f_s}+1$$

其中,f_s 是信号的采样频率,N 是采样长度。通过离散傅里叶变换可以提取出正弦波的相位,分别对两路信号求取相位角后即可算出相角差。

对时域离散序列进行傅里叶变换后可以得到其离散的幅度谱和相位谱,在幅度谱和相位谱中找到对应时域波形频率的谱线便可以得到正弦波形的幅值和相位。用 MATLAB 进行数值实验:生成两列正弦波,每个周期内画 100 个点,如图 11-5(a)所示。假设被采样的两列正弦波频率为 1 Hz,也就相当于采样频率为 100 Hz,令两列正弦波的幅度比为 0.4,相位差为 -5(相差 5 个采样点),DFT 变换的点数为 1 000 个点,然后进行快速傅里叶变换,得到的幅度谱、相位谱、相位差分别如图 11-5(b)(c)(d)所示。

为了便于比较,在绘制幅度谱的时候,将幅度比 0.4 代入其中,如图 11-5(b)所示,可以看出,在所需的频率点,即频率值为 1 Hz 的点,两列正弦波的幅值几乎完全吻合,也就是说经过快速傅里叶处理后,两列正弦波的幅值比为 0.4,与理论值一致。图 11-5(c)为两列正弦波的相位谱,从图上可以看出,两个波形的相位有差别,频率越低差别越大。在随频

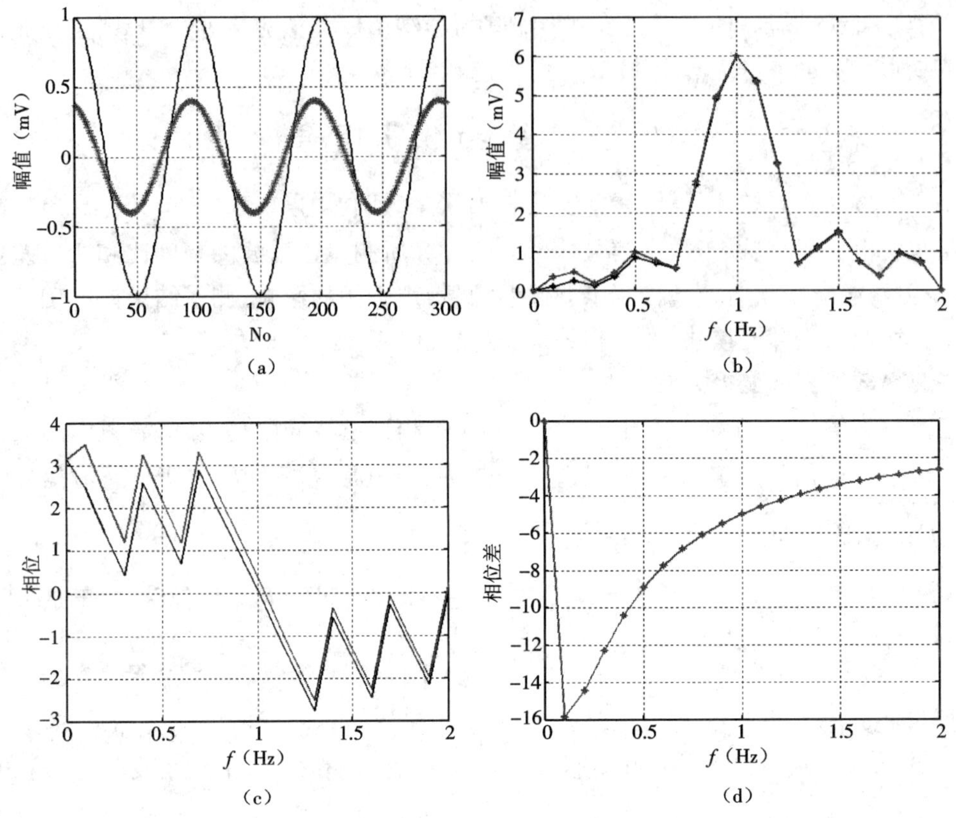

图 11-5 快速傅里叶变换结果

(a)正弦波 (b)幅度谱 (c)相位谱 (d)相位谱差

率变化的相位中,两列正弦波的相位均有 2π 或者 π 的相位差。图 11-5(d)是两列正弦波相位差图,从图上可以看出来,在频率值为 1 Hz 的点上,相位差等于 -5。与理论值一致。其他频率处的相位差都与理论值有差别。

上述结果启示:在所需要的频率点上,快速傅里叶变换能够准确地给出正弦波的幅度比和相位差信息。

可将上述技术用到压电换能器模型,即对换能器的测量过程进行数字仿真。设加在换能器两端的正弦波频率从 20 kHz 到 25 kHz,每 50 Hz 取一个点,一共 101 个频率点。将这 101 个频率点(换能器两端)的原始正弦波形进行数据采集并利用快速傅里叶变换进行相位差和幅度比计算,用幅度比和相位差计算各个频率下的电导值和电纳值以及相位差的余弦曲线得图 11-6。从图 11-6(a)中可以看出,在电导—电纳坐标中这 101 个点构成一个圆。从图 11-6(b)可以看出电导、电纳、相位差余弦随频率的变化与理论曲线一致。

2. 相关方法

用相关方法也可以获得两列正弦波的相位差和幅度比。

设被测信号为

$$v_1(t) = V_1\sin(\omega t) \tag{11-11}$$

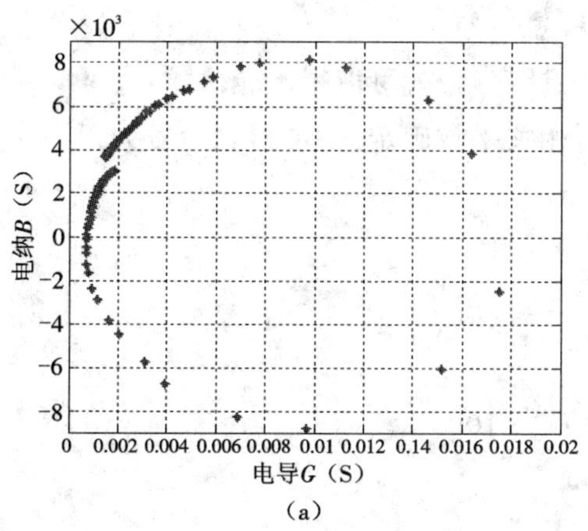

(a)

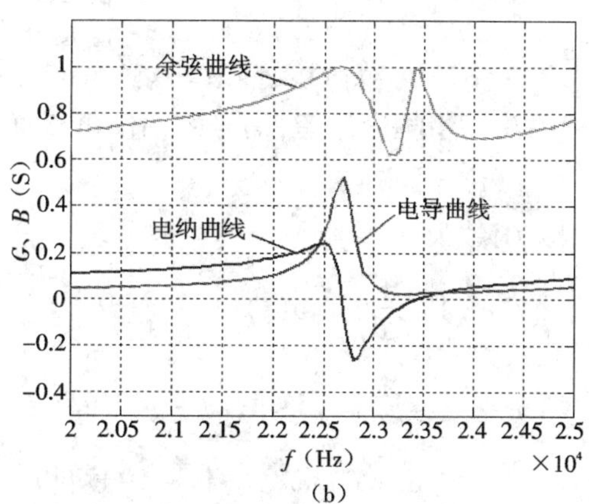

(b)

图 11-6　用快速傅里叶变换仿真的导纳圆测量结果

$$v_2(t) = V_2 \sin(\omega t - \varphi) \tag{11-12}$$

其中，φ 是相位差，$\omega = 2\pi f$，f 是信号频率，v_1 和 v_2 是相同频率的正弦波。用同一时间基准分别对 v_1、v_2 进行采样(测量)，通过相关计算可以求得两者之间的相位差 φ。

用三角函数和的公式将式(11-12)展开，得

$$v_2(t) = a\sin(\omega t) + b\cos(\omega t) \tag{11-13}$$

其中，$a = V_2\cos\varphi$，$b = -V_2\sin\varphi$，$\varphi = \arctan\dfrac{-b}{a}$。

将式(11-13)两边同乘以 $\cos(\omega t)$ 后进行积分，有

$$\int_{t_1}^{t_1+T} \cos(\omega t) \cdot v_2(t)\,\mathrm{d}t = \int_{t_1}^{t_1+T} a\sin(\omega t)\cos(\omega t)\,\mathrm{d}t + \int_{t_1}^{t_1+T} b\cos^2(\omega t)\,\mathrm{d}t \tag{11-14}$$

其中，t_1 是任意值，T 是信号周期。由三角函数性质可推得

$$b = \frac{2}{T}\int_{t_1}^{t_1+T} \cos(\omega t) \cdot v_2(t)\,\mathrm{d}t \tag{11-15}$$

同样可得

$$a = \frac{2}{T}\int_{t_1}^{t_1+T} \sin(\omega t) \cdot v_2(t)\,\mathrm{d}t \tag{11-16}$$

设 $N = \dfrac{T}{\Delta T}$，将式(11-15)、式(11-16)转换成离散形式，得

$$a = \frac{2}{N}\sum_{n=0}^{N-1} \sin(n\omega\Delta T) \cdot v_2(n\Delta T) \tag{11-17}$$

$$b = \frac{2}{N}\sum_{n=0}^{N-1} \cos(n\omega\Delta T) \cdot v_2(n\Delta T) \tag{11-18}$$

设采集的正弦波的频率为 f，则 $\omega = 2\pi f$，采集卡的采集频率为 f_s，则 $\Delta T = \dfrac{1}{f_s}$，代入式(11-17)、式(11-18)得

$$a = \frac{2}{N}\sum_{n=0}^{N-1} \sin\left(n2\pi f\frac{1}{f_s}\right) \cdot v_2(n\Delta T)$$

$$b=\frac{2}{N}\sum_{n=0}^{N-1}\cos\left(n2\pi f\frac{1}{f_s}\right)\cdot v_2(n\Delta T)$$

用数据采集卡对 v_2t 进行采样得到 $v_2(n\Delta t)$，经相关计算后，就可以得出相位差 φ。

相关法测量幅度原理：信号的幅值可以通过自相关函数确定，设被检测信号为

$$v(t)=V\sin(\omega t-\varphi)$$

其自相关函数为

$$\hat{R}_v(\tau)=\frac{1}{T}\int_{-T/2}^{T/2}v(t)v(t+\tau)\mathrm{d}t$$

$$=\frac{1}{T}\int_{-T/2}^{T/2}V\sin(\omega t-\varphi)V\sin[\omega(t+\tau)-\varphi]\mathrm{d}t \tag{11-19}$$

令 $a=\omega t-\varphi$，则 $\mathrm{d}t=\mathrm{d}a/\omega$，式(11－19)可以写成

$$\hat{R}_v(\tau)=\frac{V^2}{\omega T}\left[\int_{-\pi}^{\pi}\sin a\sin(a-\omega\tau)\mathrm{d}a\right]=\frac{V^2}{2}\cos(\omega\tau) \tag{11-20}$$

当 $\tau=0$ 时，由式(11－20)可得 $\hat{R}_v(\tau)=\frac{V^2}{2}$，因此有

$$V=\sqrt{2\hat{R}_v(0)}$$

实际处理的信号为采样后的离散点序列，相应的离散形式的计算公式为

$$\hat{R}_v(0)=\frac{1}{N}\sum_{i=0}^{N-1}v^2(i)$$

在频率域计算互相关函数时，可以用互相关曲线的极大值直接得到延迟时间 τ，由延迟时间计算相位差。

利用 MATLAB 对数字相关法进行仿真。与图 11－6 相似，设加在换能器两端的正弦波频率从 20 kHz 到 25 kHz，每 50 Hz 取一个点，一共 101 个频率点。将这 101 个频率点（换能器两端）的原始正弦波形进行数据采集并利用相关方法计算相位差和幅度比，用幅度比和相位差计算各个频率下的电导值和电纳值以及相位差的余弦曲线，得图 11－7。从图 11－7(a)中可以看出，在电导—电纳坐标中这 101 个点构成一个圆。从图 11－7(b)可以看出，电导、电纳、相位差余弦随频率的变化与理论曲线一致。

3. 直线近似法与最大值法

直线近似法也称过零比较法。利用两个正弦曲线过零点时的差别计算其相位差。在正弦曲线零点的附近，采集到的数据符号相反，用直线拟合正弦曲线，该直线与横坐标的交点近似为正弦曲线的零点。在比较高的采样频率下，近似认为过零点两侧的采样点之间的曲线为直线，如图 11－8 所示。信号 A 第 i 次采样为负值 u_i，第 $i+1$ 次采样为正值 u_{i+1}，说明信号 A 在两采样点之间过零点。同理，信号 B 第 j 次采样为负值 u_j，第 $j+1$ 次采样为正值 u_{j+1}，说明 B 信号在这两采样点之间过零点。设采样周期为 T_s，信号周期为 T，计算两信号相位差的公式为

$$T_A=\frac{u_{i+1}}{u_{i+1}-u_i}T_s$$

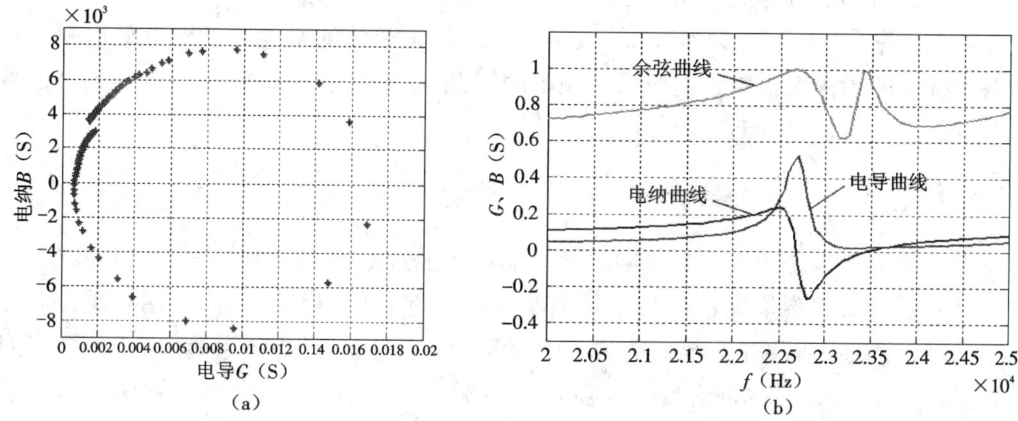

图 11-7　数字相关法仿真结果

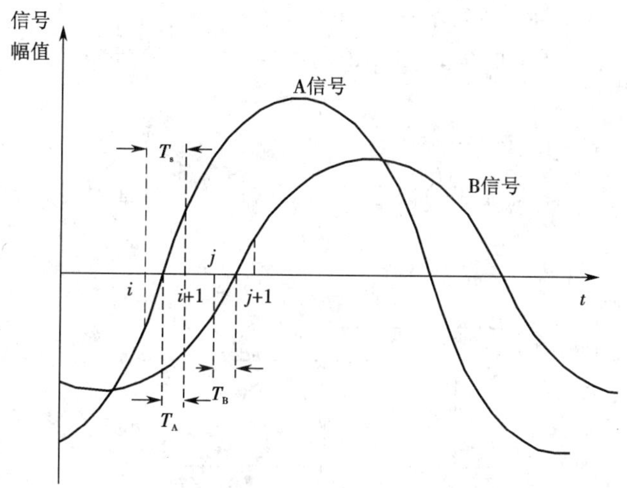

图 11-8　基于近似直线的测量方法

$$T_B = \frac{u_{j+1}}{u_{j+1} - u_j} T_s$$

$$\varphi = 2\pi \frac{[j-(i+1)]T_s + T_A + T_B}{T}$$

上式的分母永远为正，是两点信号值的绝对值相加，分子大于分母。

实际测量误差受以下两方面的影响：

(1)正弦波不能够叠加直流偏置或者直流偏置为0，一定是双极性信号；

(2)正弦波形不能够掺杂干扰，或者干扰比较小。

实际测量波形是有干扰的，特别是在信号幅度比较小时，干扰的影响不能够忽略，这时需要慎重考虑采样间隔。采样间隔越大，直线近似程度越差，引入误差越大；采样间隔越小，相邻采样点的幅度差别越小，AD 转换器的量化误差影响就会被凸显出来。因此，希望在相对小的采样间隔下有尽可能大的正弦波幅度。在周期不变的情况下，正弦波的幅值越大,过零点的斜率越大,过零处的曲线值变化也越大,直线拟合正弦波的精度越高。

设正弦波频率为 ω_0,采样频率为 ω。当 $\omega \gg \omega_0$ 时,正弦波的幅度则可以近似取一个周期内所有采样点的最大值代替。但受采集频率的限制,$\omega \gg \omega_0$ 这一条件不能得到很好的保证。此时,所获得的最大值与幅度有一定偏差。

第五节　导纳圆拟合

通过以上方法可以得到电导和电纳随频率的变化曲线。在导纳复平面上,以电导为横坐标,电纳为纵坐标,将测量的不同频率的值绘制在一起可以得到导纳圆。用导纳圆可以得出压电换能器的谐振频率、反谐振频率、静态电容,动态电阻、动态电感、动态电容等各种参数。计算这些参数时需要导纳圆的直径和圆心坐标,因此可采用最小二乘法拟合导纳圆。

设圆曲线为 $R^2=(x-A)^2+(y-B)^2$,即

$$R^2=x^2-2Ax+A^2+y^2-2By+B^2$$

令 $a=-2A, b=-2B, c=A^2+B^2-R^2$,可得圆方程的另一个形式:

$$x^2+y^2+ax+by+c=0$$

只要求出参数 a、b、c 就可以得到圆心、半径等参数。

如图 11-9 所示,样本集 $(X_i,Y_i)\,[i\in(1,2,3,\cdots,N)]$ 中点到圆心的距离为 d_i,

$$d_i^2=(X_i-A)^2+(Y_i-B)^2$$

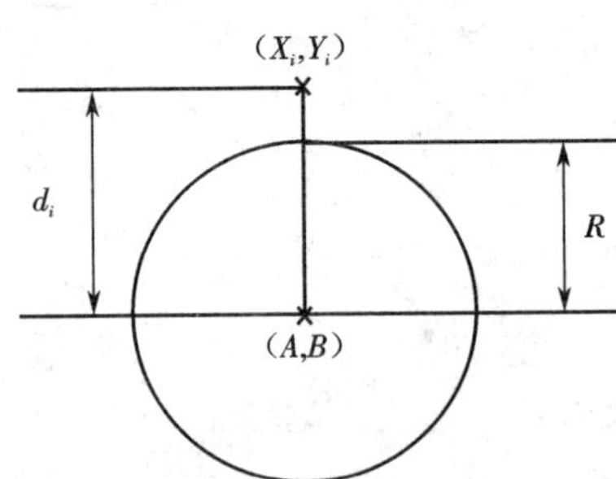

图 11-9　导纳圆的拟合

点 (X_i,Y_i) 到圆边缘距离的平方与圆半径的平方的差为

$$\delta_i=d_i^2-R^2=(X_i-A)^2+(Y_i-B)^2-R^2=X_i^2+Y_i^2+aX_i+bY_i+c$$

令 $Q(a,b,c)$ 为 δ_i 的平方和,则

$$Q(a,b,c)=\sum\delta_i^2=\sum(X_i^2+Y_i^2+aX_i+bY_i+c)^2$$

求参数 a,b,c 使得 $Q(a,b,c)$ 的值最小。平方和 $Q(a,b,c)$ 大于0,因此函数存在大于或等于0的极小值,极大值为无穷大。

将 $Q(a,b,c)$ 对 a,b,c 求偏导,令偏导等于0,得到极值点,比较所有极值点的函数值即可得到极小值。

$$\frac{\partial Q(a,b,c)}{\partial a}=\sum 2(X_i^2+Y_i^2+aX_i+bY_i+c)X_i=0 \qquad (11-21)$$

$$\frac{\partial Q(a,b,c)}{\partial b}=\sum 2(X_i^2+Y_i^2+aX_i+bY_i+c)Y_i=0 \tag{11-22}$$

$$\frac{\partial Q(a,b,c)}{\partial c}=\sum 2(X_i^2+Y_i^2+aX_i+bY_i+c)=0 \tag{11-23}$$

解这个方程组。先消去 c,令

$$C=\left(N\sum X_i^2-\sum X_i\sum X_i\right)$$

$$D=\left(N\sum X_iY_i-\sum X_i\sum Y_i\right)$$

$$E=N\sum X_i^3+N\sum X_iY_i^2-\sum (X_i^2+Y_i^2)\sum X_i$$

$$G=\left(N\sum Y_i^2-\sum Y_i\sum Y_i\right)$$

$$H=N\sum X_i^2Y_i+N\sum Y_i^3-\sum (X_i^2+Y_i^2)\sum Y_i,$$

解出

$$a=\frac{HD-EG}{CG-D^2}$$

$$b=\frac{HC-ED}{D^2-GC}$$

$$c=-\frac{\sum (X_i^2+Y_i^2)+a\sum X_i+b\sum Y_i}{N}$$

从而可得 A、B、R 的估计拟合值:

$$A=\frac{a}{-2},\quad B=\frac{b}{-2},\quad R=\frac{1}{2}\sqrt{a^2+b^2-4c}$$

将图 11－9 的导纳圆拟合后,得到图 11－10。从图中可以看到:在经过圆曲线拟合以后,可以得到较准确的圆心坐标(g_0、b_0)和半径值(R)。

得到圆的圆心和半径后可得出以下结论。

静态电阻 R_0:

$$R_0=\frac{1}{g_{\min}}=\frac{1}{g_0-R}$$

由 $\omega_s C_0=R-b_0$ 解得静态电容 C_0:

$$C_0=\frac{R-b_0}{\omega_s}=\frac{R-b_0}{2\pi f_s}$$

其中,$\omega_s=2\pi F_s=\frac{1}{\sqrt{L_1C_1}}$。

动态电阻 R_1:

$$R_1=\frac{1}{D}=\frac{1}{2R}$$

动态电容 C_1:

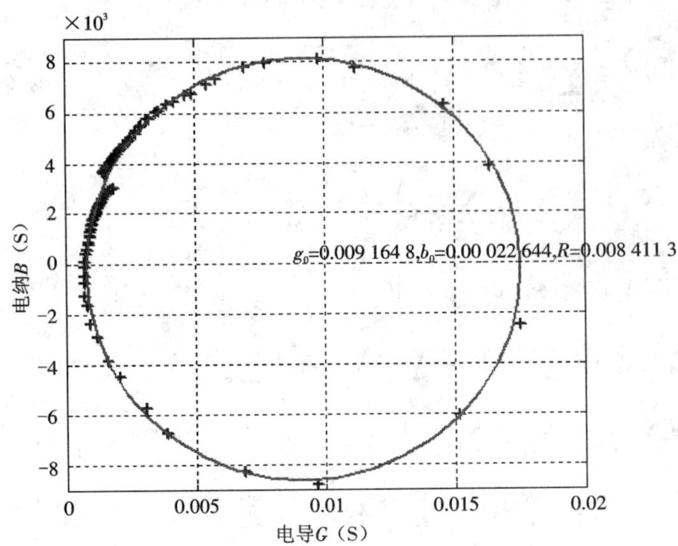

图 11－10　图 11－9 的导纳圆曲线拟合结果

$$C_1 = \frac{1}{\omega_s^2 L_1}$$

动态电感 L_1：

$$L_1 = \frac{R_1}{\omega_2 - \omega_1}$$

机械品质因数：

$$Q_m = \frac{\omega_s L_1}{R_1} = \frac{1}{\omega_s C_1 R_1} = \frac{1}{R_1}\sqrt{\frac{L_1}{C_1}}$$

第六节　导纳圆的测量精度

导纳圆的测量精度受原始测量信号幅度的影响比较大。为了提高导纳圆的测量精度，需要获得幅度比较大的原始测量信号，这个目标可以通过精确设置测量电阻达到。因为测量电阻 R_m 对导纳圆原始测量信号的幅度影响比较大，即对两路正弦信号的幅值比和相位差测量影响比较大，以阻抗分析仪(4294A)测得的一个换能器的导纳数据为例：$R_1 = 81.9119\ \Omega$，$C_1 = 0.8067$ nF，$L_1 = 0.0593$ H，$R_0 = 11083\ \Omega$，$C_0 = 15.2950$ nF，对测量精度进行仿真。从仿真结果中可以明显看出：当测量电阻较小时，测量电阻上的正弦波幅值很小，如图 11－11 所示，所测量的两路正弦波的幅值差异大，幅度比很大，相位差不明显。

当测量电阻 R_m 与换能器的动态电阻接近时，所得到的幅度比和相位差均随频率变化比较明显，如图 11－12 所示。当测量电阻很大时，如图 11－13 所示，所得到的幅度比接近于 1，相位差则有明显的变化。

当原始测量波形存在误差 D 时，测量误差对导纳圆测量结果也有影响，分 4 种情况进行讨论：

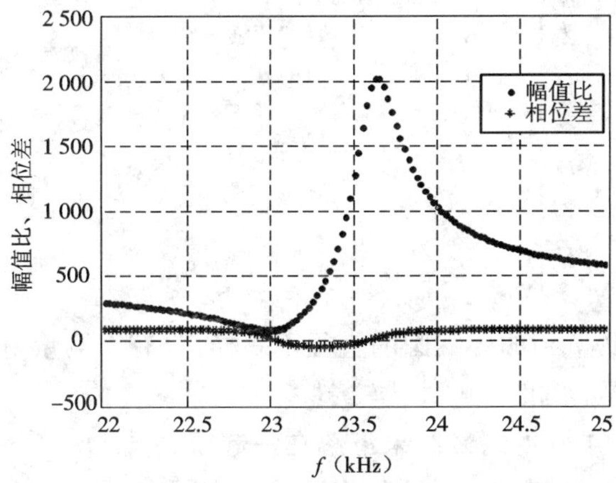

图 11－11　R_m＝1 Ω 时换能器幅值比与相位差

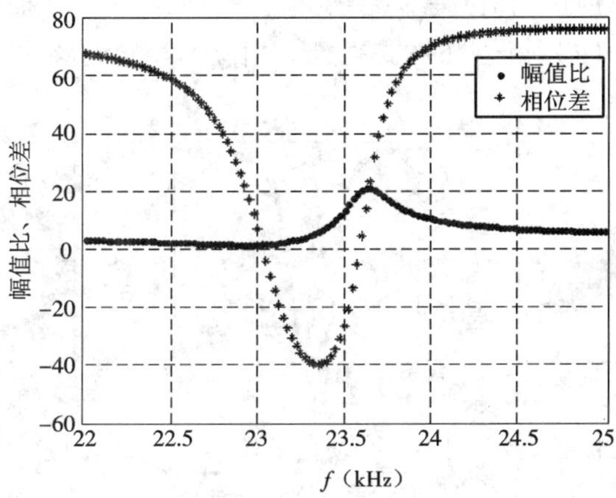

图 11－12　R_m＝100 Ω 时换能器的幅值比与相位差

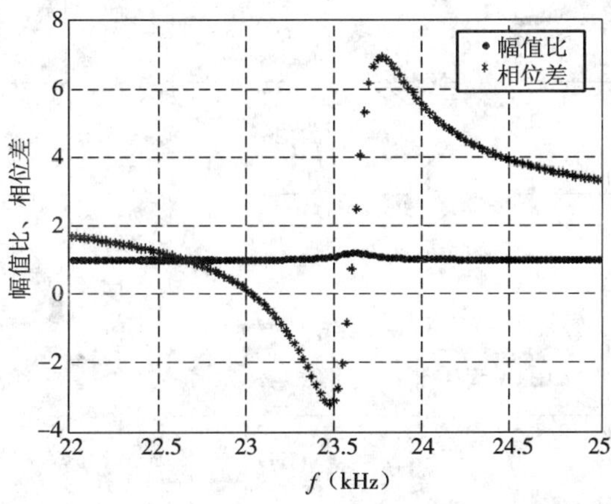

图 11－13　R_m＝10 000 Ω 时换能器的幅值比与相位差

(1) $\left(U_A+\frac{D}{2}\right)/\left(U_B+\frac{D}{2}\right)$；

(2) $\left(U_A+\frac{D}{2}\right)/\left(U_B-\frac{D}{2}\right)$；

(3) $\left(U_A-\frac{D}{2}\right)/\left(U_B+\frac{D}{2}\right)$；

(4) $\left(U_A-\frac{D}{2}\right)/\left(U_B-\frac{D}{2}\right)$。

测量误差不同，所测量到的导纳圆的直径不一样，只有当测量电阻与换能器的动态电阻接近时，测量误差对导纳圆的影响才比较小。

将测量电阻 R_m 对导纳圆的测量结果汇总在一起得到图 11－14。从图中可以看到：测量电阻偏大或者偏小均会对导纳圆的测量有影响。在图 11－14 中“.”表示未考虑量化误差时的幅值比、相位差和导纳圆，“o”表示第(1)种误差时的幅值比、相位差和导纳圆，“*”表示第(2)种误差时的幅值比、相位差和导纳圆，“+”表示第(3)种误差时的幅值比、相位差和导纳圆，“×”表示第(4)种误差时的幅值比、相位差和导纳圆。

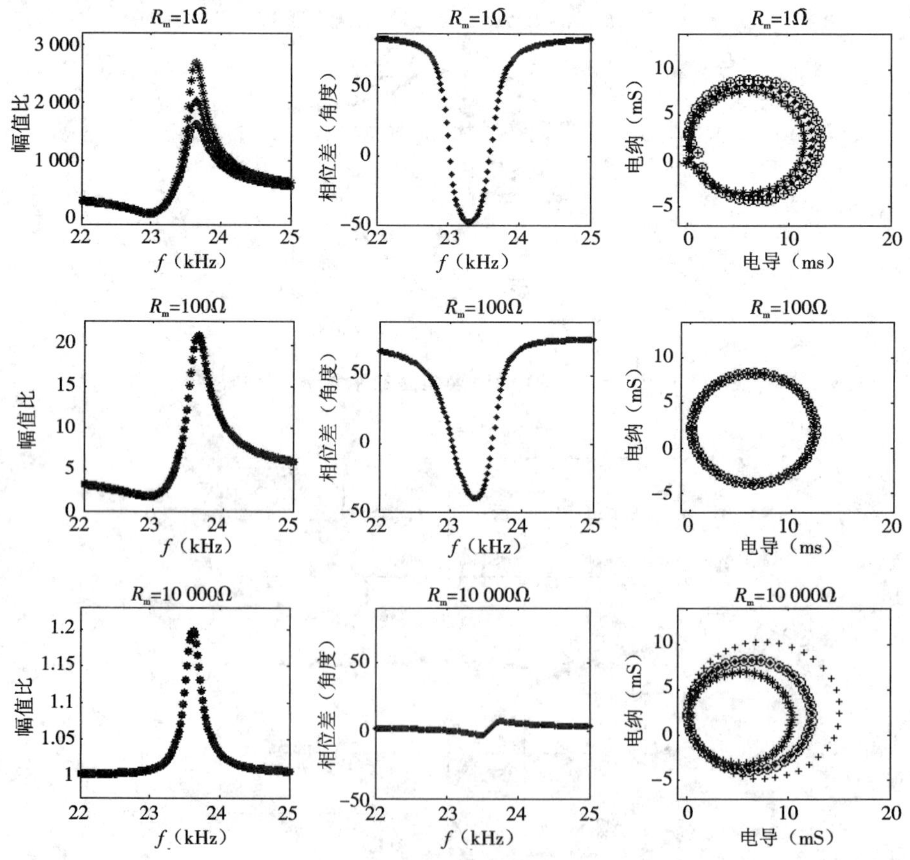

图 11－14　R_m不同时的幅值比、相位差和导纳圆

图 11－15 是用数字导纳圆测量仪对实际探头所测量的结果，测量电阻分别 125 Ω、

250 Ω、750 Ω 和 1 000 Ω,所采用的信号处理方法是数字相关法。从图中可以明显地看出,测量电阻不同时所测量的导纳圆直径有所变化,取中间的导纳圆作为测量结果,其精度比较高。表 11 - 1 是用上述四种不同测量电阻测量时所获得的数据。

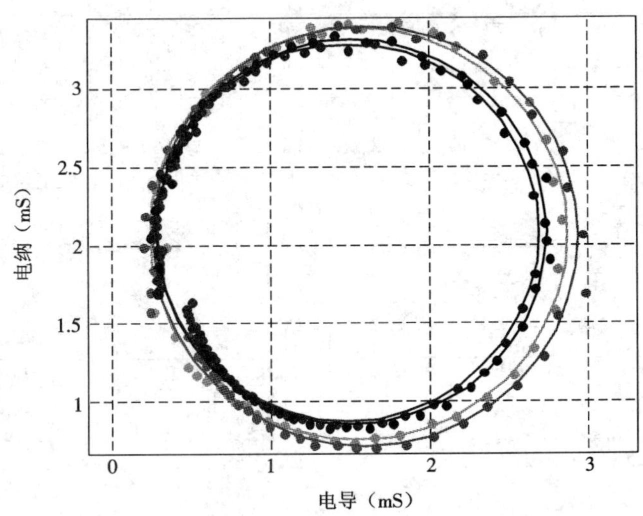

图 11 - 15　不同测量电阻 R_m 时测量的导纳圆

表 11 - 1　测量电阻不同时所测量的数据

测量电阻(Ω)	125	250	750	1 000
谐振频率(Hz)	21 170	21 170	21 166	21 166
反谐振频率(Hz)	21 328	21 328	21 324	21 1324
动态电阻 R_1(Ω)	413.7	404.9	378.7	371.2
动态电容 C_1(nF)	0.175	0.190	0.192	0.230
动态电感 L_1(H)	0.323	0.298	0.295	0.246
静态电阻 R_0(Ω)	3 696.9	3 746.7	44 110.0	4 128.8
静态电容 C_0(nF)	18.17	18.57	19.86	20.26
圆心横坐标(mS)	1.48	1.50	1.55	1.59
圆心纵坐标(mS)	2.08	2.09	2.07	2.06
机械品质因数 Q_m	103.85	98.00	103.91	88.25

第七节　数字导纳圆的实际测量结果

用数字导纳仪对 1 号换能器进行实际测量得到图 11 - 16 至图 11 - 18。图中,左上角是导纳圆,右上角是导纳的实部和虚部以及夹角余弦值随频率的变化曲线,左下角是阻抗的实部和虚部随频率的变化曲线,右下角是导纳和阻抗的实部随频率的变化曲线。测量时所使用的数字信号处理方法不同,得到的导纳圆大小基本相等,曲线形状相似,只是在个别位置测量结果有差别。

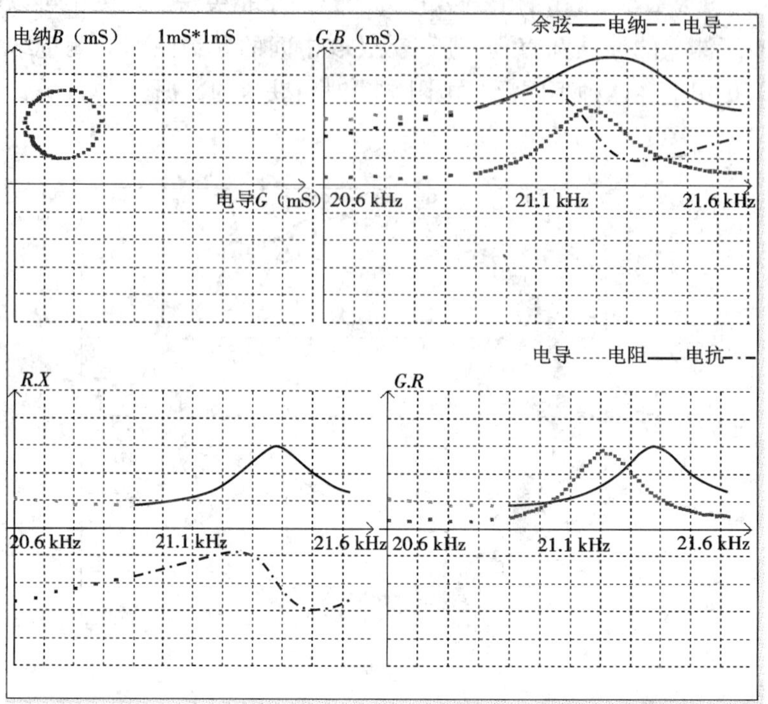

图 11－16 数字导纳仪对 1 号换能器采用数字相关法的测量结果

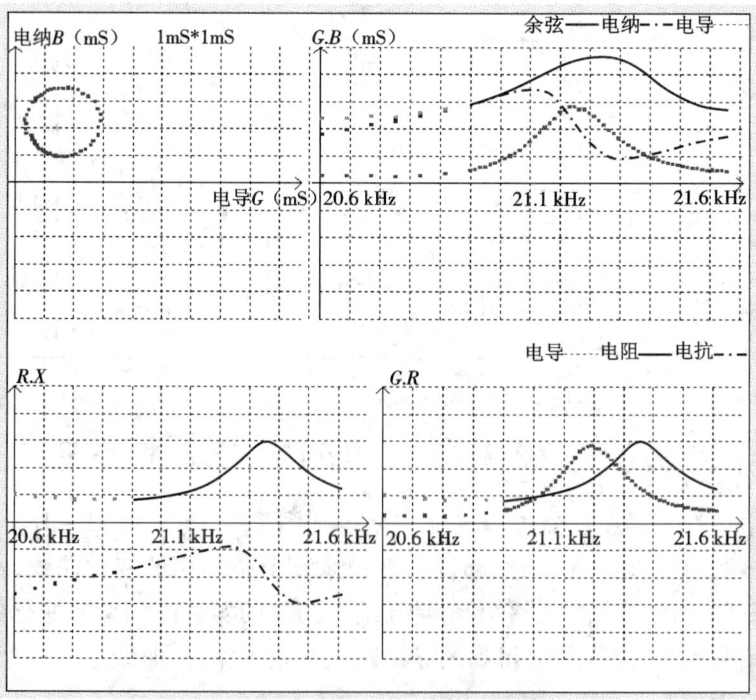

图 11－17 数字导纳仪对 1 号换能器采用快速傅里叶法的测量结果

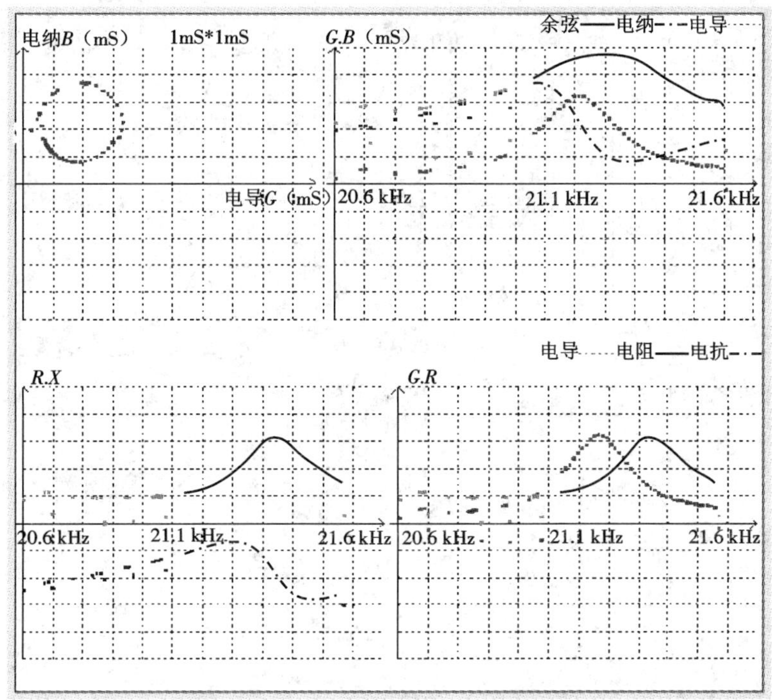

图 11－18　数字导纳仪对 1 号换能器采用过零点与最大值法的测量结果

用不同的数字信号处理方法测量的 1 号换能器的动态参数如表 11－2 所示。

表 11－2　1 号换能器的动态参数

1 号换能器	数字相关法	快速傅里叶变换法	过零点与最大值法
谐振频率(Hz)	21 170	21 170	21 158
反谐振频率(Hz)	21 328	21 328	21 316
动态电阻 R_1(Ω)	404.86	394.98	315.07
动态电容 C_1(nF)	0.190	0.199	0.186
动态电感 L_1(H)	0.298	0.284	0.305
静态电阻 R_0(Ω)	3 746.7	3 945.6	2 946.09
静态电容 C_0(nF)	18.57	19.10	13.41
圆心横坐标(mS)	1.50	1.53	1.97
圆心纵坐标(mS)	2.09	2.09	1.78
机械品质因数 Q_m	98.00	101.07	175.73

用数学导纳仪分别对 2、3、4 号换能器进行测量。其导纳圆如图 11－19、图 11－20、图 11－21 所示，测量的动态数据如表 11－3、表 11－4 和表 11－5 所示。

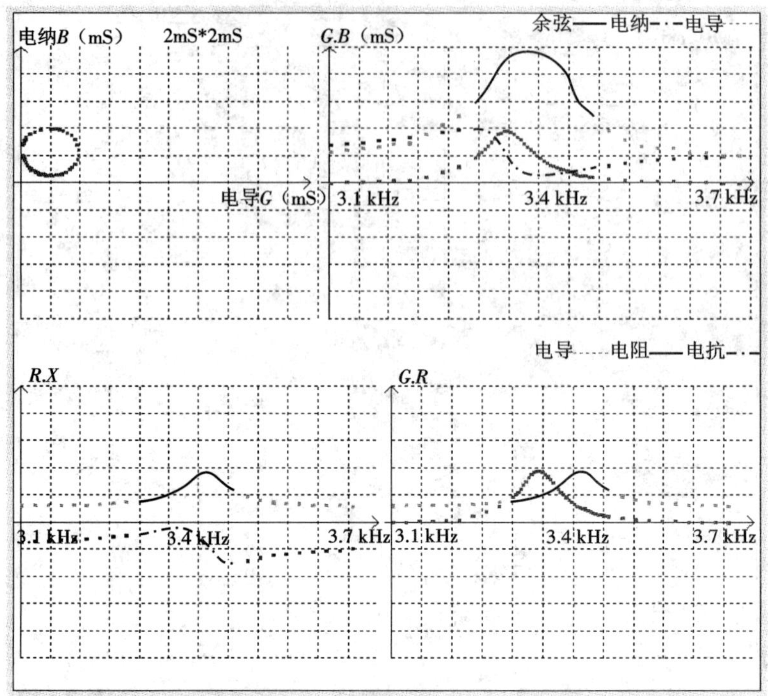

图 11－19　数字导纳仪对 2 号换能器采用自相关法的测量结果

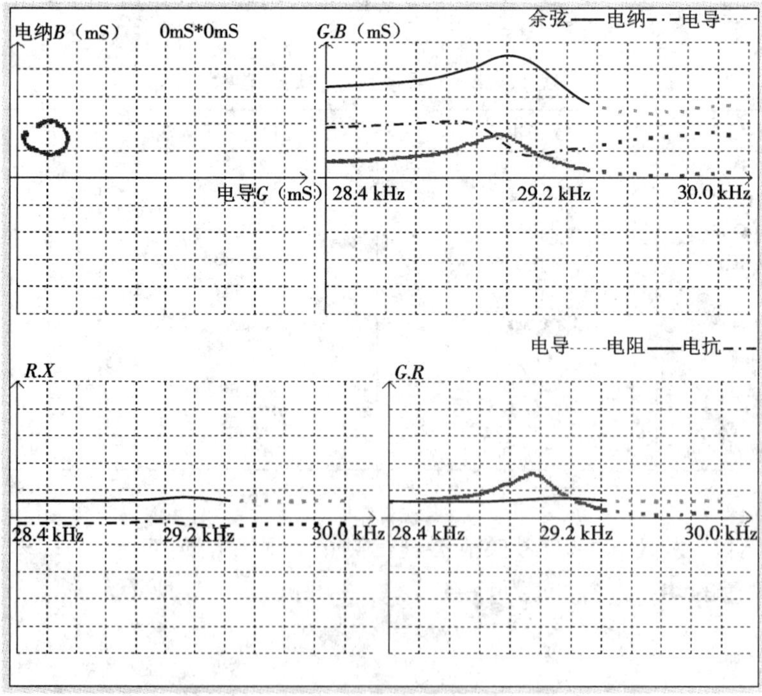

图 11－20　数字导纳仪对 3 号换能器采用数字相关法的测量结果

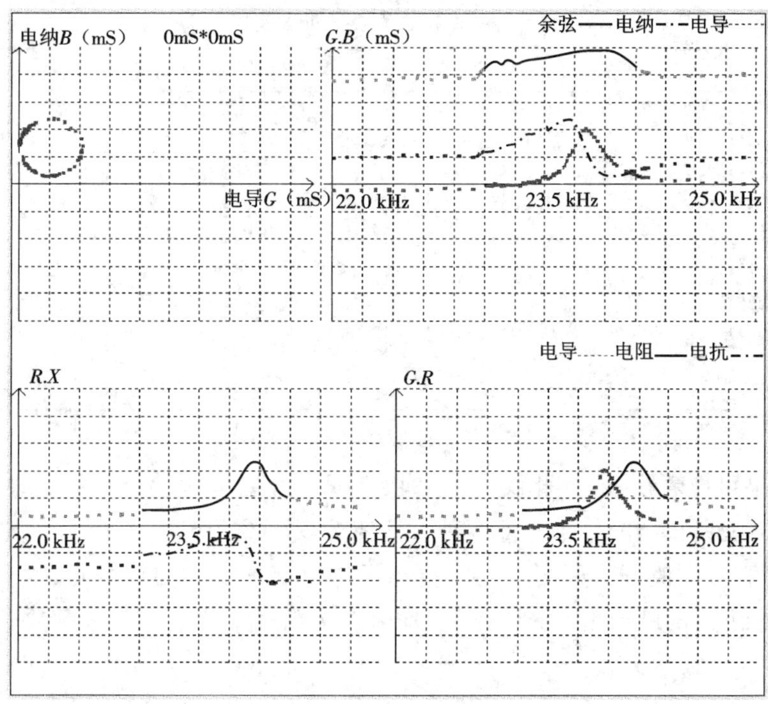

图 11－21　数字导纳仪对 4 号换能器采用数字相关法的测量结果

表 11－3　2 号换能器动态参数

2 号	数字相关法	快速傅里叶变换法	过零点与最大值法
谐振频率(Hz)	3 318	3 314	3 278
反谐振频率(Hz)	3 380	3 380	3 396
动态电阻 R_1(Ω)	1 308. 76	1 292. 60	732. 04
动态电容 C_1(nF)	1. 088	1. 103	－1. 917
动态电感 L_1(H)	2. 112	2. 065	－1. 231
静态电阻 R_0(Ω)	91 564. 20	96 499. 78	－6 069. 98
静态电容 C_0(nF)	28. 21	29. 17	－0. 733
圆心横坐标(mS)	0. 393	0. 397	0. 518
圆心纵坐标(mS)	0. 589	0. 587	－0. 015
机械品质因数 Q_m	34. 46	41. 54	－30. 16

表 11－4　3 号换能器动态参数

3 号	数字相关法	快速傅里叶变换法	过零点与最大值法
谐振频率(Hz)	29 072	29 072	29 020
反谐振频率(Hz)	29 192	29 192	29 120
动态电阻 R_1(Ω)	492. 06	499. 16	315. 07
动态电容 C_1(nF)	0. 150	0. 144	0. 221
动态电感 L_1(H)	0. 200	0. 224	0. 165
静态电阻 R_0(Ω)	1 958. 18	1 639. 40	2 546. 09
静态电容 C_0(nF)	13. 10	13. 05	15. 41
圆心横坐标(mS)	1. 527	1. 612	1. 768
圆心纵坐标(mS)	2. 375	2. 381	1. 983
机械品质因数 Q_m	89. 56	93. 02	155. 73

表 11－5　4 号换能器动态参数

3 号	数字相关法	快速傅里叶变换法	过零点与最大值法
谐振频率(Hz)	23 820	23 820	23 800
反谐振频率(Hz)	24 040	24 040	24 040
动态电阻 R_1(Ω)	60.17	65.00	410.79
动态电容 C_1(nF)	1.626	1.529	2.243
动态电感 L_1(H)	0.027	0.029	0.020
静态电阻 R_0(Ω)	1 713.67	1 694.86	2 566.21
静态电容 C_0(nF)	72.41	71.86	74.72
圆心横坐标(mS)	10.726	10.695	6.760
圆心纵坐标(mS)	10.84	10.50	9.53
机械品质因数 Q_m	74.56	78.39	410.86

从计算结果可以看出:数字相关方法和快速傅里叶变换方法测量的结果比较接近,过零点与最大值方法所得到的结果与前两种方法所测量的结果差别比较大。从图 11－18 可以看到:过零点和极大值方法所测量的阻抗和导纳有偏离正常曲线的点,这些点参与导纳圆拟合时,对导纳圆的圆心和半径的拟合均有一定影响,因此对动态参数也会产生一定影响。

第八节　与 4294A 测量结果的对比

在相同的测试条件下,用三种导纳圆动态参数测量仪对同一压电晶体管进行测量,结果如图 11－22 所示。图中,中间的圆,即“＊－”曲线是 4294A 阻抗分析仪的测量结果(作为参照标准);最小的圆,即“.－”曲线是数字导纳仪的测量结果;最大的圆,即“v－”曲线是基于单片机和采集卡的数字导纳仪的测量结果。从测量结果对比中可以看出:三种仪器的测量曲线走向趋势基本一致,但“.－”曲线较之“v－”曲线更接近于 4294A(参照标准)的测量曲线;即基于 ARM7 控制器的换能器导纳圆测量系统与基于采集卡的数字式导纳仪比较,其测量精度有了进一步的提高。

为了更直观地突出基于 ARM7 数字导纳圆系统的测量精度,表 11－6 给出了上述三种仪器对换能器动态参数测量结果的比较。

表 11－6　压电换能器动态参数测量结果的对比

测量设备	4294A 阻抗分析仪	ARM7 数字导纳仪	数字式导纳仪
谐振频率(Hz)	23 020	23 020	22 860
动态电阻 R_1(Ω)	81.91	119.45	40.75
动态电容 C_1(nF)	0.807	0.654	2.317
动态电感 L_1(H)	0.059	0.073	0.021
静态电阻 R_0(Ω)	11 083	12 916	976.43
静态电容 C_0(nF)	15.30	10.70	－4.902
圆心横坐标(S)	0.006 2	0.004 3	0.013 3
圆心纵坐标(S)	0.002 2	0.001 5	－0.000 7
拟合导纳圆半径	0.006 1	0.004 2	0.012 3
机械品质因数 Q_m	104.64	88.54	73.74

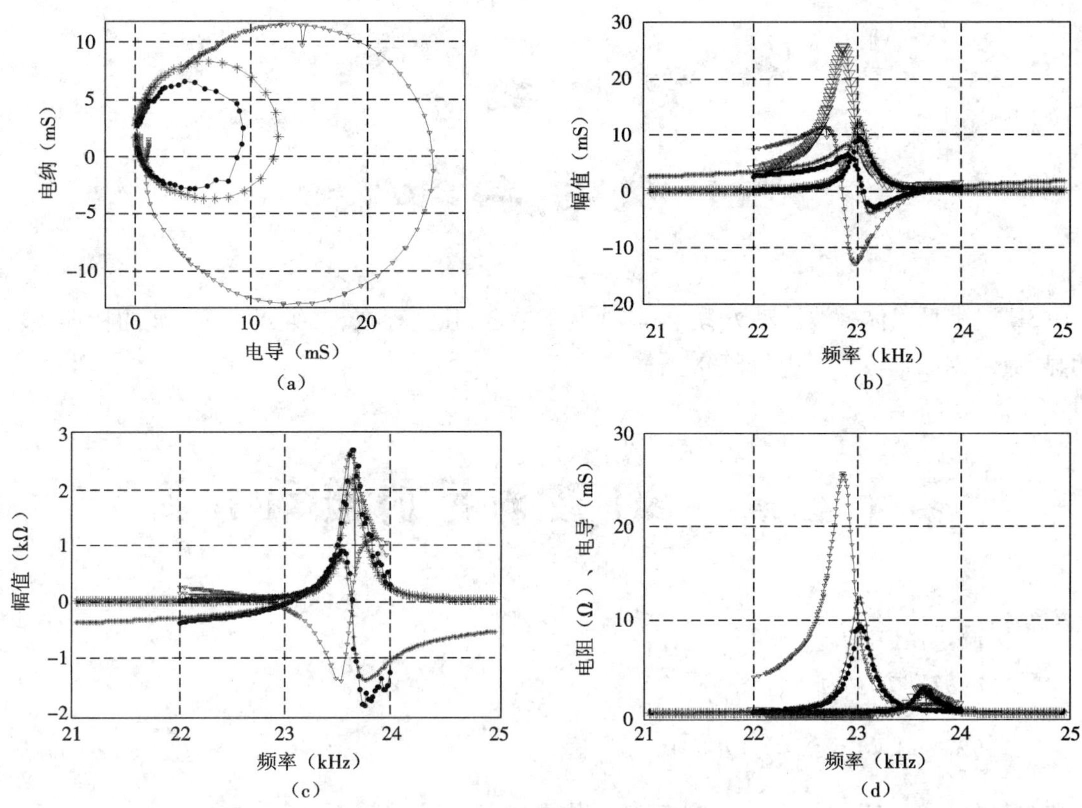

图 11－22　三种测量系统的测量结果对比图

(a)导纳圆图　(b)电导和电纳随频率变化曲线　(c)电阻和电抗随频率变化曲线　(d)电阻和电导随频率变化曲线

思考题

1. 导纳圆的理论推导：R-L-C 串联电路的常微分方程稳态解（特解）的另外一种表达形式——导纳圆，给出推导。

2. R-L-C 串联电路加上静态电容后出现两个谐振频率。可以得到导纳实部、虚部随频率的变化曲线，阻抗的实部虚部随频率变化曲线给出相应的计算公式。

3. 测量电路测量原理中，相位差的影响体现在哪里？如何按照测量电路计算导纳圆？

4. 分析相位检测方法，幅度检测方法分析——模拟方法和数字方法。

5. 应用——探头主频、带宽。各种参数的求取以及在匹配电路中的应用。

第二部分
SH 波与二维谱

SH 波满足固体横波波动方程，与其他波不耦合，独立存在，二维板中 SH 波的特征比较明显，通常用二维板模型进行研究。

第十二章 SH 波满足的波动方程

1. 纵波与横波

固体的波动方程为

$$(\lambda+\mu)\nabla(\nabla\cdot\boldsymbol{u})+\mu\nabla^2\boldsymbol{u}=\rho\frac{\partial^2\boldsymbol{u}}{\partial t^2} \tag{12-1}$$

用矢量场的分解定理，令 $\boldsymbol{u}=\nabla\varphi+\nabla\times\boldsymbol{\psi}$，代入式(12－1)得

$$(\lambda+\mu)\nabla[\nabla\cdot(\nabla\varphi+\nabla\times\boldsymbol{\psi})]+\mu\nabla^2(\nabla\varphi+\nabla\times\boldsymbol{\psi})=\rho\frac{\partial^2(\nabla\varphi+\nabla\times\boldsymbol{\psi})}{\partial t^2}$$

由公式 $\nabla^2\boldsymbol{U}=\nabla(\nabla\cdot\boldsymbol{U})-\nabla\times\nabla\times\boldsymbol{U}$、$\nabla\cdot\nabla\times\boldsymbol{\psi}=\nabla\times\nabla\varphi=0$ 得到解耦后的纵波和横波的波动方程：

$$(\lambda+2\mu)\nabla^2\varphi=\rho\frac{\partial^2\varphi}{\partial t^2} \tag{12-2}$$

$$\mu\nabla^2\boldsymbol{\psi}=\rho\frac{\partial^2\boldsymbol{\psi}}{\partial t^2} \tag{12-3}$$

其中，λ、μ 是弹性拉梅系数，$\boldsymbol{u}$ 是位移。如果固体介质中有力源 $\boldsymbol{X}$，则与力源相应的纵波、横波的势函数 χ，$\boldsymbol{\gamma}$ 为(Miklowitz)

$$\boldsymbol{X}=\rho(v_c^2\nabla\chi+v_s^2\nabla\times\boldsymbol{\gamma})$$

其中，v_c 是纵波波速，v_s 是横波波速。

应用该势函数于固体波动方程，可分别得到下列纵波、横波波动方程：

$$(\lambda+2\mu)\nabla^2\varphi+(\lambda+2\mu)\chi=\rho\frac{\partial^2\varphi}{\partial t^2}$$

$$\mu\nabla^2\boldsymbol{\psi}+\mu\boldsymbol{\gamma}=\rho\frac{\partial^2\boldsymbol{\psi}}{\partial t^2}$$

如果将势函数前面的系数省去，波动方程还可以写成

$$(\lambda+2\mu)\nabla^2\varphi+\chi=\rho\frac{\partial^2\varphi}{\partial t^2}$$

$$\mu\nabla^2\boldsymbol{\psi}+\boldsymbol{\gamma}=\rho\frac{\partial^2\boldsymbol{\psi}}{\partial t^2}$$

由此得到固体的纵波波速 v_c 和横波波速 v_s：

$$\left.\begin{aligned}v_c&=\sqrt{\frac{\lambda+2\mu}{\rho}}\\v_s&=\sqrt{\frac{\mu}{\rho}}\end{aligned}\right\}\tag{12-4}$$

即无限大均匀固体中有两种声波传播，一种是纵波，传播速度为 v_c；一种是横波，传播速度为 v_s。纵波的传播速度快，横波传播速度慢；纵波传播时单位固体的体积发生形变，横波传播时，单位固体的体积不变，只有剪切形变。虽然纵波、横波的传播速度不同，随着时间的增加两个波会分开，但是纵波或横波在固体中不会单独存在，需要与其他波耦合。

2. 波的分离

研究二维问题，选择垂直坐标(x,z)系统，这样，$\frac{\partial \boldsymbol{u}}{\partial y}=0$。由胡克定律知，应力与位移之间的关系为

$$\sigma_z=\lambda\left(\frac{\partial u_x}{\partial x}+\frac{\partial u_z}{\partial z}\right)+2\mu\frac{\partial u_z}{\partial z}\tag{12-5}$$

$$\tau_{zx}=\mu\left(\frac{\partial u_x}{\partial z}+\frac{\partial u_z}{\partial x}\right)\tag{12-6}$$

$$\tau_{zy}=\mu\frac{\partial u_y}{\partial z}\tag{12-7}$$

$$\tau_{xy}=\mu\frac{\partial u_y}{\partial x}\tag{12-8}$$

从上述关系式可以看出，τ_{zy}、τ_{xy}与 x、z 方向的位移 u_x、u_z没有联系、没有相互作用，可以分开考虑。称 u_y、τ_{zy}、τ_{xy}描述的声波为水平偏振剪切波（SH 波），x、z 方向的位移和应力描述的声波为垂直偏振压缩波和剪切波（SV 波）。

3. 水平偏振剪切波（SH 波）

由 $\boldsymbol{u}=\nabla\varphi+\nabla\times\boldsymbol{\psi}$ 知道：

$$u_x=\frac{\partial\varphi}{\partial x}+\frac{\partial\psi_z}{\partial y}-\frac{\partial\psi_y}{\partial z}\tag{12-9}$$

$$u_y=\frac{\partial\varphi}{\partial y}+\frac{\partial\psi_x}{\partial z}-\frac{\partial\psi_z}{\partial x}\tag{12-10}$$

$$u_z=\frac{\partial\varphi}{\partial z}+\frac{\partial\psi_y}{\partial x}-\frac{\partial\psi_x}{\partial y}\tag{12-11}$$

这里仅研究水平偏振的声波（SH 波），对于二维问题 $u_y(x,z,t)$，$\frac{\partial u}{\partial y}=0$。由 $u_x=0$，$u_z=0$ 有

$$u_x = \frac{\partial \varphi}{\partial x} - \frac{\partial \psi_y}{\partial z} = 0 \tag{12-12}$$

$$u_z = \frac{\partial \varphi}{\partial z} + \frac{\partial \psi_y}{\partial x} = 0 \tag{12-13}$$

由此得到 $\varphi = 0, \psi_y = 0$。这时，

$$u_y = \frac{\partial \psi_x}{\partial z} - \frac{\partial \psi_z}{\partial x} \tag{12-14}$$

根据选择的条件 $\nabla \cdot \boldsymbol{\psi} = 0$，即 $\frac{\partial \psi_x}{\partial x} + \frac{\partial \psi_y}{\partial y} + \frac{\partial \psi_z}{\partial z} = 0$。因为 $\psi_y = 0$，该条件变成 $\frac{\partial \psi_x}{\partial x} = -\frac{\partial \psi_z}{\partial z}$。取 $\psi_x = \frac{\partial \zeta}{\partial z}, \psi_z = -\frac{\partial \zeta}{\partial x}$，代入横波波动方程，得

$$\frac{\partial}{\partial x}\left(v_s^2 \nabla^2 \zeta - \frac{\partial^2 \zeta}{\partial t^2}\right) = 0 \tag{12-15}$$

$$\frac{\partial}{\partial z}\left(v_s^2 \nabla^2 \zeta - \frac{\partial^2 \zeta}{\partial t^2}\right) = 0 \tag{12-16}$$

即由 ζ 满足横波波动方程可以推出 ψ_x、ψ_z 均满足横波波动方程。这样，仅用一个势函数 ζ 即可描述 SH 波。其位移和应力的计算公式分别为

$$u_y = \frac{\partial^2 \zeta}{\partial x^2} + \frac{\partial^2 \zeta}{\partial z^2} \tag{12-17}$$

$$\tau_{xy} = \frac{\mu}{v_s^2}\frac{\partial}{\partial x}\left(\frac{\partial^2 \zeta}{\partial t^2}\right) \tag{12-18}$$

$$\tau_{zy} = \frac{\mu}{v_s^2}\frac{\partial}{\partial z}\left(\frac{\partial^2 \zeta}{\partial t^2}\right) \tag{12-19}$$

第十三章　二维波动方程的解

1. 物理模型及其解

图 13－1 所示为二维板介质模型。其 x 方向为无穷大，z 方向为有限长，y 方向是板的厚度。对于薄板，所有描述振动的变量(位移、应力)在 y 方向没有差别 $\frac{\partial}{\partial y}=0$，即在 $y=C$ 的任何平面 x-z 内，所有的变量在 y 方向是一致的。例如：在 $x=0$、$z=0$ 的位置，如果板的一面有一个位移 u_y，则在板的另一面也必然有同样的位移 u_y，在板的中间和板的任意深度也有同样的位移 u_y。

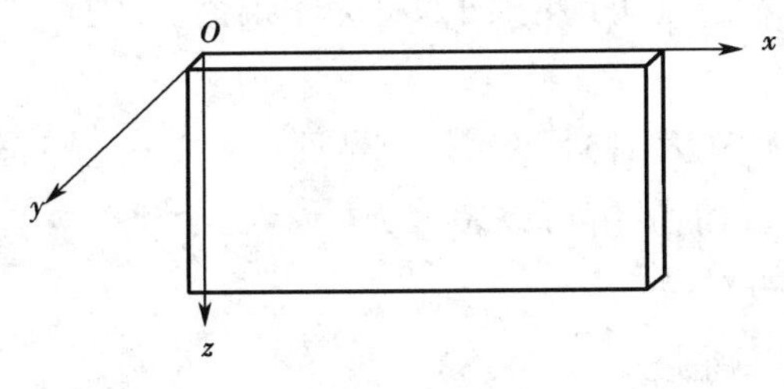

图 13－1　二维板模型

将 SH 波所满足的二维波动方程

$$\frac{\partial^2 \zeta}{\partial x^2}+\frac{\partial^2 \zeta}{\partial z^2}=\frac{1}{v_s^2}\frac{\partial^2 \zeta}{\partial t^2} \tag{13-1}$$

进行分离变量法求解，得到

$$\zeta = X(x)Z(z)T(t)$$

代入微分方程得到

$$X''ZT+Z''XT=\frac{1}{v_s^2}T''XZ$$

同除以 XZT 得到：

$$\frac{X''}{X}+\frac{Z''}{Z}=\frac{1}{v_s^2}\frac{T''}{T} \tag{13-2}$$

在上述表达式中，左边第一项是 x 的函数，第二项是 z 的函数，右边是 t 的函数，波动方程使得它们相等。这是不可能的，唯一的可能是相对于坐标 x、z 和时间 t 来讲，它们是常数。在前面的模型中已经说明：x 方向是无穷大，z 方向可以有界面。在此假设下，令 $\frac{T''}{T}=-\omega^2$，$\frac{X''}{X}=-k_x^2$，这两个参数相对于坐标 x、z 和 t 来讲是常数，但是，它们本身又是独立变量，这一点与一维杆不同。一维杆中这两个变量由微分方程所导出的关系式联系，所以，只有一个是独立的，用杆的两端的边界条件即可得到其值。

这里实际上是 3 个变量,例如可以令$\dfrac{Z''}{Z}=-k_z^2$,则上式变成

$$k_x^2+k_z^2=\frac{\omega^2}{v_s^2} \tag{13-3}$$

其中,

$$k_z=\pm\sqrt{\frac{\omega^2}{v_s^2}-k_x^2} \tag{13-4}$$

这样,波动方程的解可以写为

$$\zeta=(C_1\mathrm{e}^{-\mathrm{i}k_zz}+C_2\mathrm{e}^{k_zz})\mathrm{e}^{-\mathrm{i}k_xx}\mathrm{e}^{\mathrm{i}\omega t} \tag{13-5}$$

注意:通过(13-3)式联系的两个变量 ω、k_x 是相互独立的,k_z 通过该等式计算出来,因此不是独立变量。或者说,ω、k_x、k_z 三个变量只有一个等式连接,因此两个系数是独立的。这里选择了 ω、k_x 这两个系数。它们也是变量,构成的平面为 k-f 平面,在该平面上,可以用代数的方法得到波动方程的解,解的函数图像称为二维谱。

2. 无限均匀介质的解

当 z 没有边界,也为无穷大时,因为没有界面反射,只有向外传播的声波,表达式(13-5)中的系数 C_2 为 0。这时其解可以表示为

$$\zeta=(C_1\mathrm{e}^{-\mathrm{i}k_zz})\mathrm{e}^{-\mathrm{i}k_xx}\mathrm{e}^{\mathrm{i}\omega t} \tag{13-6}$$

设 $z=0$ 处,位移 $u_y=1$,则有式(12-18),有

$$u_y=\frac{\partial^2\zeta}{\partial x^2}+\frac{\partial^2\zeta}{\partial z^2}=\frac{\partial^2\zeta}{v_s^2\partial t^2}=\frac{-\omega^2}{v_s^2}C_1=1$$

则

$$C_1=-\frac{v_s^2}{\omega^2}$$

其解为

$$\zeta=\left(-\frac{v_s^2}{\omega^2}\mathrm{e}^{-\mathrm{i}k_zz}\right)\mathrm{e}^{-\mathrm{i}k_xx}\mathrm{e}^{\mathrm{i}\omega t} \tag{13-7}$$

3. 有限长介质的解

当 z 方向是有限长 l 时,与一维杆求固有频率的方法相同,波数 k_z 有一系列离散值,这些离散值在有限长杆中对应一系列的固有频率,在二维板中,对应一系列能够在板中传播的模式波。

1) 板两端应力为 0

板中 SH 波的解可以表示为式(13-5)所示的位移,在板的两端应力 $\tau_{zy}=0$,由式(12-19)得到

$$\tau_{zy}=\frac{\mu}{v_s^2}\frac{\partial}{\partial z}\left(\frac{\partial^2\zeta}{\partial t^2}\right)=-\rho\omega^2\mathrm{i}k_z(-C_1\mathrm{e}^{-\mathrm{i}k_zz}+C_2\mathrm{e}^{\mathrm{i}k_zz}) \tag{13-8}$$

$$\tau_{zy}|_{z=0}=0$$

$$\tau_{zy}|_{z=l}=0$$

由上、下两边自由的边界条件得

$$\rho\omega^2 \mathrm{i}k_z(C_1 - C_2)\mathrm{e}^{\mathrm{i}\omega t} = 0 \tag{13-9}$$

$$\rho\omega^2 \mathrm{i}k_z(C_1\mathrm{e}^{\mathrm{i}k_z l} - C_2\mathrm{e}^{-\mathrm{i}k_z l})\mathrm{e}^{\mathrm{i}\omega t} = 0 \tag{13-10}$$

在上述两个式子中，$\rho\omega^2 k_z$ 是不为 0 的常数，$\mathrm{e}^{\mathrm{i}\omega t}$不全为 0，若要保证上面等式恒成立，必须使上述两式中括号中的部分为 0，即

$$C_1 - C_2 = 0$$

$$C_1\mathrm{e}^{\mathrm{i}k_z l} - C_2\mathrm{e}^{-\mathrm{i}k_z l} = 0$$

写成矩阵形式有

$$\begin{pmatrix} 1 & -1 \\ \mathrm{e}^{\mathrm{i}k_z l} & -\mathrm{e}^{-\mathrm{i}k_z l} \end{pmatrix}\begin{pmatrix} C_1 \\ C_2 \end{pmatrix} = \begin{pmatrix} 0 \\ 0 \end{pmatrix} \tag{13-11}$$

要保证系数不全为 0，需要使系数行列式为 0，即

$$\begin{vmatrix} 1 & -1 \\ \mathrm{e}^{\mathrm{i}k_z l} & -\mathrm{e}^{-\mathrm{i}k_z l} \end{vmatrix} = -\mathrm{e}^{-\mathrm{i}k_z l} + \mathrm{e}^{\mathrm{i}k_z l} = -\cos(-k_z l) - \mathrm{i}\sin(-k_z l) + \cos(k_z l) + \mathrm{i}\sin(k_z l)$$

$$= 2\mathrm{i}\sin(k_z l) = 0$$

这样便得到 $\sin(k_z l) = 0$，即

$$k_z l = n\pi \quad (n = 1, 2, \cdots)$$

即

$$k_z = \frac{n\pi}{l} \quad (n = 1, 2, \cdots) \tag{13-12}$$

由(13－3)得到

$$\left(\frac{n\pi}{l}\right)^2 + k_x^2 = \frac{\omega^2}{v_s^2} \tag{13-13}$$

将 $k_x = 2\pi k$，$\omega = 2\pi f$ 代入上式得到$\left(\frac{n\pi}{l}\right)^2 + (2\pi k)^2 = \frac{(2\pi f)^2}{v_s^2}$，消去因子 π 得到关系式：

$$\left(\frac{n}{2l}\right)^2 + k^2 = \frac{f^2}{v_s^2} \tag{13-14}$$

这是两端自由的板中所能够传播的 SH 波，也称 SH 模式波在二维平面上的分布。这里，频率 f 是独立变量，x 方向的波数 k 也是独立变量，两者构成一个二维平面，在这个二维平面上，式(13－5)是一个个双曲线，每条双曲线对应于一个能够在该板中传播的模式波。f 与 k 的比是 SH 波的相速度。$k = 0$ 时，$f_n = \frac{nv_s}{2l}$对应于每个 SH 模式波的截止频率，低于该频率，相应的 SH 模式波不存在。高于该频率，模式波速度随频率改变，起始位置是一个极大值，随着频率的增加速度连续减小并最终与固体板材料的横波速度相等。图 13－2 是 $l = 0.5$ m 和 $l = 0.2$ m，横波速度为 3 000 m/s 时 SH 模式波的分布。由于 k_z有多个离散的值，对应的波数和频率所构成的平面上便有多个离散的连续曲线，每个连续曲线对应于一个 SH 模式波，从截止频率处开始，随着频率的增加，逐渐逼近其双曲线的渐近线，渐近线的斜率与固体的横波速度相等。将频率、波数平面上各曲线的频率除以波数得到相速度曲线，如图 13－3 和图 13－4(a)所示。在截止频率处，相速度取极大值，随着频率的增加，相速度开

始减小，最后接近固体的横波速度。注意，在模式波中，相速度是随频率连续改变的。该相速度即为 SH 波的相位传播速度。从图 13－4(a)可以看到：在每个截止频率处，相速度均会获得极大值，截止频率越高，相速度的极大值越大。如果取相速度的倒数——时差表示则得到图 13－4(b)，对应于每个 SH 模式波，其时差随频率改变，在截止频率处接近于 0，随着频率的增加，时差增加，最终与固体的横波时差（横波速度的倒数）一致。

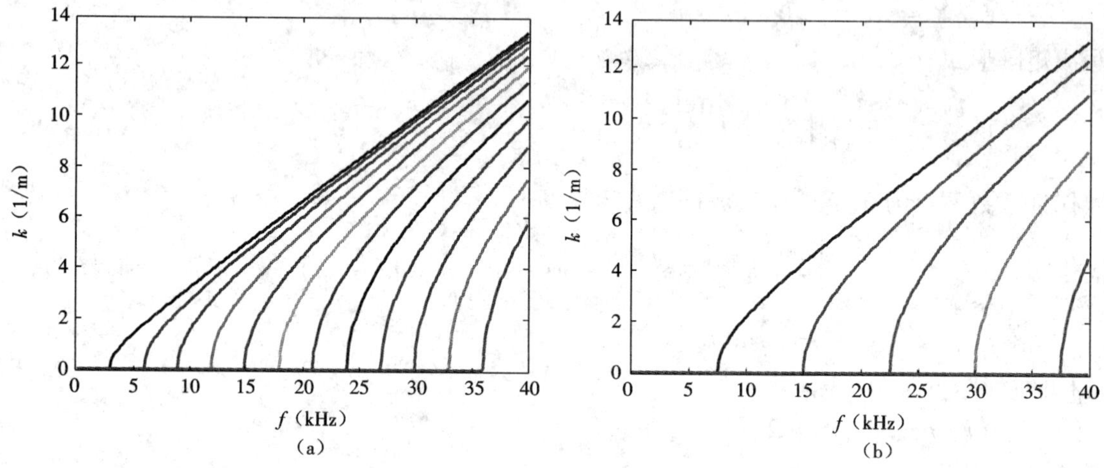

图 13－2　$l=0.5$ m 和 $l=0.2$ m 时 SH 波的分布（两端应力为 0）

(a) $l=0.5$m　(b) $l=0.2$m

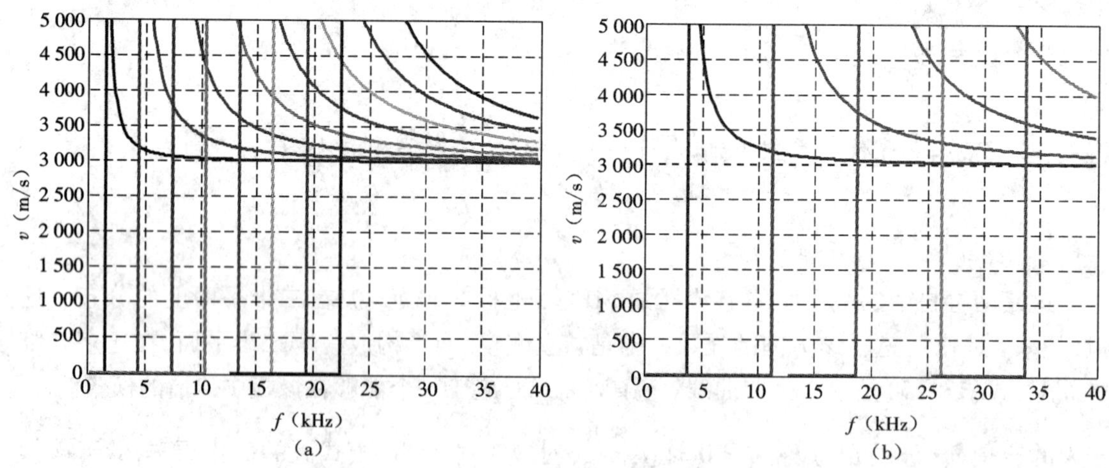

图 13－3　$l=0.5$ m 和 $l=0.2$ m 时 SH 波的速度分布（两端应力为 0）

(a) $l=0.5$m　(b) $l=0.2$m

与一维杆的声波传播速度恒定不同，在二维平面中，由于边界条件导致波数 k_z 只能够取一些离散值，波动方程又限定了波数 k_z、k_x 与频率 f 之间的关系，因此，能够满足该边界条件的波数 k 和频率 f 只能够分布在波数和频率所构成平面的各条分布曲线中，即式(13－5)，该曲线上各点的斜率对应于该模式波的群速度，即波能量传播的速度；各点的频率与波数的商对应于该模式波的相速度，即相位传播的速度。因此，板中 SH 模式波的传播不是常数,而是随频率改变的。就像一维杆中各个广义反射波和透射波的系数随频率改变一样,有限长介质的边界导致这些声波振动(一维)和传播(二维)现象。

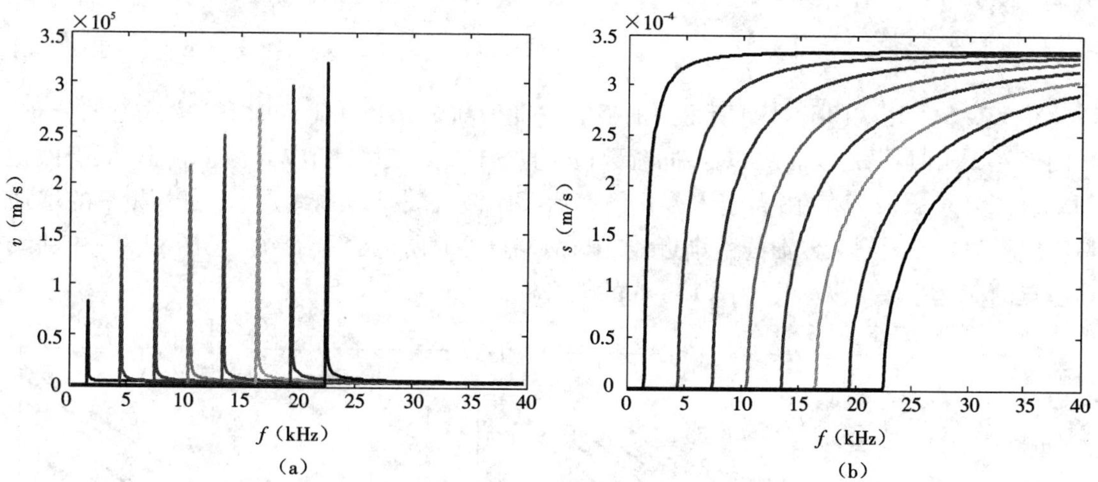

图 13-4　$l=0.5$ m 时 SH 波的速度和时差变化曲线(两端应力为 0)

(a)波速　(b)时差

2)一端应力为 0,一端位移为 0

假设 $z=0$ 处位移为 0,$z=l$ 处应力为 0,将式(12-17)式的位移表达式中的非零项去掉得到(仅仅剩下)z 的函数

$$u_y=\frac{\partial^2\zeta}{\partial x^2}+\frac{\partial^2\zeta}{\partial z^2}=\frac{\partial^2\zeta}{v_s^2\partial t^2}=\frac{-\omega^2}{v_s^2}\zeta \tag{13-15}$$

$$\zeta=(C_1\mathrm{e}^{-\mathrm{i}k_z z}+C_2\mathrm{e}^{k_z z})$$

将 $z=0$ 处位移 u_y 为 0 的边界条件代入得到

$$C_1+C_2=0$$

再由(13-10)式得到

$$C_1\mathrm{e}^{\mathrm{i}k_z l}-C_2\mathrm{e}^{-\mathrm{i}k_z l}=0$$

将两个式子合在一起构成矩阵

$$\begin{pmatrix}1 & 1\\ \mathrm{e}^{\mathrm{i}k_z l} & -\mathrm{e}^{-\mathrm{i}k_z l}\end{pmatrix}\begin{pmatrix}C_1\\ C_2\end{pmatrix}=\begin{pmatrix}0\\ 0\end{pmatrix} \tag{13-16}$$

要保证系数不全为 0,只有系数的行列式为 0,即

$$\begin{vmatrix}1 & 1\\ \mathrm{e}^{\mathrm{i}k_z l} & -\mathrm{e}^{-\mathrm{i}k_z l}\end{vmatrix}=-\mathrm{e}^{-\mathrm{i}k_z l}-\mathrm{e}^{\mathrm{i}k_z l}=-\cos(-k_z l)-\mathrm{i}\sin(-k_z l)-\cos(k_z l)-\mathrm{i}\sin(k_z l)$$

$$=2\cos(k_z l)=0$$

这样便得到

$$k_z l=(2n-1)\frac{\pi}{2} \tag{13-17}$$

代入到式(13-3)得到

$$\left(\frac{2n-1}{2l}\pi\right)^2+(2\pi k)^2=\left(\frac{2\pi f}{v_s}\right)^2 \tag{13-18}$$

消去系数便得到

$$\left(\frac{2n-1}{4l}\right)^2+k^2=\left(\frac{f}{v_s}\right)^2 \tag{13-19}$$

图 13 - 5 是用式(13 - 19)所得到的板的宽度为 0.5 m 和 0.2 m 时 SH 模式波的分布。与图 13 - 2 相似,也是双曲线,对不同阶数(n)的 SH 模式波,有相应的截止频率,低于截止频率,该 SH 模式波不存在,大于该截止频率后,SH 模式波是双曲线形状,随着频率的增加最终以横波速度 v_s 作为双曲线的渐近线。与两端自由时所得的图一致。将图 13 - 5 中曲线对应点的横坐标除从纵坐标得图 13 - 6 的纵坐标。

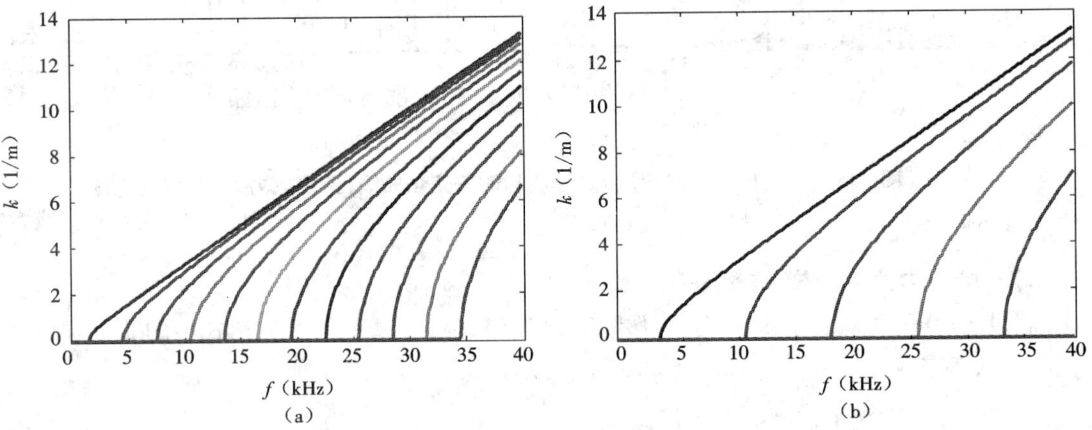

图 13 - 5　$l=0.5$ m 和 $l=0.2$ m 时 SH 波的分布(一端应力为 0,一端位移为 0)

(a)$l=0.5$ m　(b)$l=0.2$ m

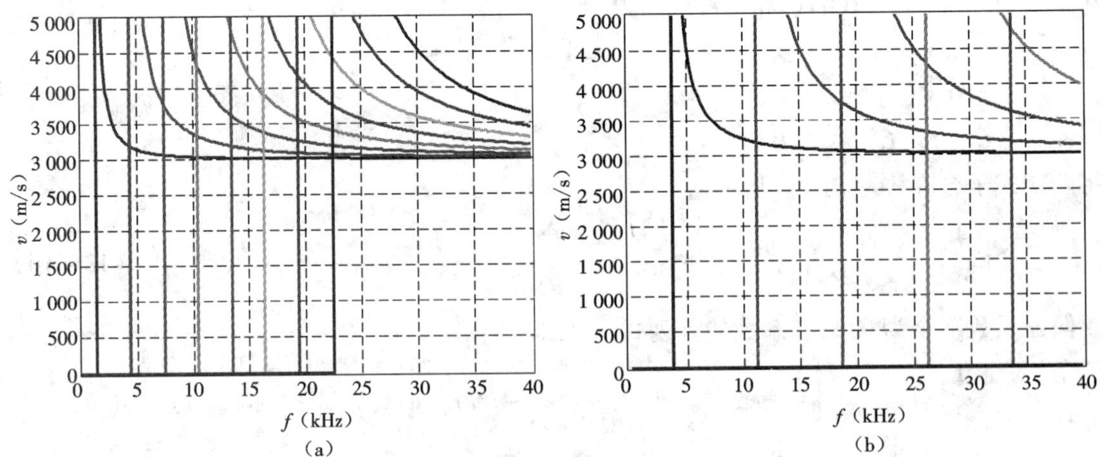

图 13 - 6　$l=0.5$ m 和 $l=0.2$ m 时 SH 波的速度分布(一端应力为 0,一端位移为 0)

(a)$l=0.5$ m　(b)$l=0.2$ m

将图 13 - 5(a)中曲线对应点横坐标除以纵坐标得图 13 - 7(a),纵坐标以横坐标得图 13 - 7(b)。

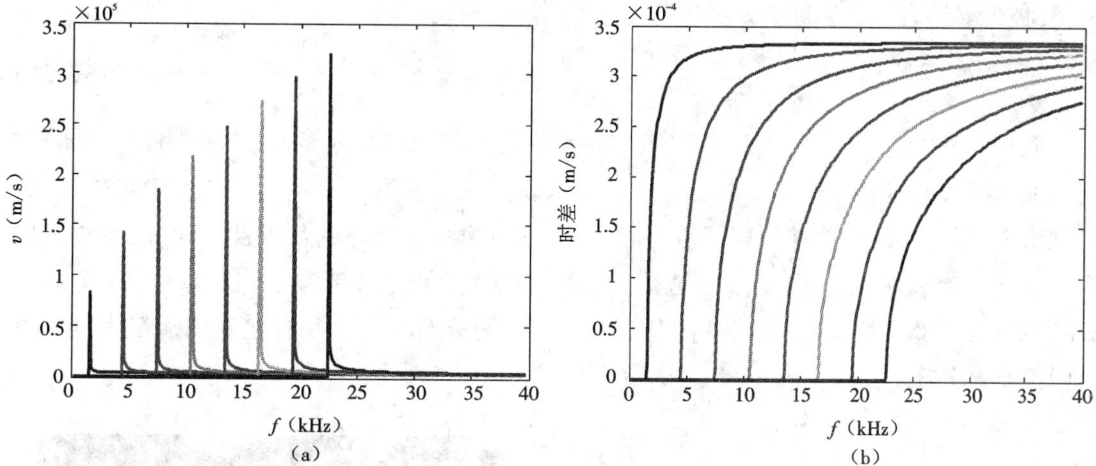

图 13-7　$l=0.5$ m 时 SH 波的速度和时差变化曲线(一端应力为 0,一端位移为 0)

(a)波速　(b)时差

以下是 SH 模式波在 k—f 平面内分布的计算程序。

```
vs = 3000;   % m/s
L = 0.5   % m
df = 100;
f0 = 1;
for n = 1:12
for ii = 1:400
    f(1,ii) = f0 + (ii - 1) * df;
kx(n,ii) = sqrt(f(1,ii)^2/vs^2 - (n)^2/4/L^2);
% kx(n,ii) = sqrt(f(1,ii)^2/vs^2 - (2 * (n - 1) + 1)^2/16/L^2);
end
end
```

3)位移源的二维谱

如果令式(13-16)中 $z=0$ 边界的位移 u_y 为 1,相当于在 $z=0$ 的边界上,$x=0$ 的位置有一个位移脉冲,则有

$$\begin{pmatrix} 1 & 1 \\ e^{ik_zl} & -e^{-ik_zl} \end{pmatrix}\begin{pmatrix} C_1 \\ C_2 \end{pmatrix}=\begin{pmatrix} -\dfrac{v_s^2}{\omega^2} \\ 0 \end{pmatrix} \tag{13-20}$$

这样便可以将系数 C_1 和 C_2 求出:

$$\begin{pmatrix} C_1 \\ C_2 \end{pmatrix}=\begin{pmatrix} 1 & 1 \\ e^{ik_zl} & -e^{-ik_zl} \end{pmatrix}^{-1}\begin{pmatrix} -\dfrac{v_s^2}{\omega^2} \\ 0 \end{pmatrix}=\frac{1}{-e^{-ik_zl}-e^{ik_zl}}\begin{pmatrix} -e^{-ik_zl} & -1 \\ -e^{ik_zl} & 1 \end{pmatrix}\begin{pmatrix} -\dfrac{v_s^2}{\omega^2} \\ 0 \end{pmatrix}$$

$$=\frac{-\dfrac{v_s^2}{\omega^2}}{e^{-ik_zl}+e^{ik_zl}}\begin{pmatrix} e^{-ik_1l} \\ e^{ik_zl} \end{pmatrix}$$

这样，板内部任意一个深度 z 内的位移二维谱为

$$u_y = \frac{-\omega^2}{v_s^2}\zeta = \frac{e^{-ik_z l}e^{ik_z z} + e^{ik_z l}e^{-ik_z l}}{e^{-ik_z l} + e^{ik_z l}} \tag{13-21}$$

取板的宽度为0.5 m，$z=0.2$ m，图13－8是式（13－21）所示的位移的二维谱图（b）与同条件下模式波分布的比较。二维谱的灰度表示幅度，越黑幅度越小。从图中可以看出：二维谱中幅度比较大，位移与模式波分布重合，即在模式波分布的位置曲线上，二维谱的幅度比较大。有些模式波在位移为已知的条件下激发不出来，例如截止频率为10.5 kHz、22.5 kHz和310.5 kHz等处，模式波分布图有相应的分布，但是，位移已知的源激发的二维谱中没有该分布。

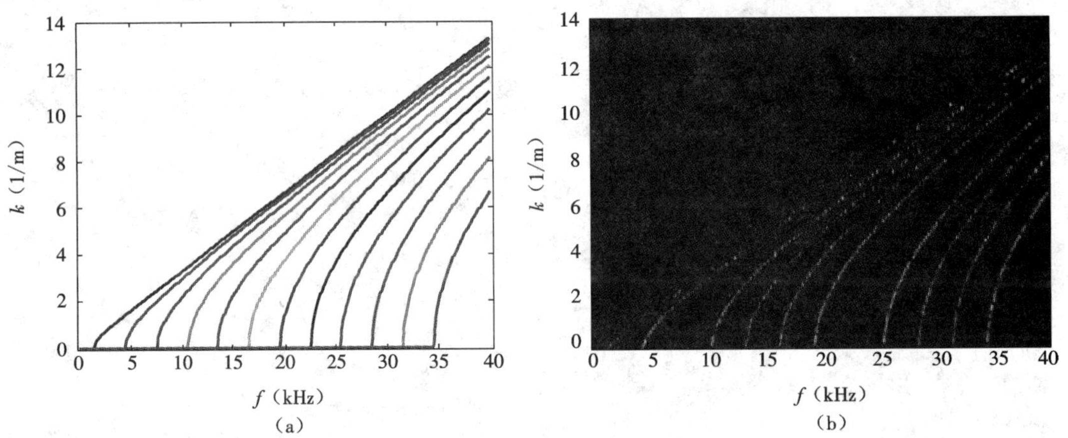

图13－8　$l=0.5$ m时位移已知激发的模式波分布与 $z=0.2$ m处位移的二维谱分布

(a) $l=0.5$ m　(b) $l=0.2$ m

4）应力源的二维谱

如果令式（13－8）中 $z=0$ 边界的应力为1（一个冲击力），则有

$$\begin{pmatrix} 1 & -1 \\ e^{ik_z l} & -e^{-ik_z l} \end{pmatrix}\begin{pmatrix} C_1 \\ C_2 \end{pmatrix} = \begin{pmatrix} 1 \\ 0 \end{pmatrix} \tag{13-22}$$

解出系数后，可以进一步求出势函数 ζ 在 $z=0.2$ m处响应的二维谱。图13－9是计算结果，图（a）是用双曲线得到的SH模式波分布曲线，图（b）是 $z=0$ 处的应力源激发的在 $z=0.2$ m处势函数的二维谱，灰度表示二维谱的幅度，越黑幅度越小，与图（a）的曲线分布完全相同，并且多了一条直线，对应于在板中传播的地层的横波。

由以上结果可知：一维介质中的固有频率构成二维板中波传播的主要模式。在有限宽的薄板中，只有这些相应的模式可以传播，其幅度比较大。就像一维有限长杆中的固有频率处广义反射系数和透射系数很大，其他频率处幅度很小一样。只有这些频率才能够在有限长的杆中存在，也只有这些模式才能够在有限宽的板中传播。

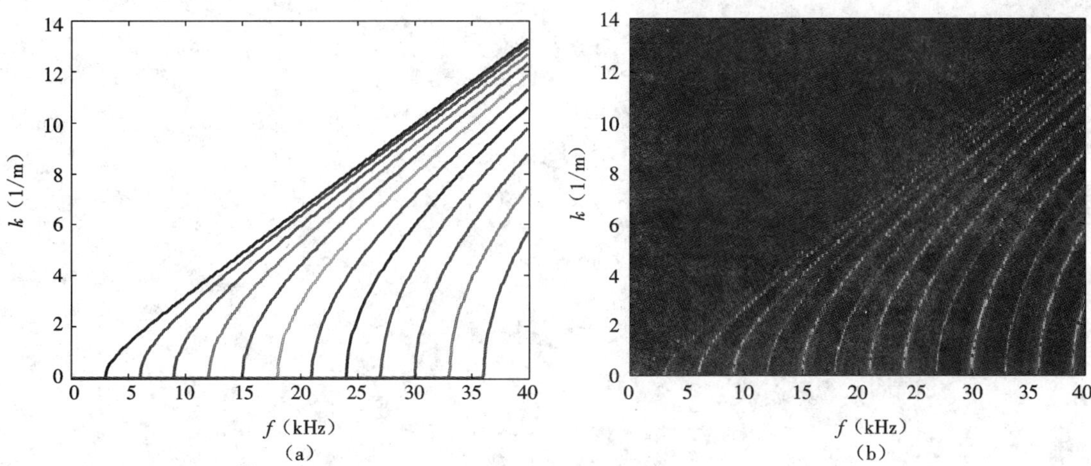

图 13-9　$l=0.5$ m 时应力已知激发的模式波分布与 $z=0.2$ m 处势函数的二维谱分布

(a) $l=0.5$ m　(b) $l=0.2$ m

后　　记

一维波动在实际应用中非常重要并且会越来越重要，地表勘探、建筑构件质量检测以及各种地面工程地震资料解释均遇到薄层和横波问题，越来越多的精密测量采用声学的方法，医学超声和人体各种声学检测成像也遇到薄层和横波问题。声表面波的应用已经非常普及，SH 波的应用也开始逐渐进入人们的视野。

在现有的物理教科书中，很少涉及物理波动的内容。波动声学专著的读者对象是学者或者研究生，没有适合大学高年级学生的教材。为此，针对电科专业“声电传感技术与仪器”这门课，我们编写了这本教材。编写中力求与大学前两年的基础课相衔接，培养学生的动手能力，借助于计算机进行有关测量仪器的设计，为将来学生走向社会后自主开发仪器或解决实际应用中的各种问题提供思路和具体方法。

感谢天津大学电子信息工程学院对课程的重视和支持。